Markus Ebner
Positive Leadership in der Praxis

Dr. Markus Ebner

Positive Leadership in der Praxis

Tools, Techniken und Best-Practice-Beispiele

facultas

Dr. Markus Ebner lehrt als Wirtschafts- und Organisationspsychologe an den Universitäten Wien und Klagenfurt und hat sich auf den Bereich »Positive Leadership« spezialisiert. Als ausgebildeter Coach und Organisationsentwickler verknüpft er Wissenschaft mit Praxis und begleitet seit mehr als 20 Jahren gemeinsam mit seinem Team als Coach, Trainer und Key-Note-Speaker Führungskräfte und Organisationen bei ihrer Weiterentwicklung. Seine Arbeit wurde 2021 vom Weltdachverband für Positive Psychologie (IPPA) mit dem begehrten »Research to Practice Award« ausgezeichnet.

LinkedIn: www.linkedin.com/in/markusebner
Facebook: www.facebook.com/DrMarkusEbner
Kontakt-E-Mail: markus.ebner@perma-lead.com

Bibliografische Information der Deutschen Nationalbibliothek
Die Deutsche Nationalbibliothek verzeichnet diese Publikation in der Deutschen Nationalbibliografie; detaillierte bibliografische Daten sind im Internet über http://dnb.d-nb.de abrufbar.

Coverbild: © iStockphoto/bygermina; © PERMA-Lead-Symbol: Dr. Markus Ebner
Lektorat: Mag. Verena Hauser, Wien, schreibgut.at
Satz, Innen- und Umschlaggestaltung: Ekke Wolf, typic.at
Grafiken: typic.at, unter Verwendung von © bananajazz/iStock (S. 40, 48, 49, 51, 52, 53)
Illustrationen: Iris Gerstner, München, iris-illustriert@t-online.de
Druck und Bindung: finidr, Tschechien
Printed in the EU

ISBN 978-3-7089-2429-8
eISBN 978-3-99111-833-6 (E-Pub)
eISBN 978-3-99111-907-4 (E-PDF)

Inhalt

Gastbeiträge aus Unternehmen: PERMA-Lead in der Praxis

Appendix

Vorwort von Tayyab Rashid

Ich habe einen Großteil der letzten fünfzehn Jahre in verschiedenen Bereichen damit verbracht, jene Elemente zu finden, die das, was man Wohlbefinden nennt, bilden. Als vorsichtig optimistischer Kliniker und Praktiker war ich zufrieden mit Martin Seligmans Konzept des authentischen Glücks, das er in das angenehme, das engagierte und das sinnerfüllte Leben unterteilt hat. Im Rahmen meines Postdoc-Stipendiums sollte ich, zusätzlich zu anderen therapeutischen Mitteln, die Wirksamkeit dieses Konzepts bei der Linderung von Symptomen schwerer Depression untersuchen. Meine Bemühungen waren recht erfolgreich. Doch bald darauf operationalisierte Seligman Wohlbefinden in seinem PERMA-Konzept, welches aus fünf wissenschaftlich messbaren und handhabbaren Elementen besteht: 1) Positive Emotions, 2) Engagement, 3) Relationships, 4) Meaning und 5) Accomplishment, wobei die Anfangsbuchstaben jeder Komponente die Eselsbrücke »PERMA« bilden (Seligman, 2011). Während ich versucht habe, diese Elemente unter klinischen Bedingungen zu untermauern – mit unterschiedlichen Ergebnissen –, hat Markus Ebner in Positive Leadership seine jahrelange Erfahrung in der Arbeit mit und der Lehre über Organisationen in einen pragmatischen, zugänglichen und evidenzbasierten Band eingebracht, der meiner Meinung nach eine der besten Quellen zu PERMA ist.

Es gibt mehrere Gründe, die dieses Buch zu einem der besten evidenzbasierten, zugänglichen, pragmatischen und gut aufgebauten Ratgeber für Positive Psychologie und Wohlbefinden machen.

Zunächst einmal widersteht Markus Ebner der Versuchung, einfache Lösungen anzubieten. In einer Welt mit sozioökonomischer Ungleichheit, die von einer Pandemie, Klimakatastrophen, politischer Polarisierung und digital vernetzten, aber emotional isolierten Bürgern geprägt ist, führen die allseits behaupteten einfachen Lösungen nicht zu kontextualisierten, nuancierten und evidenzbasierten Wegen zur Steigerung des Wohlbefindens. In diesem Sinne versichert uns Markus Ebner, dass es sich bei den folgenden Inhalten nicht um seine eigenen Überlegungen handelt, sondern um Thesen, Maßnahmen und Initiativen, die auf von Fachleuten geprüften und veröffentlichten Daten basieren. Diese Daten, so argumentiert er, zeigen deutlich, dass die Abwesenheit von etwas Negativem nicht unbedingt zu etwas Positivem führt.

Ich habe mich mit PERMA beschäftigt und bin auch mit den Untersuchungen anderer vertraut. Die Beschreibung von PERMA im Band »Positive Leadership. Mit PERMA-Lead erfolgreich führen« ist jedoch die umfassendste, die auf einer soliden Basis von Praktikern und Wissenschaftlern aufbaut. Zu Beginn vollzieht Markus Ebner einen nahtlosen Übergang von PERMA zu einem breiten Spektrum von PERMA-Lead. PERMA-Lead konzentriert sich auf Führung und organisatorische Rahmenbedingungen, aber die praktischen Strategien jeder der fünf Komponenten von PERMA haben eine breite Palette von Auswirkungen.

Die Grundlage für dieses Buch mit außerordentlich hilfreichen praktischen Techniken und Beispielen aus Organisationen wurde bereits in Markus Ebners vorherigem Buch gelegt, in dem jedes der neun Kapitel, einschließlich jener fünf über die PERMA-Elemente, relevante und aktualisierte Forschungsergebnisse, den großen Überblick genauso wie spezifische Details enthält, die durch solide Forschungsgrundlagen gestützt werden. Die Forschung wird nicht nur in Klammern beschrieben, sondern erklärt, um das Verständnis des Konzepts aus einer angewandten Perspektive zu verbessern. Der Autor bleibt nah an den Lesenden und erzählt persönliche Anekdoten, wie z. B. von seinem Besuch in Thailand und seiner Faszination für eine Reihe exotischer Früchte und Gemüse. Dies hält das Interesse der Lesenden aufrecht. Darüber hinaus scheint Markus Ebner mit der weltweit sinkenden Aufmerksamkeitsspanne vertraut zu sein. Das Buch macht sich dies zunutze, indem es den Inhalt in überschaubare Abschnitte unterteilt, die eine Beschreibung jeder Komponente, unterstützende Forschungsergebnisse, praktische Vorschläge und – ganz wichtig – den potenziell negativen Aspekt jeder Komponente enthalten.

Ebner beschreibt jede der fünf Komponenten von PERMA-Lead im Detail. Für die Komponente der positiven Emotionen werden zehn Variationen positiver Emotionen, darunter Freude, Dankbarkeit, Heiterkeit oder Zufriedenheit, Interesse, Hoffnung, Stolz, Vergnügen und Inspiration, in der Broaden-and-Build-Perspektive beschrieben. Mit Hilfe intuitiver Illustrationen bietet die Beziehung zwischen positiven Emotionen, Arbeitszufriedenheit und Produktivität Managern nützliche Erkenntnisse darüber, wo und wie sie eingreifen sollten.

Einer der Bereiche, der in der Positiven Psychologie bisher weniger empirische Aufmerksamkeit erhalten hat, ist die Beziehung zwischen Persönlichkeitsmerkmalen und Modellen der Positiven Psychologie. Indem der Autor diesen Zusammenhang mit Hilfe empirischer Belege herstellt, erhöht er die Validität der Konstrukte der Positiven Psychologie.

Der Positiven Psychologie wurde vorgeworfen, sie biete zu einfache und kontextlose Interventionen. Markus Ebner erörtert achtsam die spezifische Anwendung jeder der PERMA-Lead-Komponenten und deren möglichen Schaden oder unbeabsichtigte Folgen. Die kritische und nuancierte Beurteilung von Aussagen wie »Du sollst dich gut und nicht schlecht fühlen«, »Sei fröhlich gegenüber jemandem, der wütend oder traurig ist«, »Gib kein Feedback zu negativem Verhalten« und »Sei bei Aufgaben, bei denen eine ernste und verhältnismäßig negative Stimmung auftreten könnte, in fröhlicher Stimmung« zeigt, dass der Autor, ohne Kliniker zu sein, über das klinische Feingefühl verfügt, um jede PERMA-Lead-Komponente sensibel und spezifisch einzusetzen. Er ist damit vertraut, wie man sie entsprechend der situativen Dynamik kalibriert. Er bringt auch das dringend benötigte Mitgefühl mit, indem er feststellt, dass es immer »Schmerzen im Raum« gibt. Ich kenne nicht viele Organisationspsychologen, die die Fähigkeit lehren, den Schmerz von Mitarbeitenden anzuerkennen und mit ihnen mitzufühlen.

Markus Ebner untersucht relevante Faktoren für unterstützende Arbeitsbeziehungen und hebt Vertrauen, regelmäßige Interaktion, die Festlegung gemeinsamer und klarer Ziele und Standards sowie die Bereitschaft zum Wissensaustausch hervor. In seinem Buch stellt er Forschungsergebnisse vor, die zeigen, dass gute Teamarbeit tatsächlich zur Gesundheit der Mitarbeitenden beiträgt. Er unterstreicht die Bedeutung des sinnvollen Beitrags zu einem Ziel, das größer ist als man selbst, und hilft dem Leser zu verstehen, wie sich das Sinn-Erleben am Arbeitsplatz von den Babyboomern zu den nachfolgenden Generationen X, Y und Z entwickelt hat.

Indem er alle Elemente zusammenfügt, bietet Markus Ebner nützliche Einblicke, wie positive Emotionen, Engagement, förderliche Beziehungen, erlebte Sinnhaftigkeit und Zielerreichung ein Ganzes schaffen können, das größer ist als die Summe seiner Teile, um das Wohlbefinden der Mitarbeitenden zu steigern, was sich wiederum höchstwahrscheinlich positiv auf das Endergebnis auswirkt.

Mit diesem Buch liegt nun eine wertvolle Sammlung von Werkzeugen und Techniken für Positive Leadership vor. Die zahlreichen Beispiele der Gastautorinnen und Gastautoren aus verschiedenen Organisationen zeigen, wie effektiv der PERMA-Lead-Ansatz bereits in zahlreichen Kontexten umgesetzt wird. Es zeigt auch die Leidenschaft des Autors, fundierte Forschung mit der Praxis zu verbinden. Dieses Buch ist eine Fundgrube evidenzbasierter, gut umsetzbarer Ideen, die einem breiten Spektrum von Fachleuten (z. B. Führungskräften, Verwaltungsangestellten) helfen können, die abstrakten Begriffe Positive Emotions, Engagement, Relationships, Meaning und Accomplishment in beobachtbare, messbare und wiederholbare zielgerichtete Handlungen umzusetzen. Unabhängig davon, wo man sich in der Organisationshierarchie befindet, ist dieses Buch eine bemerkenswerte Ressource, um Wege des Wohlbefindens zu fördern.

Danke, Markus, dass du einen Quilt genäht hast, der das Wohlbefinden vieler Menschen erweitern und vertiefen wird. Ich arbeite nicht in einem organisatorischen Umfeld. Ich bin mir jedoch sicher, dass ich »Positive Leadership« in vielen Situationen zu Rate ziehen werde und dass es mir helfen wird, das Wohlbefinden derjenigen, mit denen ich arbeite, sowie mein eigenes Wohlbefinden mitzugestalten und zu verbessern.

Tayyab Rashid, Ph.D., C.Psych
Klinischer Psychologe am Health & Wellness Centre,
Universität von Toronto Scarborough;
Board of Director (BOD), Director at Large – Practice
International Positive Psychology Association (IPPA)
Februar 2021; ins Deutsche übersetzt im Februar 2024

Vorwort des Autors

Positive Leadership ist ein spannender Führungsansatz, und immer mehr Unternehmen haben erkannt, wie wichtig es ist, das ganze Potenzial der Menschen in der Organisation zu entdecken und zu fördern. Doch wie setzt man diesen Ansatz ganz konkret in die Praxis um? Genau darum geht es in diesem Buch!

Diesem Band geht ein Grundlagenbuch voraus: »Positive Leadership. Mit PERMA-Lead erfolgreich führen«. In diesem Buch liegt der Schwerpunkt darauf, das Verständnis von Positive Leadership zu erweitern, einen Einblick zu geben, welche relevanten weltweiten Forschungsergebnisse zu diesem Führungsansatz derzeit vorliegen, und dessen Wurzeln zu ergründen, um zu erkennen, wie Führung (noch) besser gelingen kann.

Das Buch, das Sie in den Händen halten, besteht aus zwei praxisorientierten Teilen: Im ersten Teil finden Sie erprobte Tools und Techniken, die in die Werkzeugkiste eines Positive Leaders gehören. Mit diesen Beschreibungen möchte ich auch Trainer, Coaches, Beraterinnen etc. inspirieren, diese Ansätze in ihrer Tätigkeit zu vermitteln. Ich habe dabei bewusst einen bunten Mix aus einfacheren Strategien, wie zum Beispiel das stärkenorientierte Feedback, und aufwändigeren Methoden, wie das GROW-Modell, ausgewählt. Manche dieser Techniken wurden von anderen Kolleginnen und Kollegen entwickelt und von meinem Team und mir – teilweise modifiziert – in der Praxis eingesetzt. Andere Tools haben mein Team und ich in den letzten Jahren entwickelt und in zahlreichen Coachings, Seminaren und auf Basis der Rückmeldungen aus der Praxis verfeinert. Allen Techniken gemeinsam ist, dass sie sich erfolgreich im Führungsalltag bewährt haben.

Im zweiten Teil des Buches stellen Unternehmen und Organisationen in Gastbeiträgen ganz konkret vor, wie sie Positive Leadership umsetzen. Dabei werden unterschiedliche Projekte beschrieben, Storys erzählt und es wird ein variantenreicher Einblick in die tägliche Praxis gegeben. Bei der Auswahl der Unternehmen habe ich ebenfalls bewusst auf einen Mix geachtet. Dadurch entstanden vielfältige Beispiele aus internationalen Konzernen, kleineren Organisationen, sozialen Einrichtungen, profitorientierten Unternehmen genauso wie aus dem öffentlichen Dienst oder aus gemeinnützigen Verbänden. Was aber trotz der Unterschiedlichkeit alle Organisationen verbindet, ist, dass sie Spannendes zum Thema Positive Leadership zu erzählen haben. Dabei geht es nicht darum, dass in diesen Unternehmen alles perfekt ist. Perfektion in allen Bereichen gibt es nur in Geschichten, Filmen oder in der Phantasie – sicherlich nicht dort, wo es lebendig ist. Vielmehr geht es in diesem Buchteil darum, dass diese Unternehmen Best-Practice-Beispiele zu erzählen haben, da sie Maßnahmen diverser Art erfolgreich in ihren Unternehmen umsetzten. Denn um diese Best-Practice-Logik geht es auch bei Positive Leadership: genau hinzusehen, wenn etwas funktioniert hat, dann die genauen Zutaten zu analysieren und mit diesen Zutaten nachzukochen – und ein wenig nach eigenem Geschmack zu würzen.

Somit wünsche ich Ihnen mit diesem ›Kochbuch für Positive Leadership‹ viele Anregungen, Erkenntnisse und natürlich auch Lust aufs Ausprobieren nach dem Lesen oder bereits währenddessen!

Markus Ebner
März 2024

Tools und Techniken für die Positive-Leadership-Werkzeugkiste

1 Zirkuläre Fragen: Kleine Legobausteine für jede Führungssituation

Anwendungsbereich: Zirkuläre Fragen eignen sich für zahlreiche Führungssituationen. Sowohl in einem kurzen Gespräch als auch in einem Bewerbungsgespräch oder einem längeren Meeting sind es die Diamanten, die an der richtigen Stelle platziert eine große Wirkung haben.

»Wer fragt, der führt!« Dieses Sprichwort ist für viele Menschen bereits ein alter Hut. Dennoch ist es vielen Führungskräften gar nicht bewusst, wie sehr sie mit der richtigen Fragetechnik in Gesprächen den weiteren Verlauf dieser Situation maßgeblich positiv beeinflussen können. Eine besonders mächtige Art von Fragetechniken sind zirkuläre Fragen. Dieser Ansatz stammt aus der systemischen Psychotherapie und unterscheidet sich von klassischen linear-logischen Fragen dadurch, dass mittels der zirkulären Fragen ein »Denken ums Eck« bewirkt wird. Sie lösen beim Gesprächspartner aus, eine Situation anders zu betrachten, als das üblicherweise der Fall ist.

In den meisten modernen Coachingausbildungen nimmt das Erlernen dieser Fragetechniken einen breiten Raum ein. Viele größere Techniken im Beratungskontext nutzen eine Menge zirkulärer Fragen. Kein Wunder also, dass das Erlernen von manchen dieser Fragen heute in jedem guten Leadership-Kurs enthalten ist. Nicht jede dieser Fragen eignet sich allerdings für die Rolle einer Führungskraft. Dass zirkuläre Fragen mittlerweile in Unternehmen längst Einzug gehalten haben, zeigen zahlreiche wissenschaftliche Arbeiten, die sich mit der höchst erfolgreichen Anwendung von zirkulären Fragen außerhalb von Therapie und Coaching in Organisationen beschäftigen.[1–5]

Auch viele Tools, die Sie nachfolgend in diesem Kapitel kennenlernen werden, setzen gekonnt zirkuläre Fragen ein. Somit sind sie wie kleine

Legobausteine, die Sie einzeln verwenden oder – je nach Bedarf – zu etwas Größerem zusammenbauen können. Und wie bei Legobausteinen ist es egal, ob Sie ein Haus, ein Schiff oder sonst etwas bauen wollen, die verwendeten Bausteine sind immer die gleichen. Nur anders zusammengesetzt. Sie sind keine explizite Positive-Leadership-Technik, aber sie eignen sich ausgezeichnet, um in der Logik von Positive Leadership verwendet zu werden. Einige ausgewählte zirkuläre Fragen, die mein Team und ich in unseren Seminaren Führungskräften als ›Basislegoschachtel‹ beibringen, möchte ich Ihnen zeigen.

Ökologiefragen

»Was sagen deine Kolleginnen und Kollegen dazu?«
»Wie wird deine Umgebung auf deine Schritte reagieren?«
»Wer ist davon betroffen, wenn du dich veränderst?«

Logik: Auswirkungen der Zielerreichung sichtbar machen

Perspektivenwechsel-Fragen

»Was würde dein Chef als hilfreich erachten?«
»Woran würde X erkennen, dass es besser ist?«
»Auf welcher Zahl würde der Kunde dich einstufen?«
»Wie würde ein unsichtbarer Beobachter dein Verhalten beschreiben?«
»Woran werden andere merken, dass sich etwas verändert hat?«
»Wie sehen eigentlich andere Betroffene das Problem?«
»Für wen ist das Problem vielleicht gar nicht so groß?«
»Was würde X in deiner Situation machen?«

Logik: Die Situation (oder das Ziel oder die Möglichkeiten) aus einer anderen Perspektive sehen

Unterschiedsfragen

»Was macht den Unterschied zwischen deiner früheren Situation und deiner Situation heute aus?«
»Was war anders, als das Problem noch nicht bestand?«
»Was ist anders, wenn die Dinge (ein wenig) besser zusammenpassen?«
»Was machst du anders, wenn die Dinge besser laufen?«
»Welche Situationen hat es gegeben, in denen es funktioniert hat?«
»In welchen kurzen Perioden ist es ein bisschen besser?«

Logik: Unterschiede herausarbeiten, um daraus mögliche Lösungsstrategien zu erkennen

Skalierungsfragen

»Auf einer Skala von 1 bis 10: Wo würdest du dich einstufen?«
»Auf einer Skala von 1 bis 10: Wie nahe bist du deinem Ziel?«
»Bewerte deine Möglichkeiten auf einer Skala von 1 bis 10.«
»Du sagst, du bist bei 7. Was wäre denn 6?« – Nach Antwort: »Was wäre denn 8?«

Logik: Schwarz-Weiß-Denken verhindern; kleine Unterschiede sichtbar machen

Handlungsorientierte Fragen

»Wie sieht dein nächster Schritt aus?«
»Was sind die ersten drei Schritte?«
»Was wirst du danach tun?«
»Wen kannst du um Unterstützung bitten?«

Logik: Von der Reflexion bzw. Planung in die Handlung kommen

Ressourcenfragen

»Wer oder was könnte dir helfen?«
»Wer unterstützt dich bereits dabei?«
»Welche deiner Fähigkeiten sind dir in dieser Situation besonders nützlich?«
»Welche Stärken kannst du jetzt bewusst einsetzen?«
»Welche ähnliche Situation hast du in der Vergangenheit bewältigt? Wie hast du das geschafft?«
»Was machst du derzeit, um diese Situation zu ertragen?«
»Wie kommt es, dass alles nicht noch schlimmer ist? Wie machst du das?«

Logik: Unterstützungsmöglichkeiten erkennen

Erweiterungsfragen

»Wenn es keine äußeren Beschränkungen gäbe – wie würde dann dein Ziel aussehen?« – Nach der Antwort: »Welcher Teil davon wäre vielleicht sogar möglich?«
»Was wäre etwas, das du tun könntest, was so gar nicht deiner Art entspricht?«
»Was könntest du tun, das für dich völlig ungewöhnlich wäre?«
»Was würde die anderen total überraschen, wenn du das tun würdest?«

Logik: Eigene Denkbeschränkungen erweitern

Eskalationsfrage

»Was müsstest du tun, damit dein Problem noch schlimmer wird?«

Logik: Überlegen, was man aktiv dazu beitragen könnte, um die Situation zu verschlechtern; Ziel ist zum einen, zu erkennen, ob man das möglicherweise derzeit bereits macht, oder die Ableitung gegenteiliger Handlungsmöglichkeiten als Strategie

Problemfunktion beleuchten

»Was ist eigentlich ein Vorteil dieser Situation?«
»Welche Lernfelder ergeben sich aus der jetzigen Situation?«
»Inwiefern könnte das, was du jetzt gerade erlebst, für dein zukünftiges Leben hilfreich sein?«
»Wer hat etwas davon, dass die Situation so ist, wie sie ist?«
»Wer könnte etwas dagegen haben, dass sich die Situation ändert?«

Logik: Die positiven Seiten des Problems finden bzw. das »Gute im Schlechten« erkennen; mögliche Widerstände gegen eine Veränderung im Vorfeld sichtbar machen

Chunk-up

»Warum willst du dieses Ziel erreichen?«
»Was ist dann besser, wenn du dieses Ziel erreicht hast?«
»Was bringt dir das noch?«

Logik: Diese Technik zielt darauf ab, ein mögliches verdecktes Ziel hinter dem kommunizierten Ziel zu finden. Sie unterstützt dabei, sich nicht auf falsche Ziele festzulegen.

PERSÖNLICHE NOTIZEN

2 PP5-Technik: Positives würdigen und Entwicklungsfelder bearbeiten

Anwendungsbereich: Diese Feedback- und Reflexionstechnik kann überall dort eingesetzt werden, wo mindestens zwei Eigenschaften, Kennwerte usw. einer Person oder Gruppe vorhanden sind, die nicht die gleiche Ausprägung haben, und konkrete Maßnahmen zur Weiterentwicklung abgeleitet werden sollen.

Das Grundprinzip von Positive Leadership ist, Stärken zu erkennen, zu nützen und durch PERMA die Voraussetzungen dafür zu schaffen, dass dieses Potenzial auch entfaltet werden kann. Das Problem dabei ist bekanntlich, dass wir Menschen stärker auf das fokussieren, was weniger gut funktioniert. Anders gesagt: Wenn wir mehrere Rückmeldungen bekommen und eine davon weniger gut ist als die anderen, dann richten wir die Aufmerksamkeit wahrscheinlich überproportional auf diese eine.

Wird in einem Mitarbeitendengespräch von neun Themen eines weniger gut als die anderen bewertet, ist die Wahrscheinlichkeit hoch, dass dort die meiste Aufmerksamkeit verwendet wird, während die anderen nur beiläufig wahrgenommen werden. Bei den zahlreichen Auswertecoachings von 360°-Feedbacks für Führungskräfte oder anderen Diagnosemethoden, mit denen ich gearbeitet habe, war die Reaktion meines Gegenübers fast immer gleich: Egal, ob die Bewertung tendenziell gut oder weniger gut war, der Fokus ging auf jenen Wert, der im Verhältnis zu den anderen am schlechtesten war. Selbst wenn alle Werte spitze waren und nur einer ein wenig davon abwich, wurde mit einem defizitorientierten Blick auf diesen geschaut. So richtig bewusst wurde mir die Eigenartigkeit dieser Herangehensweise, als wir vor einigen Jahren mit den ersten Führungskräften die Auswertungen unserer damals gerade neu entwickelten PERMA-Lead-Analysen durchsprachen. Ganz automatisch ging der Fokus in den Auswertecoachings auf jene Bereiche, die das größte Entwicklungspotenzial hatten. Also auf die Bereiche mit den niedrigsten Werten.

Mir wurde bewusst, dass wir hier selbst einen völlig unlogischen Widerspruch lebten: Einerseits motivierten wir Führungskräfte, die Stärken der Mitarbeitenden zu erkennen und zu nützen, gleichzeitig arbeiteten wir im Coaching fast nur an ihren Entwicklungsfeldern in Bezug auf ihr eigenes Positive-Leadership-Verhalten. Das Ziel war daher, eine Strategie zu finden, die kein Entweder-oder bedeutete, sondern sowohl das analysierte, was funktioniert, als auch dort hinsah, wo am meisten Entwicklung notwendig ist. Mit diesem Anspruch entwickelte ich die PP5-Technik, die sowohl Coachingtechniken beinhaltet als auch die Erkenntnisse der positivpsychologischen Forschung nützt. Die beiden P stehen für die ersten beiden Schritte dieser Technik, die einen positiven Fokus haben. Die Zahl 5 steht für 5 Prozent, die im dritten Schritt relevant werden. Wie die Technik funktioniert, möchte ich Ihnen nun an einem echten Beispiel zeigen.

Eine Führungskraft wurde in einem PERMA-Lead-360°-Feedback von ihrem Team wie in Abbildung 2.1 dargestellt bewertet.

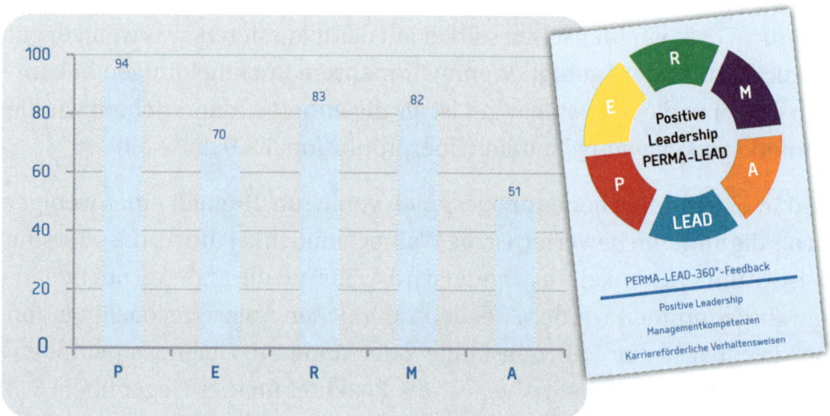

Abbildung 2.1: PP5-Technik am Beispiel eines PERMA-Lead-Profils (1)

Auf den ersten Blick wird klar, dass der Accomplishment-Bereich am geringsten ausgeprägt ist. Das bedeutet, dass die Mitarbeitenden nur selten erleben, dass erreichte Ziele von der Führungskraft gewürdigt werden. Der klassische Impuls wäre nun, diesen Bereich zuerst zu bearbeiten, weil er die meiste »Luft nach oben« hat. Das hätte aber eine Reihe von Nachteilen:

- Es entspricht nicht der Positive-Leadership-Logik.
- Stärken oder Kompetenzen werden nicht gewürdigt.
- Es wird das, was gut funktioniert, negiert.
- Es wird nicht geklärt, was auf jeden Fall beibehalten werden soll.
- Im ungünstigsten Fall kommt es dadurch zu einem »Seitwärts-Change«. Das bedeutet, dass zwar positive Entwicklung passiert, aber möglicherweise auch bereits Funktionierendes aufgegeben wird, weil man nicht herausgearbeitet hat, was beibehalten werden soll. Es kommt somit in Summe zwar zu einer Veränderung, aber nicht zu einer Verbesserung.

Bei der Anwendung der PP5-Technik beginnt man daher stattdessen mit jenem Wert, der im Verhältnis zu den anderen am höchsten ausgeprägt ist. Es kann sich dabei natürlich auch um Eigenschaften oder andere Aspekte handeln, an denen man arbeiten möchte. Ich stelle mir dabei die Ausprägung als Füllmenge in einem Glas vor. Zu wie viel Prozent ist das Glas gefüllt? Wie viel passt noch hinein?

1. Schritt: Das Positivste analysieren

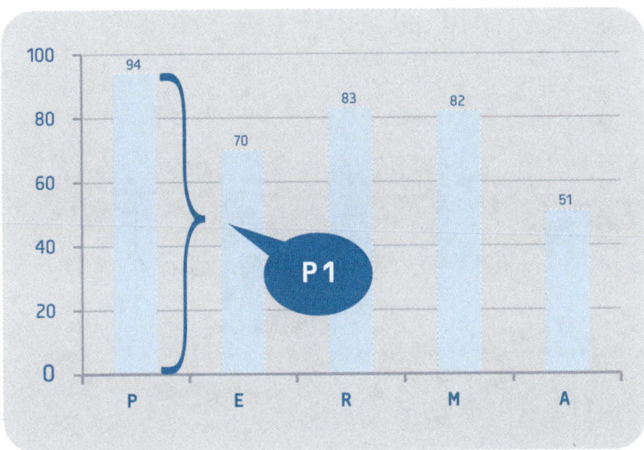

Abbildung 2.2: PP5-Technik am Beispiel eines PERMA-Lead-Profils (2)

Das erste P in der PP5-Technik steht dafür, dass Sie jenen Wert (oder Eigenschaft oder Kennzahl) genau unter die Lupe nehmen, der am höchsten ausgeprägt ist (Abb. 2.2). Nehmen Sie sich dafür ausreichend Zeit. Ich kalkuliere für jeden der drei Schritte ungefähr ein Drittel der Zeit ein, die ich zur Verfügung habe. Diese Einteilung unterstützt dabei, dem Gelingen auch ausreichend Raum zu geben. In unserem Beispiel ist der am stärksten ausgeprägte Wert das P – also Positive Emotions. Offensichtlich sorgt diese Führungskraft von allen fünf gemessenen Faktoren am stärksten dafür, dass im Team eine positive Stimmung herrscht. Das Glas ist zu 94 Prozent voll. Und genau diese werden nun analysiert. Was genau macht die Person, dass sie hier den höchsten Wert hat? Welche konkreten Beispiele kann sie dazu erzählen? Wie oft passiert das? Welche Auswirkungen hat das? Warum gelingt ihr das? Welche Stärken setzt sie dabei ein?

Ziel dabei ist es, konkret herauszufinden, was auf jeden Fall bei einer Weiterentwicklung beibehalten werden soll. Gleichzeitig werden für die betreffende Person Stärken erkennbar, die sie dabei einsetzt.

2. Schritt: Das Positive im Entwicklungsfeld sehen

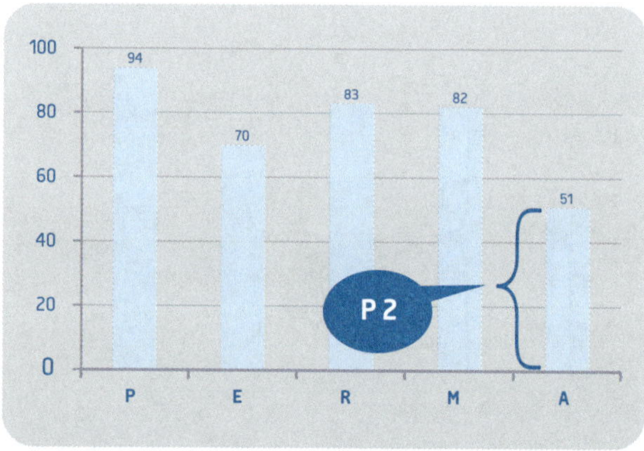

Abbildung 2.3: PP5-Technik am Beispiel eines PERMA-Lead-Profils (3)

Als nächsten Schritt gehen Sie nun zu jenem Bereich, der den höchsten Entwicklungsbedarf hat (Abb. 2.3). In unserem Beispiel ist das A – also Accomplishment. Die Auswertung zeigt, dass in der Wahrnehmung der

Mitarbeitenden Ziele, die erreicht wurden, verhältnismäßig wenig gewürdigt werden. Doch auch dieser Wert ist nicht Null. Dieses Glas ist nicht leer! Das zweite Drittel der Gesprächszeit nütze ich daher, um das, was im Bereich des höchsten Entwicklungsbedarfs gut läuft und beibehalten werden soll, genau zu analysieren. Was genau macht diese Person, dass sie hier keinen Null-Wert hat? Wie schafft sie es, diese positiven Verhaltensweisen zu setzen? Wie oft geschieht das und welche Auswirkungen hat es? In welchen Situationen fällt das besonders leicht?

3. Schritt: Am Entwicklungsfeld arbeiten

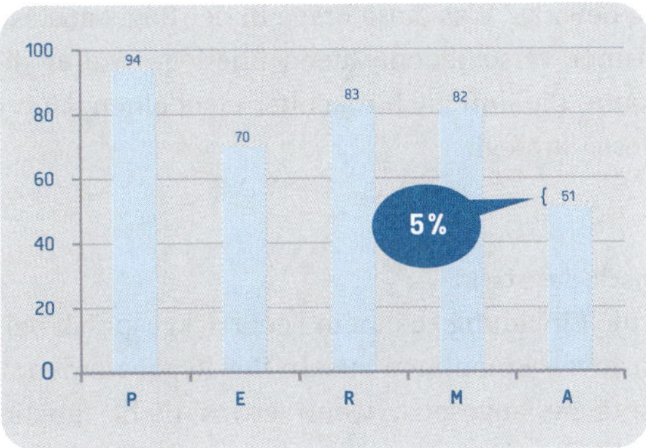

Abbildung 2.4: PP5-Technik am Beispiel eines PERMA-Lead-Profils (4)

Die Zahl 5 in der PP5-Technik steht für 5 Prozent. Im Coaching gibt es eine höchst wirkungsvolle Technik – die »Technik der Babyschritte«. Dabei werden die Gesprächspartner gefragt, was sie tun könnten, um sich in einem Bereich ein wenig zu verändern. Nur ein ganz klein wenig in die richtige Richtung zu gehen, ohne den Anspruch, auf 100 Prozent zu kommen. Die Praxis zeigt nämlich, dass Menschen eher motiviert sind, sich Veränderungswege zu überlegen, wenn diese für sie machbar erscheinen. Für diesen Schritt plane ich das letzte Drittel der Zeit ein. In diesem Beispiel wäre also die richtige Startfrage: »Was könnten Sie tun, um bei der nächsten Befragung Ihrer Mitarbeitenden diesen Wert ein klein wenig, sagen wir um 5 Prozent, zu erhöhen?« Klingt nach ziemlich wenig. Theoretisch hätte sogar dieser kleine Schritt langfristig ansehnliche Auswirkungen. Wenn sich eine Führungskraft in diesem Fall beispielsweise vornimmt, einmal am Tag bewusst zu loben, mag das nicht viel erscheinen. Aber hochgerechnet auf ein Arbeitsjahr sind das rund 200 positive Feedbacks mehr als vorher, wenn man Urlaub und andere Abwesenheiten abzieht. In zehn Jahren Führungsverantwortung sind wir bereits bei 2000 positiven Feedbacks. 2000! Selbst wenn dabei nur die Hälfte eine positive Auswirkung beim Feedbackempfänger auslöst, wären es 1000 wertschätzende und motivierende Führungssituationen, die es ohne diese Planung nicht gegeben hätte.

In der Praxis ist diese Frage natürlich ein psychologischer Kunstgriff. Denn wer kann schon genau sagen, welches Verhalten tatsächlich nur 5 Prozent Verbesserung bewirkt? Was diese Frage in der Regel auslöst, ist, dass der Gesprächspartner verschiedene Ideen überlegt, wie er diesen Bereich entwickeln kann, die ihm auch machbar erscheinen. Und genau das ist der Zweck dieser Strategie.

PP5: Ein Feedback, das stärkt

Vielfach löst die Einladung zu einem Feedbackgespräch bei Mitarbeitenden keine positiven Emotionen aus. In der Regel werden nämlich dann Feedbackgespräche angesetzt, wenn etwas nicht funktioniert. Wann haben Sie erlebt, dass jemand zu einem eigens dafür einberufenen Feedbackgespräch geholt wurde, weil etwas besonders gut gelungen war? Kein Wunder also, dass Feedback in Organisationen einen zweifelhaften Ruf hat! Ausgesprochen misslungen finde ich ein Feedback, wenn Mitarbeitende nach diesen Gesprächen mit einem Gefühl einer Beschädigung herausgehen. Also nicht motiviert und klarer in den nächsten Schritten, sondern angeschlagen. Wie bei einem Boxkampf, bei dem der Unterlegene beinahe dankbar sein muss, nur mit einem blauen Auge davongekommen zu sein. Besonders Führungskräfte, die Respekt von den Mitarbeitenden einfordern, aber in Wirklichkeit Angst damit meinen, lösen mit überwiegend negativem Feedback Furcht oder sogar das Gefühl aus, erniedrigt worden zu sein. Wenn der Zweck eines Feedbacks ist, Menschen rückzumelden, was sie beibehalten sollen, und in ihnen eine innere Motivation zur Weiterentwicklung auszulösen, braucht es Wertschätzung.

Der Vorteil bei der beschriebenen Technik ist daher, dass der Feedbacknehmer in den ersten beiden Schritten gestärkt wird. Und zwar nicht durch Pseudo-Lob, sondern durch die Art des gemeinsamen Hinsehens, was gut funktioniert. Menschen erlangen dadurch Selbstachtung und erkennen, dass sie vieles richtig machen. Das erzeugt positive Emotionen, setzt eine Aufwärtsspirale in Gang und verbreitert die Wahrnehmung und die Bereitschaft, sich weiterzuentwickeln. Dieser Kreislauf ist keine romantische Überlegung, sondern ein wissenschaftlich bewiesenes Faktum, wie Sie ausführlich in Kapitel 5 meines Buches »Positive Leadership. Mit PERMA-Lead erfolgreich führen« nachlesen können. Menschen gehen aus einem Feedback in dieser Struktur gestärkt hervor – mit der Bereitschaft und einem Plan, sich dennoch oder gerade deswegen weiterzuentwickeln. Durch die Form des Feedbacks ist die Weiterentwicklung nicht defizitorientiert (»Ich bin so schlecht und muss an mir arbeiten«), sondern das Feedback stärkt (»Ich mache schon vieles gut und kann mich noch weiterentwickeln«).

Ein großer Vorteil der PP5-Technik ist, dass sie sowohl bei generell sehr guten als auch bei tendenziell schlechten Leistungen eines Mitarbeiters angewendet werden kann. Das Prinzip ist nämlich immer das gleiche: Es vergleicht die betreffende Person mit sich selbst – und nicht mit anderen. Von der Ist-Situation aus gesehen, wird das Funktionierende erkannt und von dort aus weiterentwickelt. Menschen sind unterschiedlich und somit sind auch die Startpunkte unterschiedlich. Die Anstrengung einer Veränderung um 5 Prozent ist jedoch immer dieselbe, egal ob jemand weit unten, in der Mitte oder bereits mit hoher Ausprägung startet. Und das gilt es als Führungskraft zu erkennen, wertzuschätzen.

3 Zielorientiertes Fragen advanced: Die Lösung selbst entwickeln

Anwendungsbereich: Mit diesem recht einfachen Tool führen Sie Ihre Mitarbeitenden von einer Problemfokussierung in die Planung von Lösungsschritten. Dabei werden die Stärken, Kompetenzen und Fähigkeiten genützt, die im eigenen Einflussbereich liegen.

Kennen Sie die »Fraggles«, die populäre Kindersendung aus den 1980ern? Dann kennen Sie sicherlich auch Marjorie, die allwissende Müllhalde! Diese Kunstfigur weiß alles und sieht alles. Sie hat für alle Probleme eine Lösung, gibt Ratschläge und weise Sprüche von sich. Gar nicht so selten identifizieren sich Führungskräfte mit dieser Rolle. Sie sehen ihre Aufgabe darin, für alle Probleme, die von ihren Mitarbeitenden beschrieben werden, eine richtige Lösung zu finden. Das hat allerdings mehrere Nachteile:

- Die Mitarbeitenden trainieren immer besser die Rolle der Problembeschreiber und nicht der Lösungsentwickler.
- Je größer ein Team wird, desto mehr wird die Führungskraft damit beansprucht, für alles Mögliche eine Lösung zu finden.
- Die Verantwortung bleibt immer bei der Führungskraft.
- Die Mitarbeitenden werden auf eine gewisse Art entmündigt.
- Die Kompetenzen, Stärken und individuellen Herangehensweisen der Mitarbeitenden werden ignoriert.
- Es entsteht keine Entwicklung der eigenen Problemlösefähigkeit im Team.
- Wenn die Führungskraft nicht da ist, können keine Probleme gelöst werden, und das Team wird im schlimmsten Fall handlungsunfähig.

Ziel einer guten Führungskraft muss daher sein, rasch aus der Rolle einer allwissenden Müllhalde in die Rolle eines Lösungsunterstützers zu kommen. Dazu bedarf es aber spezieller Kompetenzen. Denn manche Mitarbeitenden (genauso wie Menschen im Allgemeinen) neigen dazu, sich in ihren Gedanken mehr im Problem zu verstricken, als hilfreich ist. Die Konsequenz daraus ist dann häufig, dass das Problem in der subjektiven Wahrnehmung immer größer und unlösbarer erscheint und eine positive Zielerreichung immer unwahrscheinlicher wird. Besonders bei Personen, die eher lageorientierte Persönlichkeitszüge aufweisen (siehe Kapitel 9 »Positive Leadership. Mit PERMA-Lead erfolgreich führen«), ist dieses Verhalten stark ausgeprägt. Ihre Art des Denkens beim Auftreten von Problemen kreist sehr stark um die Frage nach dem Warum: »Warum haben wir jetzt diese Situation?«, »Warum muss ich mich schon wieder darum kümmern?«, »Warum schaffe ich das schon wieder nicht?«.

Natürlich kann es manchmal sinnvoll und notwendig sein, die Ursache für ein Problem zu identifizieren und daraus eine Lösung abzuleiten. Kein halbwegs intelligenter Mensch wird auf die Idee kommen, bei wiederkehrenden körperlichen Schmerzen ausschließlich Schmerzmittel einzunehmen, ohne jemals der Ursache nachzugehen. Allerdings gibt es auch viele Situationen, bei denen die Problemanalyse entweder gar nicht möglich oder zumindest für das Finden einer Lösung nicht relevant ist. Wenn Sie als Führungskraft schon einmal mit Konflikten im Team zu tun hatten, wissen Sie, was ich meine: Drei Beteiligte habe drei Sichtweisen derselben Situation. Hier wäre möglicherweise das Gesprächsziel, die Ursachen zu analysieren, wenig hilfreich (außer Sie wollen mit Ihrer Sichtweise noch eine vierte ergänzen), sondern der Fokus ist auf die Lösung zu richten. Das, worauf wir unsere Wahrnehmung richten, wird in unserer Realität größer. Das gilt somit sowohl für ein Problem als auch für eine mögliche Lösung. Schon Paul Watzlawick machte in den 1970er-Jahren klar, wie stark wir Menschen uns unsere eigene Realität konstruieren.[1] Der weltbekannte amerikanische Psychotherapeut und Autor Steve de Shazer unterscheidet daher »Problemsprache« und »Lösungssprache«.[2]

Der Fokus bei der Problemsprache liegt auf der Ist-Situation, die analysiert wird. Bei der Basisvariante der Lösungssprache wird daher der Fokus vom Problem auf den Lösungsweg (nicht die Lösung!) gelenkt. Da Fragen, wie Sie ja bereits wissen, eine der mächtigsten Strategien sind, um Denkprozesse bei Menschen zu beeinflussen, wird auch dieses Umlenken mit einer Frage ausgelöst.

Damit es eine zielorientierte Frage wird, muss sie drei Kriterien entsprechen:

1) Es muss eine offene Frage sein (keine Ja/Nein-Fragen).
2) Sie muss in die Zukunft gerichtet sein.
3) Sie muss nach einer Handlung fragen.

Nachfolgend einige Beispiele:

Problem	Lösung
Wer hat das schon wieder vergessen?	Wer kann beim nächsten Mal die Verantwortung übernehmen, sodass es sicher besorgt wird?
Warum haben Sie schon wieder kein Kopierpapier nachgefüllt?	Wie können wir sicherstellen, dass das Kopierpapier immer nachgefüllt ist?
Wieso ist der Vertrag noch nicht fertig?	Wer kann Sie jetzt dabei unterstützen, damit der Vertrag bis 12 Uhr fertig ist?
Warum sind Ihre Englischkenntnisse so schlecht?	Was können wir als Unternehmen dazu beitragen, Ihre Englischkenntnisse rasch auf ein gutes Level zu bringen?

Wie Sie erkennen können, laden zielorientierte Fragen dazu ein, einen Weg in Richtung Lösung zu finden, während problemorientierte Fragen eine genauere Beschreibung des Problems auslösen. Problemfragen haben noch einen großen Nachteil: Sie suchen oft nach den Schuldigen für eine Situation. Und das löst bei Mitarbeitenden Rechtfertigungsdruck aus. Wenn es daher nicht unbedingt notwendig ist, die Ursache für eine Situation zu analysieren, dann wäre es sinnbefreit, Mitarbeitende mit dieser Art von Fragen in die Enge zu treiben. Ver(sch)wenden Sie weniger Zeit, Schuldige zu suchen, und nutzen Sie die Zeit, das Ziel zu beschreiben und den Weg zu finden!
Jetzt sind Sie an der Reihe: Probieren Sie, folgende problemorientierte Fragen in zielorientierte umzuformulieren. Machen Sie anschließend den Check, ob Ihre Formulierungen auch den oben genannten drei Kriterien entsprechen.

Warum bist du immer gleich beleidigt, wenn ich dir etwas sage?	
Wieso waren Sie zu dem Kunden heute so unhöflich?	
Wer hat schon wieder vergessen, seine Sachen von meinem Tisch wegzuräumen?	
Warum sind unsere Meetings immer so ineffizient?	

Die Stärkenorientierung in dieser Technik ist leicht erkennbar: Nicht Sie als Führungskraft schlagen einen Lösungsweg vor, sondern Ihre Mitarbeitenden werden dazu motiviert, eigene Lösungen zu entwickeln. Nachdem Menschen ihre eigenen Lösungswege in der Regel anhand ihrer eigenen Kompetenzen, Stärken und Fähigkeiten entwickeln, tragen Sie mit dieser Technik zu einem individuellen Stärkeneinsatz Ihrer Mitarbeitenden bei. Die größte Herausforderung für Führungskräfte dabei ist es, auszuhalten, dass andere Menschen auch andere Lösungswege entwickeln.

Für Härtefälle: Zielorientiertes Fragen advanced

In manchen Gesprächen wird die soeben beschriebene Technik bereits ausreichen, um einen Denkprozess zur Lösungsfindung anzustoßen. Wenn der Leidensdruck allerdings besonders groß ist, ist es meist notwendig, aus psychohygienischen Gründen erst einmal der Problembeschreibung Raum zu geben. Wenn Ihr Gesprächspartner allerdings sehr lageorientiert ist oder einfach keinerlei Motivation hat, etwas zu verändern, dann wird eine kurze zielorientierte Frage wenig Chance bieten, den Fokus zu verändern. In der Praxis klingt ein Gesprächsverlauf dann ungefähr so:

Mitarbeiterin: *»Also diese neue Kundin, die Frau Müller, ist wirklich mühsam. Lange halte ich die nicht mehr aus!«*

Führungskraft: *»Was könntest du denn tun, damit dir der Umgang mit ihr ein wenig leichter fällt?«*

Mitarbeiterin: *»Schwierig! Weil sie weiß ja prinzipiell immer alles besser. Außerdem ist sie ziemlich humorbefreit, und stell dir vor, was sie gestern gemacht hat …«*

Was ist hier passiert? Die Führungskraft versucht, mit einer zielorientierten Frage zur Lösungsfindung zu führen. Die Mitarbeiterin bleibt aber dennoch in einer Problemzentrierung und nimmt diese sogar noch mehr ein. Besonders, wenn Menschen in einer Problemorientierung sind, beantworten sie zielorientierte Fragen mit einer noch detaillierteren Beschreibung des Problems. Das zeigt in der Regel, dass sie (noch mehr) Wertschätzung für die Situation brauchen oder mehr Verständnis dafür, dass ihre Situation wirklich nicht einfach ist. Für diese Situationen, in denen ein Gesprächspartner noch nicht bereit ist, in die Lösungsorientierung mitzugehen, möchte ich Ihnen folgende rezeptartige Strategie empfehlen, für die ich das Beispiel von soeben verwende:

Teil 1:
Mitarbeiterin: *»Also diese neue Kundin, die Frau Müller, ist wirklich mühsam. Lange halte ich die nicht mehr aus!«*
Führungskraft: *»Was könntest du denn tun, damit dir der Umgang mit ihr leichter fällt?«*

Bis jetzt ist noch alles bekannt. Die Führungskraft versucht, aus einer Problemorientierung in eine Lösungsorientierung zu führen.

Teil 2:
Mitarbeiterin: *»Schwierig! Weil sie weiß ja prinzipiell immer alles besser. Außerdem ist sie ziemlich humorbefreit, und stell dir vor, was sie gestern gemacht hat …«*

Die Reaktion der Mitarbeiterin zeigt, dass sie noch nicht bereit ist, in die Lösungsorientierung mitzugehen. Möglicherweise ist sie einfach so genervt von der Kundin, dass sie keine Lust dazu hat, oder sie hat keine Ideen oder sie fühlt sich einfach zu wenig in der Problemsituation wertgeschätzt. Daher ist die beste Reaktion darauf, das Ertragen des Problems wertzuschätzen.

Teil 3:
Führungskraft: *»Ja, ich kann gut verstehen und es auch nachvollziehen, dass es nicht einfach ist mit ihr. Vor allem, wenn jemand glaubt, alles besser zu wissen, braucht man schon ziemlich Geduld dafür. Das kann einen dann schon nerven.«*

Teil 3 besteht ist der Wertschätzung des Problems. Ich nenne diesen Teil »Verständnis hoch drei« – also möglichst klar, deutlich und ausführlich das Problem verstehen. Ganz wichtig ist es, dabei authentisch und ehrlich zu bleiben. Schließlich wollen Sie ja kein Kamelhaardeckenverkäufer aus der Fernsehwerbung werden, der jedes und alles an den Mann oder die Frau bringen will und sich dabei bis zur Unkenntlichkeit verbiegt. Wenn Sie das Problem gar nicht nachvollziehen können (in Ihrer Welt), dann versuchen Sie zu verstehen, dass es für jemand anderen sehr wohl eines sein kann. Empathie bzw. Einfühlungsvermögen in andere Menschen ist nämlich eine relevante Führungskompetenz. In diesem Fall könnte die Reaktion folgendermaßen klingen:

Teil 3 (Variation):
Führungskraft: *»Ja, ich kann gut verstehen, dass das für dich in der Situation schwierig ist. Vor allem, wenn du mehrere Kundinnen wie sie nacheinander betreuen musst. Und ganz abgesehen davon haben wir ja derzeit einige neue Kollegen im Team, die dich da noch nicht gut unterstützen können.«*

Das Verständnis in dieser Variante ist, dass Sie sich vorstellen können, dass es für Ihre Mitarbeiterin ein Problem ist – unabhängig davon, ob es für Sie auch ein Problem wäre. Und das ist es ja offensichtlich, denn sonst würde die Situation kein Thema sein. Möglicherweise erleben Sie als Führungskraft öfter, dass Sie Probleme, die Ihre Mitarbeitenden beschreiben, nicht nachvollziehen können. Das kann ein guter Hinweis darauf sein, an sich selbst und seiner Kompetenz zu arbeiten, Situationen aus anderen Blickwinkeln sehen.

Teil 4:
Führungskraft: *»Was könntest du denn trotzdem versuchen, damit es dir zumindest ein klein wenig leichter fällt, mit dieser Kundin gut umzugehen?«*

Dieser Teil folgt unmittelbar nach der Wertschätzung. Die Frage ist ähnlich jener, die als Erstes gestellt wurde. Der Kunstgriff ist nun allerdings, dass sie durch zwei Veränderungen ›weicher‹ gemacht wurde. Als erste Veränderung wurde die Frage in der Möglichkeitsform formuliert: »könntest du denn trotzdem versuchen«. Die zweite Veränderung ist, dass das Ziel kleiner gemacht wurde: Aus der Originalformulierung »leichter« wurde in dieser Variante »zumindest ein klein wenig leichter«. Somit geht es nicht mehr darum, das Problem zu lösen, sondern sich zumindest einen kleinen Schritt in die richtige Richtung zu überlegen.

Das Grundrezept für diese Technik lautet daher:

Mitarbeiter:	Problembeschreibung
Führungskraft:	zielorientierte Frage
Mitarbeiter:	problembeschreibende Antwort
Führungskraft:	a) Verständnis hoch drei b) + wie könnten Sie es »trotzdem« oder »dennoch« schaffen? c) + nochmals zielorientierte Frage kleiner gemacht

Und so könnte ein Gespräch mit dieser Technik in der Praxis klingen:

Führungskraft: *»Herr Grabau, was können Sie denn tun, damit Sie morgen sicher pünktlich sind?«*
Herr Grabau: *»Ja wissen Sie, ich bemühe mich eh. Aber es ist halt schon schwierig mit dem Frühverkehr und dann auch noch die Kinder. Gerade heute war wieder so ein Tag, an dem …«*
Führungskraft: *»Ja, das stimmt. Das mit dem Autoverkehr wird wirklich immer mehr, und wenn die Kinder dann auch noch trödeln, das kenne ich. Da ist es wirklich manchmal schwierig, alles zu schaffen, und das noch rechtzeitig. Ich merke auch, dass Sie sich da bemühen. Was können Sie dennoch probieren, damit Sie morgen rechtzeitiger da sind?«*

4 4-Evening-Questions: Eigene Stärken erkennen und nützen

Anwendungsbereich: Diese Technik bewirkt eine Sensibilisierung auf die eigenen Stärken. Sie löst eine gesteigerte Wahrnehmung der eigenen Stärken und in weiterer Folge ihren gezielten Einsatz aus. Gleichzeitig erhöht sie die eigene Kompetenz zur Selbststeuerung.

Es liegt in der Natur der meisten von uns, dass wir Dinge, die wir besonders gut können, nach einiger Zeit nicht mehr als Stärke wahrnehmen. Dieser Habituierungseffekt und andere Gründe für dieses Phänomen wurden in diesem Buch bereits ausführlich beschrieben. Stärken, deren wir uns nicht bewusst sind, können wir allerdings nicht bewusst und zielgerichtet einsetzen. Nicht selten bat ich in Workshops Teilnehmende oder die Mitglieder eines ganzen Teams, ihre fünf hilfreichsten Stärken zu beschreiben, und löste damit eine heillose Überforderung aus.

Techniken der Positiven Psychologie, wie das Dankbarkeitstagebuch oder der positive Tagesrückblick, arbeiten mit einer Form der Reflexion. Dabei werden über einen bestimmten Zeitraum jeden Abend Ereignisse aufgeschrieben, die gut waren. Die Forschung zeigt, dass diese Aufgaben eine nachweislich positive Wirkung auf die Personen haben, die noch Monate später nachweisbar ist.[1,2] Ich wollte diese Technik daher auf Stärkenreflexion anwenden. Folglich gab ich meinen Seminarteilnehmern und auch Coachees die Aufgabe, sich über mehrere Tage jeden Abend zu notieren, welche Stärken sie ausleben konnten. Meine Erwartungshaltung war hoch, das Resultat allerdings schlecht. Die meisten Personen brachen diese Übung nach einigen Tagen ab. Sie berichteten, dass die Übung recht mühsam sei, es immer die gleichen Dinge seien, die sie aufschrieben, und außerdem an manchen Tagen gar keine Stärken ausgelebt werden könnten. (O-Ton: »Wo bitte hätte ich gestern Stärken ausleben können? Ich bin doch den ganzen Tag bei Ihnen im Seminar gewesen.«)

Dieses Feedback brachte mich auf die Idee, die Frage nach den Stärken mit anderen, nämlich leichteren Fragen, zu kombinieren. Meine Logik war, dass dadurch Erfolgserlebnisse entstünden, die wiederum das Durchhaltevermögen in Bezug auf die Stärkenfrage steigern würden. Und so experimentierte ich mit unterschiedlichen Fragekombinationen und beobachtete akribisch, welche Zusammenstellung die beste war. Die erfolgversprechendste Kombination, die aus vier Fragen bestand, untersuchte ich dann in einer Studie über eine Dauer von zwei Jahren. Bevor ich die messbare Wirkung dieser Übung näher beschreibe, stelle ich Ihnen dieses sehr einfache Tool vor.

Anleitung: *Bitte nehmen Sie sich jeden Abend für einen Zeitraum von zwei Wochen zehn Minuten Zeit, um sich zu folgenden vier Fragen Gedanken zu machen und diese zu notieren. Versuchen Sie, diese Zeit möglichst genau einzuhalten. Wenn Ihnen nach wenigen Minuten nichts mehr einfällt, lenken Sie sich dennoch nicht ab, sondern bleiben Sie dran. Überziehen Sie die zehn Minuten auch nicht. Einen Tag pro Woche dürfen Sie pausieren, Sie müssen aber nicht. Wenn Ihnen an einem Tag bei einer Frage nichts einfällt, dann schreiben Sie dazu einfach nichts auf. Erwarten Sie nichts, sondern beobachten Sie einfach, was passiert.*

1. **Was hat mir heute Freude bereitet?**
2. **Wo habe ich mich heute lebendig gefühlt?**
3. **Wofür und wem kann ich heute dankbar sein?**
4. **Welche Stärken konnte ich heute ausleben?**

Die Fragen wirken in einem ersten Eindruck recht banal, es steht allerdings viel Psychologie dahinter.

1. Was hat mir heute Freude bereitet?

Diese Frage schließt an die Klassiker in der Positiven Psychologie an. Sie ist am einfachsten von allen zu beantworten und somit ein »Quick-Win«, um das Durchhaltevermögen zu steigern. In der Positiven Psychologie ist diese Frage unter »Three good things« bekannt.

2. Wo habe ich mich heute lebendig gefühlt?

Wie sich in meiner Studie zeigte, ist diese Frage für die meisten Menschen nicht ganz einfach zu beantworten. Dahinter steckt ebenfalls Wissen der Positiven Psychologie, denn besonders die Forschung zu Charakterstärken (siehe Kapitel 4 meines Buches »Positive Leadership. Mit PERMA-Lead erfolgreich führen«) zeigt, dass Menschen sich oft dann lebendig fühlen, wenn sie ihre Stärken ausleben. Somit kann dieses Gefühl ein Hinweisreiz darauf sein, dass gerade eine Stärke ausgelebt wird. Die Erfahrung zeigt, dass das nicht immer nur angenehme Momente sind. Das ist beispielsweise der Fall, wenn ein Sportler seine Stärke »Durchhaltevermögen« zeigt, indem er beim Bankdrücken einige Wiederholungen mehr als üblich macht – und sich dabei besonders lebendig fühlt, obwohl die Tätigkeit sehr anstrengend oder sogar schmerzhaft ist.

3. Wofür und wem kann ich heute dankbar sein?

Diese Frage ist ebenfalls einer der Klassiker und für die meisten Teilnehmenden einfach zu beantworten. Es ist durch mehrere Studien belegt, dass Dankbarkeit positive Emotionen auslöst.[3–5] Positive Emotionen erweitern wiederum aufgrund der Aufwärtsspirale (siehe Kapitel 5 meines Buches »Positive Leadership. Mit PERMA-Lead erfolgreich führen«) die Wahrnehmung und das Blickfeld und bringen die Person, die diese Übung macht, gemeinsam mit den beiden ersten Fragen in einen optimalen Zustand, um sich der vierten und schwierigsten Frage zu widmen.

4. Welche Stärken konnte ich heute ausleben?

Der ganze Übungsaufbau zielt überwiegend auf diese Frage ab, und wie erwartet bewertete rund die Hälfte der Teilnehmenden diese Frage als die schwierigste. Der Zweck dieser Frage ist, eigene Stärken zu erkennen bzw. ihren täglichen unbewussten Einsatz ins Bewusstsein zu rücken.

Was bewirkt diese Übung?

Die Erfahrungen von Menschen, die diese Übung durchführten, wurden in einer Studie untersucht, die ich von 2015 bis 2017 durchführte. Die fast 100 Teilnehmenden notierten anonym und regelmäßig, wie sie diese Übung erlebten und welche Auswirkungen sich bei ihnen zeigten.[6] Um keinen Placeboeffekt auszulösen, wurden die Teilnehmenden im Vorfeld von mir weder über den genauen Zweck dieser Übung noch über bisherige Studienergebnisse informiert. Während und nach der Übung bekamen die Studienteilnehmenden online Leitfragen gestellt, die sie wie in einem Chat beantworteten. Das so gesammelte Datenmaterial wurde anschließend in einem qualitativen Verfahren ausgewertet.

95 Prozent der teilnehmenden Personen beschrieben, dass diese Übung etwas veränderte und eine Bereicherung für sie war. Erwartungsgemäß wurden die erste und die dritte Frage als verhältnismäßig einfach erlebt, der größte Erkenntnisgewinn wurde durch die zweite und vierte Frage ausgelöst. Für viele wurde die Übung mit fortschreitender Dauer einfacher. Besonders spannend war, dass ein Teil der Teilnehmenden nach einiger Zeit bereits während des Tages begann, bewusst auf Aspekte zu achten, die am Abend aufgeschrieben werden könnten. Situationen wurden unmittelbar in der Gegenwart danach »gescannt«, ob gerade ein Gefühl der Lebendigkeit spürbar war oder ob eine Stärke ausgelebt wurde. Viele gaben an, dass diese Übung dadurch ihren Wahrnehmungsfokus veränderte.

Bei der Analyse der Auswirkungen der vierten Frage – jener nach den Stärken – wurde sichtbar, dass das Design dieser Übung definitiv eine bessere Wirkung zeigt, als wenn man nur eine einzige Frage nach den Stärken stellt. Die Teilnehmenden berichteten, dass sie erst nach einigen Tagen Stärken erkannten oder auch benennen konnten. Vielen wurde erst dadurch bewusst, über wie viele Stärken sie verfügten, und einige beschäftigten sich überhaupt das erste Mal in ihrem Leben explizit mit ihren Stärken. Teilnehmende beschrieben, dass sie sich durch die Beantwortung der Fragen selbst besser kennenlernten und Stärken zum Vorschein kamen, die sie vorher bei sich nicht gekannt hatten. Es kam zu »Ketteneffekten«: Sobald eine Stärke erkannt wurde, wurden weitere Stärken bewusst, die in dieser oder anderen Situationen genützt werden.

Wenn man bedenkt, dass der Zeitaufwand für diese Übung in Summe nur zwei Stunden umfasst und diese nicht am Stück, sondern über zwei Wochen aufgeteilt werden, wird deutlich, dass es nicht immer nur lang andauernde Interventionen benötigt, um eine Richtungsänderung zu bewirken.

Abschließend werteten mein Assistent und ich die Fülle von Daten, die wir von unseren Studienteilnehmenden gesammelt hatten, noch danach aus, welche Erfahrungen am häufigsten gemacht worden waren. Die Ergebnisse, die als Word-Cloud aufbereitet wurden, sehen Sie in Abbildung 4.1.

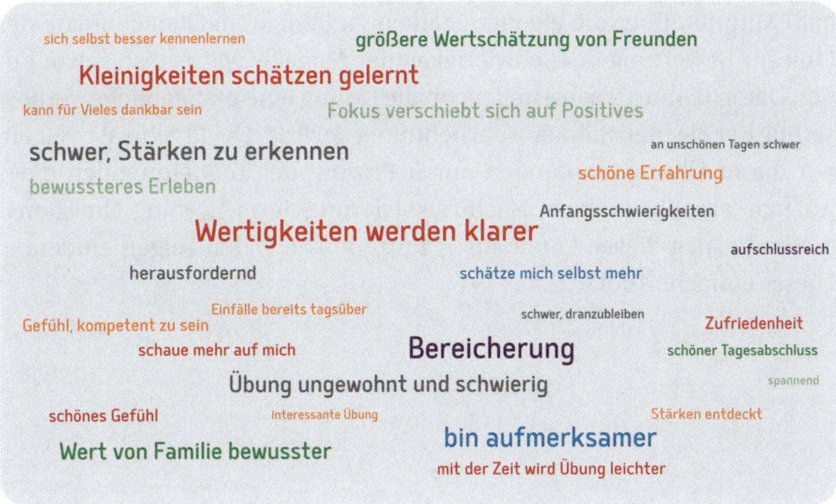

Abbildung 4.1: Word-Cloud zu Erfahrungen mit der Methode der 4-Evening-Questions

In die Analyse wurden ausschließlich Erfahrungen aufgenommen, die von mindestens 20 Prozent der Teilnehmenden gemacht wurden. Größe und Farbe der Schrift zeigen die Häufigkeit der jeweiligen Nennung. Bunte Farben beschreiben positive Erfahrungen und graue Schrift negative. Leicht zu erkennen ist, dass sich negative Beschreibungen ausschließlich auf die Durchführung der Übung beziehen, während die positiven Erkenntnisse und somit die beabsichtigte Wirkung dieser Übung bei weitem überwiegen.

In einer zweiten Forschungsarbeit überprüfte ich, ob diese Übung tatsächlich zu einer signifikanten Verbesserung in Bezug auf die bewusste Wahrnehmung der eigenen Stärken führt. Dazu mussten Studienteilnehmende, die ich aus meinen Seminaren, Coachings und Lehrveranstaltungen an den Universitäten Wien und Klagenfurt rekrutierte, einer zweiten Person zweieinhalb Minuten lang erzählen, welche Stärken sie in den letzten 24 Stunden ausleben konnten. Danach wurde ihnen auf ihr Mobiltelefon ein Link zugeschickt, über den sie anonym bewerten konnten, wie schwierig es war, so lange über ihre Stärken zu erzählen. Anschließend bekamen die Teilnehmenden als Hausübung, die 4-Evening-Questions-Methode durchzuführen. Nach Absolvierung der Übung war wieder dieselbe Aufgabe wie zu Beginn durchzuführen, also einer Person zweieinhalb Minuten über die eigenen Stärken zu berichten. Danach folgte der Link zur Bewertung der Schwierigkeit der Aufgabe. Mit den so gewonnenen Daten konnte ich feststellen, ob die Übung eine maßgebliche Verbesserung der eigenen Stärkenwahrnehmung bewirkt. Die Ergebnisse zeigen: Vor dieser Übung empfanden nur 11 Prozent der Teilnehmenden diese Aufgabe als sehr einfach. Nach Absolvierung der 4-Evening-Questions-Methode stieg dieser Anteil auf 41 Prozent! Die Daten zeigen eindeutig: Dieses einfache Tool wirkt!

PERSÖNLICHE NOTIZEN

5 GROW-Modell: Coachingstrategien für Führungskräfte

Anwendungsbereich: Längere Gespräche, in denen Mitarbeitende von der Führungskraft dabei unterstützt werden, selbst eine Lösung für eine Aufgabenstellung oder ein Problem zu entwickeln. Die Technik ist dort geeignet, wo Mitarbeitende grundsätzlich die Kompetenz haben, eine Situation erfolgreich zu bewältigen.

Vor einigen Jahrzehnten wurde unter Führung überwiegend verstanden, Mitarbeitenden zu sagen, wie sie eine Aufgabe zu bewältigen hätten, und den Arbeitsfortschritt zu kontrollieren. Heute wird Führung als eigenständiges Kompetenzbündel verstanden, das Führungskräfte befähigt, Mitarbeitende dabei zu unterstützen, eigenständige Lösungen für ihre Aufgabenstellungen zu entwickeln.

Diese Haltung, nämlich andere Menschen darin zu unterstützen, eigenständige Lösungen zu entwickeln, ist ein Grundelement im Coaching. Daher liegt es nahe, passende Techniken aus dem Coaching im Führungsalltag einzusetzen. Allerdings sind nicht alle Techniken aus diesem Bereich für eine Führungssituation geeignet. Das GROW-Modell ist eine Gesprächsstruktur, die ursprünglich für Coachings entwickelt wurde, die aber in abgewandelter Form sehr gut für Führungssituationen passt. Dabei werden überwiegend die ›richtigen‹ Fragen gestellt, um so ein strukturiertes Entwickeln von eigenen Sichtweisen und Lösungsansätzen zu fördern. Das Tool wurde in den späten 1980er-Jahren vom britischen Rennfahrer und Coach John Whitmore maßgeblich mitentwickelt und fand sowohl im Sport als auch im Businesscoaching großen Anklang. Das GROW-Modell ist kein Tool, das man mal so schnell ›zwischen Tür und Angel‹ durchführen kann, sondern benötigt Zeit. Und es ist auch sicherlich eine der komplexeren und umfangreicheren Techniken, die im Führungsalltag eingesetzt werden können. Es ist geeignet für Aufgaben, bei welchen eine

Ausgangssituation und ein mehr oder weniger klares Ziel vorliegen, aber noch keine Entscheidung getroffen wurde oder möglicherweise noch gar keine Ideen da sind, wie dieses Ziel erreicht werden soll. Das Modell gibt eine zeitliche Reihenfolge der Gesprächsinhalte vor, an die man sich strikt hält.

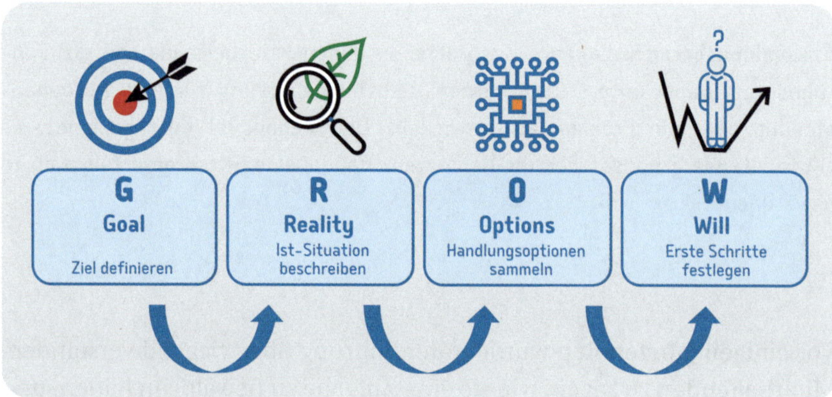

Abbildung 5.1: Das GROW-Modell

Der Vorteil an dieser Vorgehensweise ist, dass ein Festhängen in einer ›Jammerschleife‹ verhindert wird. Die Ist-Situation wird nämlich erst dann erörtert, wenn das Ziel klar ist. Diese Vorgehensweise entspricht dem Prinzip von Positive Leadership, da individuelle Kompetenzen, Ressourcen, Erfahrungen und Stärken der Mitarbeitenden als Lösungsmöglichkeiten herausgearbeitet werden, um ein Ziel zu erreichen, ohne dabei einen konkreten Weg vorzugeben.

Im Jahr 2003 bekamen meine beiden damaligen Kollegen Marc Stollreiter, Johannes Völgyfy und ich von IBM den Auftrag, für das Leadership-Weiterbildungsprogramm des Unternehmens eine Seminarreihe anzubieten, bei der erfahrene Führungskräfte Coachingkompetenz erlernen. Meine beiden Kollegen waren zu diesem Zeitpunkt weit erfahrener im Trainingsbereich als ich und entschieden sich dafür, das damals noch wenig bekannte GROW-Modell als eine Zielkompetenz für diese Seminarreihe zu definieren. Eine sehr weise Entscheidung, wie sich herausstellte. Denn erstens wurde die Seminarreihe von den Führungskräften begeistert angenommen – schon bald meldeten sich Führungskräfte aus ganz Europa für die Teilnahme an dieser Seminarreihe an. Und zweitens wurde in späterer Folge die Wirkung des GROW-Modells in Organisationen durch zahlreiche wissenschaftliche Studien belegt. Dabei konnte unter anderem gezeigt werden, dass sich die Anwendung dieses Ansatzes maßgeblich positiv auf Selbstvertrauen, den Aufbau von Management-Kompetenzen, den Umgang mit Veränderungen[1] sowie die arbeitsplatzbezogene und persönliche Zielerreichung[2], die Widerstandsfähigkeit und das Wohlbefinden am Arbeitsplatz[1] auswirkt. Weiters machten Vergleichsstudien sichtbar, dass sich ein Coaching nach der GROW-Struktur signifikant besser auf das Erreichen von Zielen auswirkt, als wenn Menschen sich mit gleichem Zeitinvestment in ihrer Gruppe über das Ziel austauschen.[3]

Im Laufe der Jahre haben mein Team und ich in zahlreichen Unternehmen und mit unterschiedlichen Seminardesigns weit über 1000 Führungskräften diese Technik in mehrtägigen Seminaren vermittelt. Dabei haben wir regelmäßige Adaptierungen und Verbesserungen durchgeführt und Rückmeldungen, die uns Führungskräfte nach ihrer praktischen Umsetzung gaben, integriert. Um das komplette GROW-Modell mit seinen Anwendungsmöglichkeiten im Führungsalltag zu erlernen, braucht es praktisches Ausprobieren mit viel Feedback von erfahrenen Trainerinnen und Trainern. Es ist meines Erachtens genauso wenig nur durch Lesen erlernbar wie Radfahren, Vorträge zu halten oder thailändisch zu kochen. Ich möchte Sie daher mit einer abgespeckten Variante vertraut machen, von der ich überzeugt bin, dass sie die Grundzüge des GROW-Modells praktikabel vermittelt und gleichzeitig Lust darauf macht, es in der Praxis auszuprobieren.

Schritt 1: Goal – Das Ziel definieren

In diesem Schritt geht es darum, ein *konkretes* Ziel zu formulieren. Ein hilfreicher Ansatz dazu kann sein, das Ziel SMART zu formulieren (siehe Kapitel 9.4 meines Buches »Positive Leadership. Mit PERMA-Lead erfolgreich führen«). Die Führungskraft leitet dieses Gespräch überwiegend durch Fragen.

Hilfreiche Fragen

- Was konkret wollen Sie erreichen?
- Was wäre ein Meilenstein auf diesem Weg?
- Woran könnten Sie erkennen, dass Sie das Ziel erreicht haben?
- Warum wollen Sie dieses Ziel erreichen?
- Wie würde das Ziel aussehen, wenn es keine äußeren Beschränkungen gäbe?
- Wer ist noch davon betroffen, wenn Sie Ihr Ziel erreichen? Inwiefern?
- Wer hat noch Vorteile oder vielleicht Nachteile, wenn Sie Ihr Ziel erreichen?
- Wie würde eine andere Person Ihr Ziel beschreiben?
- Auf einer Skala von 1 bis 10: Wie nahe sind Sie Ihrem Ziel schon? (Bsp.: Wenn die Person darauf mit »6« antwortet: »Was konkret wäre dann 5?« ... »Was konkret wäre dann 7?«)

Praktische Tipps

- Kernziel herausarbeiten: Das wahre Ziel ist oft anders als das geschilderte.
- »Forscher-Verhalten«: Weitläufig starten: offene Fragen (keine Ja/Nein-Fragen), Fragen nach Rahmenbedingungen, nach den Auswirkungen, nach der Häufigkeit etc.
- Fragen Sie bei schwammigen Begriffen nach, was damit konkret gemeint ist. (Bsp.: Was meinen Sie mit »effizienter arbeiten«/»besseres Zeitmanagement«/»weniger Stress«/ usw.?)
- Keine Antworten geben oder Ratschläge erteilen! Es sollen nur Fragen gestellt werden. Wiederholen Sie das Gesagte mit eigenen Worten, um zu überprüfen, ob der Mitarbeiter und Sie dasselbe meinen.
- Dem Gesprächspartner nicht mit der nächsten Frage ins Wort fallen. Nach der Antwort ein wenig warten, bevor Sie eine neue Frage stellen.
- Nicht vergessen: Zum Abschluss dieser Sequenz wiederholen Sie nochmal das Ziel, um sicherzustellen, dass es keine Missverständnisse gibt.

Schritt 2: Reality – Auf den Ist-Zustand blicken

Im zweiten Schritt liegt der Fokus darauf, die Ist-Situation zu beleuchten und zu verstehen. Das hilft einerseits, die Motivation zur Veränderung zu erhöhen, und andererseits, mögliche Ressourcen zu erkennen.

Hilfreiche Fragen

- Was passiert derzeit?
- Was?/Wann?/Wo?/Wie häufig? In welchem Ausmaß?
- Wann war es anders? Was war anders?
- Wie würde eine andere Person (die auch betroffen ist) die Situation beschreiben?
- Was hinderte Sie bis jetzt an der Umsetzung dieses Ziels?
- Was ist das Gute bzw. wer hat einen Vorteil, dass es diese Situation gibt?
- Wer ist involviert/beteiligt – direkt/indirekt?
- Wen betrifft es noch? Wen betrifft es am meisten, wen am wenigsten?
- Welche Auswirkungen hat die Ist-Situation auf andere?
- Was haben Sie bisher unternommen, um die Situation zu ändern/verbessern?
- Wie oft? Mit welchem Resultat?
- Auf welche Hindernisse sind Sie dabei gestoßen?
- Was ist bis jetzt schon gut gelungen? Wer/was hält Sie davon ab, weiterzumachen/etwas zu ändern?
- Welche Kompetenzen haben Sie, um die Situation auszuhalten?
- Auf einer Skala von 0 bis 100: Wo stehen Sie jetzt, wenn das Ziel 100 wäre?
- Was wären mögliche Konsequenzen, wenn Sie die Situation nicht änderten?

Praktische Tipps

- Achten Sie darauf, dass an dieser Stelle noch keine Lösungsmöglichkeiten gesammelt werden.
- Sollte sich das Ziel durch die Reflexion über den Ist-Zustand ändern, springen Sie mit den Fragen wieder auf Schritt »G«.
- Geben Sie diesem Schritt nicht unbegrenzt Raum, sondern achten Sie darauf, dass durch die Fragen hilfreicher Erkenntnisgewinn ausgelöst

wird. Führen Sie mit Ihren Fragen besonders dann aktiv, wenn dieser Schritt überwiegend in ein Jammern über die Situation entgleitet.

- Wenn Sie die Situation kennen: Akzeptieren Sie, dass es unterschiedliche Sichtweisen der Realität geben kann. Ihre muss nicht richtiger sein, nur weil sie anders ist.

Schritt 3: **O**ptions – Sammeln von Möglichkeiten

Der dritte Schritt hat den Zweck, wie in einem Brainstorming konkrete Handlungsvorschläge zu sammeln, die der Zielerreichung dienen.

Hilfreiche Fragen

- Welche Möglichkeiten haben Sie? Was haben Sie bereits überlegt oder sogar ausprobiert?
- Was könnten Sie sonst noch unternehmen?
- Was hat in ähnlichen Situationen funktioniert? – Was nicht?
- Welche Kompetenz(en) bräuchten Sie noch für eine Lösung? Wie könnten Sie diese Kompetenz(en) erwerben?
- Wer kann Sie bei der Lösung des Problems unterstützen?
- Wie würde X (= eine Person, der Sie zutrauen, die Situation gut zu meistern) an die Sache herangehen?
- Was würde Ihnen eine Person raten, die es gut mit Ihnen meint?
- Wen kennen Sie, der oder die schon einmal in einer ähnlichen Situation war? Was hat er oder sie gemacht?
- Was würden Sie einer Person raten, die sich in einer ähnlichen Situation befindet?
- Was könnten Sie tun, um die Situation noch schlimmer zu machen? – (Nach der Antwort:) Was wäre das Gegenteil davon?
- Was könnten Sie tun, was für Sie völlig ungewöhnlich ist?
- …………
- …………
- Auf einer Skala von 1 bis 10: Bewerten Sie alle gefundenen Möglichkeiten. Welche davon wollen Sie ausprobieren? Was wäre dann Plan B, was Plan C?
- Wie wird Ihre Umgebung (bzw. die anderen Betroffenen) reagieren, wenn Sie das machen?

Praktische Tipps

- Ganz wichtig: Eine Liste aller Optionen mitschreiben!
- Hören Sie nicht auf, nach Ideen zu suchen, wenn die erste(n) machbare(n) gesagt wurde(n). Oft kommen die besten Ideen an 2., 3. oder 10. Stelle.
- Wenn Sie sich sicher sind, dass der Gesprächspartner keine Ideen mehr hat, fragen Sie dennoch weiter.
- Motivieren Sie, auch überzogene oder unangemessene Lösungsmöglichkeiten zu entwickeln. Vielleicht stellt sich ja eine angepasste Abwandlung davon später als gute Option heraus.
- Sammeln Sie zuerst alle Möglichkeiten und bewerten Sie diese erst dann. Wenn Ihr Gesprächspartner die Handlungsoptionen sofort bewertet, dann unterbrechen Sie ihn mit dem Hinweis, dass es zuerst darum geht, viele Optionen zu sammeln, und dass diese erst im zweiten Schritt bewertet werden.
- Als Führungskraft können Sie am Ende der Ideensammlung auch eigene Ideen beisteuern (falls notwendig). Am Ende!

Schritt 4: Will – Konkrete nächste Schritte festlegen

Die Schritte 1 bis 3 waren überwiegend intellektuelle Reflexionen. Jetzt geht es darum, auf Basis der vorherigen Überlegungen Nägel mit Köpfen zu machen und die konkreten nächsten Schritte nach diesem Gespräch festzulegen. In dieser Phase wird nichts mehr reflektiert oder hinterfragt, sondern ausschließlich konkret an der Umsetzung gearbeitet. Erfahrungsgemäß ist dieser Schritt daher die kürzeste Phase im GROW-Modell.

Hilfreiche Fragen

- Was sind die ersten drei Schritte?
- Wann starten/beginnen Sie?
- Wie viel Zeit planen Sie dafür ein?
- Wie realistisch ist der Zeitrahmen?
- Auf welche Hindernisse werden Sie dabei voraussichtlich stoßen? Wie werden Sie diese überwinden?
- Welche Hindernisse oder Schwierigkeiten können Sie selbstständig bewältigen? Wie werden Sie das anstellen?

- Wen oder was benötigen Sie zu Ihrer Unterstützung? Wie können Sie sich diese organisieren?
- Wer muss darüber informiert werden?
- Wie zufrieden/einverstanden sind Sie mit der erarbeiteten Vorgehensweise?
- Auf einer Skala von 1 bis 10: Wie wahrscheinlich ist es, dass Sie diese Handlungen auch ausführen werden?
- Was würden Sie benötigen, um auf einen Umsetzungswert von 10 zu kommen?
- Was nehmen Sie sich vor, um Ihren Fortschritt sicherzustellen?

Praktische Tipps

- Versichern Sie, dass der Gesprächspartner und nicht Sie die Wahl der Handlungen/Möglichkeiten trifft. Bieten Sie eventuell Unterstützung bei der Umsetzung an.
- Gratulieren und ermutigen Sie zum Plan/zu den gewählten Aktionen.
- Verdeutlichen Sie Ihrem Gesprächspartner nochmals, dass er selbst die Lösung entwickelt hat und daher in der Lage ist, Situationen wie diese zu lösen.
- Als Führungskraft setzen Sie nun einen Rahmen, in welchen Zeiträumen Sie über den Fortschritt informiert werden wollen.

Der Vorteil des GROW-Modells ist, dass es in unterschiedlichsten Situationen eingesetzt werden kann. Egal ob es um ein produktiveres Gesprächsklima mit einer Kollegin, eine Produktpräsentation bei Kunden oder die Verbesserung des eigenen Zeitmanagements geht, diese Gesprächsstruktur ist hilfreich und unterstützt, geeignete Handlungsstrategien zu entwickeln, um dieses Ziel zu erreichen. Zusätzlich zu Einzelgesprächen kann das GROW-Modell nach einiger Übung auch in Meetings oder generell in Gruppen angewendet werden, wenn es darum geht, ein klares Ziel zu definieren sowie unterschiedliche Sichtweisen der Ist-Situation zu erkennen und daraus Handlungsmöglichkeiten abzuleiten.

Ein Beispiel aus der Praxis

Dieses Beispiel ist die gekürzte Fassung des Protokolls eines echten GROW-Modells, das von einer Führungskraft durchgeführt wurde.[1] Jedes GROW-Modell verläuft anders, da der Verlauf sehr stark vom Inhalt abhängt. Dieses Beispiel soll daher nur exemplarisch dafür sein, wie die Umsetzung der Technik in der Führungspraxis aussehen kann.
Die Aufzeichnungen wurden in einem ersten Schritt von der Führungskraft selbst anonymisiert, freigegeben und anschließend von mir nochmals inhaltlich verändert. Der Ablauf zeigt sehr gut, wie die Techniken strukturiert und hilfreich in einem Gesprächsablauf eingesetzt werden können.

G – Goal

Führungskraft (FK): Sie haben mich um ein Gespräch gebeten. Worum geht es denn?

> **Mitarbeiterin (MA):** Ich hätte gerne weniger Stress mit den Auswertungen.

FK: Was genau meinen Sie damit?

> **MA:** In den letzten Jahren ist die Anzahl der Listen und Auswertungen für unsere internationalen Businessunits kontinuierlich gestiegen. Fast täglich müssen so viele Informationen gemeldet werden, dass ich Angst habe, einmal etwas zu vergessen oder aus Zeitmangel nicht mehr rechtzeitig zu schaffen.

FK: Was möchten Sie stattdessen?

> **MA:** Ich möchte mehr Ordnung in meine Arbeit bringen. Ich brauche ein System, das es mir ermöglicht, schneller zu den Informationen zu kommen, die ich für meine Auswertungen brauche.

FK: Warum wollen Sie mehr Ordnung in der Arbeit?

> **MA:** Weil ich dann einen besseren Überblick habe und außerdem alles effizienter läuft.

1 Der Inhalt sowie Teile des Gesprächsverlaufs wurden zwecks Anonymisierung komplett geändert.

FK: Verstehe ich das richtig? Sie wollen sich überlegen, was Sie tun können, um für die Auswertungen ein System zu entwickeln, das Ihnen hilft, Zeit zu sparen?

MA: Ja, da haben Sie recht. Ich möchte ein System entwickeln, damit ich mich besser organisieren kann.

FK: Was genau meinen Sie mit »besser organisieren«?

MA: Ja, wenn ich alle Objektinformationen in eine Datenbank eintrage, muss ich zum Suchen dieser Informationen nicht mehr in den Ordnern mit den Ausdrucken suchen.

FK: Welche Auswirkungen hätte das?

MA: Ich spare beim Erstellen der Auswertungen viel Zeit, die ich dann für andere Aufgaben zur Verfügung habe.

FK: Wie viel Zeit sollte das Erstellen der Auswertungen am Tag in Anspruch nehmen?

MA: Optimal wäre es, wenn es maximal eine Stunde dauern würde. Es gibt ja nicht jeden Tag etwas zu berechnen. Und die Auswertungen unserer afrikanischen Niederlassungen können dann auch mal zwei Stunden dauern, das wäre die Ausnahme.

FK: Wer würde von der Erreichung dieses Ziels noch profitieren? Wer hätte Nachteile dadurch?

MA: Alle Mitarbeiter in unserer Abteilung würden profitieren, auch sie könnten sich direkt Informationen aus dieser Datenbank holen, ohne danach fragen oder suchen zu müssen. Nachteile hätte in den nächsten Wochen wahrscheinlich mein Kollege, weil er vorübergehend einige Aufgaben von mir übernehmen müsste, während ich die Datenbank erstelle.

FK: Welche Aufgaben müsste er denn übernehmen?

MA: Er müsste zum Beispiel manche Kunden oder die Auszahlungen übernehmen. Dadurch könnte ich die frei werdende Zeit für die Umsetzung der Aufgabe nützen, was wahrscheinlich auch sein Zeitmanagement beeinträchtigen würde.

FK: Inwiefern ändert das Ihr Ziel?

MA: Gar nicht, weil er einsehen wird, dass es langfristig für alle von Vorteil sein wird.

FK: Wer wäre noch betroffen?

MA: Natürlich wären nach Fertigstellung der Datenbank alle Bereiche, die von uns Auswertungen bekommen, positiv betroffen, weil wir die Informationen dann schneller bereitstellen können.

FK: Wer sonst noch?

MA: Sonst gibt es meines Wissens niemanden. Aber es sind ohnehin schon ziemlich viele Personen betroffen.

FK: Wie realistisch ist für Sie die Zielerreichung in Prozent?

MA: Ich muss zuerst die Datenbank erstellen. Danach muss ich mich an die Arbeit damit gewöhnen, eventuell auch noch Kleinigkeiten verändern bzw. verbessern. Wenn ich das alles so schaffe, wie ich es mir vorstelle, glaube ich, dass das Ziel zu 90 Prozent erreicht werden kann. Selbst wenn ich manchmal noch länger brauchen würde, so bin ich sicher, den Zeitaufwand für die Auswertungen im Schnitt auf unter eine Stunde reduzieren zu können.

FK: Bis wann wollen Sie denn Ihr Ziel erreicht haben?

MA: Das kommt darauf an, wie ich vorankomme.

FK: Realistisch betrachtet: Bis wann können Sie es schaffen?

MA: Okay. Ich will es bis zum Beginn des neuen Quartals geschafft haben, also konkret bis zum 1. Juli.

FK: Gut. Ich würde gerne Ihr Ziel noch einmal zusammenfassen: Wenn ich Sie richtig verstanden habe, wollen Sie sich ein System überlegen, mit dem Sie bei der Meldung der Auswertungen Zeit sparen können. Sie haben vor, bis zum Ende des Quartals eine Datenbank einzurichten, die es Ihnen ermöglicht, anfallende Auswertungen innerhalb einer Stunde zu erstellen.

MA: Ja. Genau das ist mein Ziel.

R – Reality

FK: Sie sagten, in letzter Zeit hat die Anzahl der Aufgaben in Bezug auf Auswertungen zugenommen. Warum denn das?

MA: Wir müssen immer mehr Protokolle und Auswertungen an unterschiedliche Abteilungen melden, vermehrt auch an die Regionalstellen. Dadurch vervielfachen sich die erforderlichen Arbeitsvorgänge. Oft sind die Informationen, die benötigt werden, immer wieder nahezu die gleichen.

FK: Wie sehen andere Betroffene das Problem?

MA: Genauso wie ich. Auch die Kollegen berichten, dass sie gleiche oder ähnliche Informationen im Laufe der Woche mehrmals in abgewandelter Form an die unterschiedlichen Länderzentralen melden müssen.

FK: Wie viel Zeit benötigen Sie derzeit im Durchschnitt täglich für diese Aufgabe?

MA: Es sind nicht jeden Tag Auswertungen zu machen, aber ich schätze, dass ich in Summe für die Auswertungen zwei bis drei Stunden brauche. Das bindet dann natürlich Ressourcen.

FK: Wenn Sie nichts an dieser Situation ändern, was, glauben Sie, könnte passieren?

MA: Mittelfristig könnte die Qualität anderer Aufgaben leiden. Auch könnte es passieren, dass ich mit anderen wichtigen Aufgaben terminlich in Rückstand gerate. Es könnte auch dazu führen, dass dadurch folglich die Motivation der ganzen Abteilung leidet.

FK: Für wen ist das Problem vielleicht gar nicht so gravierend?

MA: Momentan betrifft es vor allem die Mitarbeiterinnen innerhalb unserer Abteilung. Aber wenn sich nichts ändert, könnten bald auch andere Bereiche betroffen sein. Also ist am Ende das Problem wahrscheinlich für alle im Konzern gravierend.

FK: Was können Sie mir noch sagen, was ich bezüglich dieses Problems wissen sollte?

MA: Ich glaube, ich habe Ihnen das Problem aus meiner Sicht ausführlich geschildert. Ich sehe einfach einen dringenden Handlungsbedarf und will rasch eine Lösung finden.

O – Options

FK: Was haben Sie sich denn bereits für Möglichkeiten überlegt, wie Sie Ihr Ziel umsetzen können?

MA: Ich würde mich gerne mit den Kollegen aus den anderen Ländern zusammensetzen, um Ideen zu sammeln.

FK: Ideen sammeln?

MA: Ich meine damit Ideen dazu, welche Bestandteile und Informationen vom System abgebildet werden sollten. Vor allem würde ich auch gerne im Vorfeld abklären, wie diese Informationen aufbereitet sein müssen, damit sie möglichst für alle in der Abteilung nutzbar sind. Derzeit haben wir nämlich in unterschiedlichen Ländern verschiedene Varianten der Aufbereitung.

FK: Was haben Sie bis jetzt bereits probiert, um das Problem in den Griff zu bekommen?

MA: Ich habe auch bisher schon versucht, interne Listen um wichtige Informationen zu erweitern. Hauptsächlich habe ich aber auf das Problem reagiert, indem ich mehr Zeit für die Auswertungen aufgewendet habe.

FK: Wer könnte Ihnen bei der Erstellung behilflich sein?

MA: Ich glaube, ich kann das meiste mit meinen Office-Kenntnissen selbst machen. Sollte ich bei einigen Verknüpfungen Fragen haben, würde ich gerne einen externen IT-Spezialisten hinzuziehen, wenn das für Sie in Ordnung ist.

FK: Das ist eine gute Idee. Wer könnte Ihnen innerhalb der Abteilung behilflich sein?

MA: Alle in unserer Abteilung, am meisten aber Herr Smith in London, weil wir das gleiche Aufgabengebiet haben. Es wäre eine große Unterstützung, wenn er mich bei meinen Aufgaben in den nächsten Wochen etwas entlasten könnte.

FK: Wie könnte diese Entlastung konkret aussehen?

MA: Herr Smith könnte mir die Kommunikation mit Indien und die Überprüfung der Berichte abnehmen. Frau Binder könnte die Telefonate annehmen.

FK: Was glauben Sie, würde Frau Huber aus dem Konzerncontrolling an Ihrer Stelle machen? Sie hat Sie ja damals eingeschult.

MA: Das weiß ich nicht. Ich kann mir vorstellen, dass sie – so wie ich auch – versuchen würde, ihr System auf die geänderten Anforderungen anzupassen.

FK: Wer könnte Ihnen bei der Zusammenstellung der Informationen noch helfen?

MA: Ich erwarte mir einige Ideen aus dem Gespräch mit meinen Kollegen. Je mehr Informationen ich von ihnen erhalte, desto besser wird das Ergebnis sein. Sonst fällt mir niemand ein, der mir bei dieser Aufgabe helfen könnte.

FK: Lassen Sie sich ruhig Zeit ...

MA: Vielleicht die Kollegen in der Revision, die ja auch Teile der Auswertungen bekommen? Ja, die könnte ich natürlich auch fragen. Das werde ich machen.

FK: Was benötigen Sie noch, um dieses Projekt umsetzen zu können?

MA: Eigentlich weiß ich das jetzt so auf Anhieb noch nicht.

FK: Was würden Sie denn einer Person raten, die sich in einer ähnlichen Situation wie der Ihren befindet?

MA: Ich würde ihr raten, sich selbst so zu organisieren, dass sie ihr Problem lösen kann. Wie sie dies konkret umsetzt, hängt aber immer von der Situation der jeweiligen Person ab. Unter anderen Umständen könnte es auch eine Lösung sein, den Umfang der Auswertungen generell auf ein geringeres Ausmaß zu reduzieren und somit die Arbeit zu verringern.

FK: Inwiefern wäre das in Ihrem Fall auch eine Option?

MA: Theoretisch schon. Ich habe diesen Ansatz bisher aber nicht weiterverfolgt.

FK: Was könnten Sie tun, um die aktuelle Situation noch schlimmer zu machen?

MA: Mit den Auswertungen so weitermachen wie bisher, bis die Situation eskaliert und der Zeitaufwand irgendwann zu groß wird, um alle Aufgaben in der geforderten Qualität zu bewältigen.

FK: Verstehe ich Sie richtig: Nichts zu tun bedeutet also automatisch eine Verschlechterung der Situation?

MA: Ja, das wird mir jetzt eigentlich erst richtig bewusst.

FK: Was wäre im Umkehrschluss das Gegenteil dieser Vorgehensweise?

MA: Nach einem System zu suchen, das mir hilft, Zeit zu sparen. Oder man müsste eine weitere Arbeitskraft einstellen.

FK: Wo waren Sie in der Vergangenheit schon einmal in einer ähnlichen Situation?

MA: Noch nie. Okay, da fällt mir zumindest eine ähnliche Situation ein. Ich habe in dem Unternehmen, in dem ich vorher war, die Implementierung neuer Strukturen und Systeme begleitet und zum Teil auch selbst durchgeführt.

FK: Und was haben Sie dort gemacht, um die Situation zu lösen?

MA: Hilfreich war hier immer, dass mich auch die Kollegen in dieser Zeit unterstützt und entlastet haben. Das muss ich auch gleich zu Beginn klären. Je besser das funktioniert, desto schneller steht das neue System.

FK: Super, dann haben Sie ja schon Expertise in ähnlichen Situationen! Was fällt Ihnen noch ein, das Sie tun können, um Ihr Ziel zu erreichen?

MA: Ich weiß, wie das Ergebnis aussehen soll. Das wird mir bei der Umsetzung sehr helfen. Ich könnte mich aber auch mit Frau Huber noch einmal zu einem Gespräch zusammensetzen, um sie um Rat zu fragen. Das kann nicht schaden.

FK: Was könnten Sie denn neben der Erstellung der Datenbank noch tun, um sich besser zu organisieren?

MA: Unser bestehendes System im Büro ist natürlich auch immer wieder verbesserungsfähig. Ich glaube aber, dass für die Lösung meines Problems das definierte Ziel »Datenbank« das wichtigste ist.

FK: Was fällt Ihnen noch ein?

MA: Jetzt gerade gar nichts mehr.

FK: Okay, das waren ja auch schon wirklich viele Ideen! Ich möchte diese nun mit Ihnen bewerten. Stellen Sie sich dazu eine Skala von 1 bis 10 vor. Ich habe alle Ihre Ideen mitgeschrieben und lese Sie Ihnen nun noch einmal vor. Bitte vergeben Sie direkt Punkte. 10 bedeutet »Die Idee ist grandios«, 0 bedeutet »Das kommt gar nicht in Frage«. Und natürlich alle Zahlen dazwischen.

FK: Ideen sammeln für eine neue Datenbank.

MA: Bewerte ich mit 9 bis 10, weil ich mir sehr sicher bin, dass dies die beste und effektivste Lösung ist.

FK: Das Einholen von Informationen bei anderen Kollegen und Abteilungen.

MA: Sehr praktikabel, 9 bis 10 Punkte.

FK: Die Reduzierung der Auswertungsinhalte.

MA: Würde mir bei der Zielerreichung ebenfalls helfen. Ich weiß aber nicht, ob das möglich ist, daher bewerte ich diese Option nur mit 4 bis 5.

FK: Die Einstellung einer weiteren Arbeitskraft.

MA: Das bedeutet eine Abänderung meines Zieles, ja sogar eine Alternativlösung. Diese steht aber mit den damit verbundenen Kosten in keinem Verhältnis zu deren Nutzen und ist daher keine echte Option: 3 Punkte.

FK: Dass Sie die Unterstützung durch die anderen Mitarbeiter aktiv während der Erstellungsphase einfordern.

MA: Ganz wichtig, 10 Punkte.

FK: Ich fasse zusammen: Am höchsten bewertet haben Sie das Ideensammeln, das Einholen von Informationen und das Einfordern der Unterstützung von Ihren Mitarbeitern. Inwiefern lässt sich das denn kombinieren?

MA: Sehr gut sogar. Alle drei Dinge kann ich sofort angehen.

FK: Wie beeinflusst diese Bewertung Ihre Entscheidung?

MA: Die Maßnahmen, die ich für meine Zielerreichung brauche, spiegeln sich in meiner Bewertung noch einmal wider. Mir ist nun noch klarer, wie ich das definierte Ziel erreichen möchte.

W – Will

FK: Wie sehen nun Ihre unmittelbar nächsten Schritte aus?

MA: Zuerst muss ich meine Ressourcen planen. Ich muss mit meinen Kolleginnen sprechen, wann und wie viel Zeit ich für die Erarbeitung des Systems zur Verfügung habe.

FK: Bis wann wollen Sie das machen?

MA: Bis Donnerstag.

FK: Was wird dann Ihr nächster Schritt sein?

MA: Bevor ich mit der Erstellung anfange, werde ich die diversen Vorgespräche mit meinen Kollegen und mit Frau Huber aus dem Konzerncontrolling führen. Auch ein Gespräch mit unserer externen Beraterfirma zu den Möglichkeiten der Datenbank werde ich gleich im Vorfeld führen, damit ich bald beginnen kann.

FK: Was ist Ihr Ziel in Bezug auf den Beginn der eigentlichen Erstellungsarbeit?

MA: Eine Woche müsste für die Vorbereitung reichen. Danach beginne ich mit der Erstellung der Datenbank.

FK: Wie viel Zeit planen Sie konkret am Tag für diese Arbeit ein?

MA: Maximal einen halben Tag.

FK: Wie kann ich Sie bei der Umsetzung unterstützen?

MA: Indem Sie dieses Projekt meinem Team vorstellen und es bitten, mich bei der Umsetzung zu unterstützen. Dadurch wäre mir am meisten geholfen.

FK: Wie kann ich Ihnen noch helfen?

MA: Wäre es möglich, dass Sie sich zwischendurch einmal meinen Arbeitsfortschritt bei diesem Projekt ansehen? Es wäre mir wichtig, Ihre Meinung zu hören.

FK: Das werde ich gerne tun. Wann kann ich denn sinnvollerweise das erste Mal nach dem Arbeitsfortschritt nachfragen?

MA: In zwei Wochen. Bis dahin sollte ich einen Überblick über die Aufgabe haben und auch einschätzen können, ob ich es in der geplanten Zeit schaffen kann.

FK: Sehr gut, ich freue mich, dass Sie eine vielversprechende Strategie entwickelt haben. Sie haben da wirklich gute Ideen entwickelt, die ich gerne unterstütze.

MA: Vielen Dank. Das war ein äußerst hilfreiches Gespräch!

6 Aktiv-konstruktives Reagieren: Sich mit anderen freuen

Anwendungsbereich: Alle Situationen, in denen etwas gelungen ist, jemand erfolgreich war, eine gute Nachricht bekommen hat oder in denen ein (Teil-)Ziel erreicht wurde. Diese Art der Kommunikation ist eine Reaktion auf ein positives Ereignis und unterstützt dabei, es so richtig auszukosten.

Aktives und konstruktives Reagieren (ACR) ist eine von vier Arten, wie wir auf gute Nachrichten reagieren können (Abb. 6.1). Es ist eine sehr wirksame Technik, um bei allen Beteiligten eines Gesprächs ein gutes Gefühl auszulösen. Die Technik wurde von Barbara Gable eingeführt, die an der University of California, Santa Barbara unterrichtet. Sie untersuchte diese Technik in Paarbeziehungen und konnte in ihrer Forschung zeigen, dass aktives, konstruktives Reagieren ein sehr wirksames Kommunikationsmuster ist, das sich auf die Qualität der Beziehung positiv auswirkt.[1,2] Eine Vielzahl weiterer Studien zeigt, dass dieser Ansatz auch in anderen Lebensbereichen und auch in Führungssituationen eine messbar positive Wirkung hat.[3–5]

Ich möchte Ihnen die vier Varianten des möglichen Reagierens auf positive Ereignisse an einem Beispiel zeigen. Stellen Sie sich dazu bitte folgende Situation vor: Ihre Kollegin aus der Nachbarabteilung erzählt Ihnen beim gemeinsamen Mittagessen in der Kantine, dass ihre Abteilung für das Projekt, wofür sich alle über Wochen eingesetzt haben, den Zuschlag bekommen hat. So könnte Ihre Reaktion aussehen:

1) »Das ist ja grandios! Ich freue mich mit euch! Wie habt ihr es denn erfahren? Wie haben die anderen darauf reagiert? Wie geht es dir jetzt? …«
2) »Oh, super. Schön für euch.«
3) »Gratuliere, bei uns läuft's auch ganz gut im Moment.«

4) »Puh, um die Arbeit, die jetzt auf euch zukommt, beneide ich dich nicht.«

Vier ganz unterschiedliche Reaktionen. Reaktion 1 (aktiv und konstruktiv) stellt das Ereignis auf ein Podest, wo es beleuchtet, besichtigt und gemeinsam bejubelt wird. Reaktion 2 (passiv und konstruktiv) zeigt zwar Wertschätzung, beleuchtet das Ereignis aber nicht weiter. Reaktion 3 (passiv und destruktiv) zeigt nur eine kurze positive Reaktion auf das Ereignis und richtet den Scheinwerfer dann auf etwas anderes. Am schlimmsten ist Reaktion 4 (aktiv und destruktiv), bei dem gar kein Mitfreuen mehr kommuniziert wird, sondern der Fokus auf mögliche negative Auswirkungen dieses freudigen Ereignisses gerichtet wird.

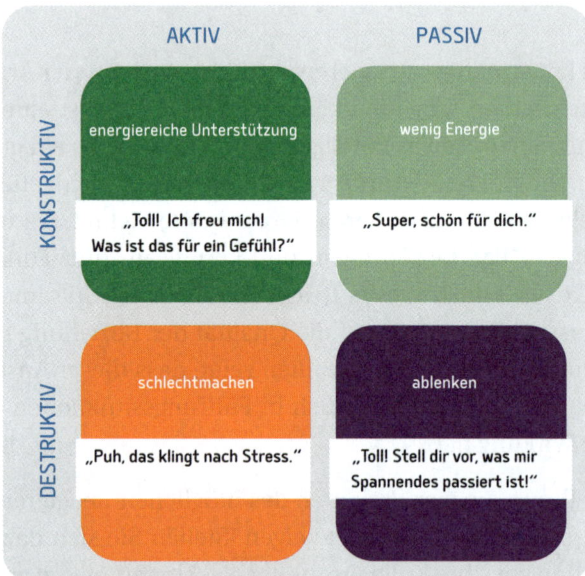

Abbildung 6.1: Die vier Varianten einer Rückmeldung

Neben der verbalen Reaktion haben diese vier Reaktionsmöglichkeiten auch nonverbale Ausdrucksweisen. Nachfolgend daher zwei Beispiele, die das illustrieren:

Tabelle 6.1: Die vier Varianten einer Rückmeldung (1)

Mitarbeiterin erzählt
»Gestern hat sich die Beschwerdekundin von letzter Woche persönlich bei mir für die Unterstützung bedankt und eine Tafel Schokolade als kleines Dankeschön gebracht.«

Reaktion der Chefin	Art der Reaktion
»Das ist ja wunderbar! Da bin ich echt stolz auf dich. Was war das für ein Gefühl, als sie dir die Schokolade überreicht hat? Das müssen wir den anderen Kollegen erzählen! …« nonverbal: Augenkontakt, authentisch, echtes Lächeln, eventuell sogar Berührung	aktiv-konstruktiv
»Super. Da freue ich mich für dich.« nonverbal: energiearm, wenig oder gar keine emotionale Beteiligung	passiv-konstruktiv
»Schön, und was war sonst noch los gestern?« nonverbal: wenig oder gar kein Augenkontakt, möglicherweise sogar andere Tätigkeit daneben verrichten	passiv-destruktiv
»Du weißt aber schon, dass wir Probleme bekommen könnten, wenn du von Kunden etwas annimmst?« nonverbal: Stirnrunzeln, ernster Gesichtsausdruck, Kopfschütteln	aktiv-destruktiv

Tabelle 6.2: Die vier Varianten einer Rückmeldung (2)

Auszubildender erzählt
»Letzte Woche habe ich die PowerPoint-Präsentation das erste Mal ganz allein erstellt. Sie ist mir richtig gut gelungen – das haben auch die Kollegen nach der Präsentation gesagt.«

Reaktion der Chefin	Art der Reaktion
»Das ist ja toll! Ich bin echt stolz auf dich, wie du dich entwickelt hast. Vor allem, weil ich weiß, dass Präsentationen für dich nicht die angenehmste Aufgabe sind. Erzähl mal, was haben die Kollegen denn gesagt? …« nonverbal: Augenkontakt, authentisch, echtes Lächeln, eventuell sogar Berührung	aktiv-konstruktiv
»Schön. Da ist dir ja etwas gelungen.« nonverbal: energiearm, wenig oder gar keine emotionale Beteiligung	passiv-konstruktiv
»Sehr gut. Und was haben die anderen präsentiert?« nonverbal: wenig oder gar kein Augenkontakt, möglicherweise sogar andere Tätigkeit daneben verrichten	passiv-destruktiv
»Eigentlich solltest du das schon längst selbstständig machen. Es wurde wirklich Zeit.« nonverbal: Stirnrunzeln, ernster Gesichtsausdruck, Kopfschütteln	aktiv-destruktiv

PERSÖNLICHE NOTIZEN

7 Stärkenfeedback mit Fragen erster Ebene: Erfolgsfaktoren benennen

Anwendungsbereich: Nach allen Situationen, in denen ein Mitarbeiter erfolgreich war, und wenn in der Folge herausgearbeitet werden soll, was konkret zum Erfolg beigetragen hat. Auch geeignet, um Mitarbeitenden ihre Stärken bewusst zu machen.

Diese Technik ist dem »aktiven und konstruktiven Reagieren (ACR)« insofern ähnlich, als sie eine relativ kurze Methode ist, um auf ein positives Ereignis zu reagieren. Beim Stärkenfeedback mit Fragen erster Ebene geht es allerdings speziell um Erfolge, bei denen Mitarbeitenden etwas gelungen ist, und das nachhaltige Herausarbeiten der erfolgsrelevanten Faktoren.

Für dieses Tool benötigen Sie eine Fragestrategie, die ich als Fragen erster und zweiter Ebene bezeichne. Beide Fragetechniken sind offene Fragen, also keine, die ein Ja oder Nein als Antwort erfordern. Fragen erster Ebene sind wie eine Lupe. Sie dienen dazu, eine Sache noch detaillierter zu analysieren. Fragen zweiter Ebene sind wie ein Gummiball. Sie haben zwar einen Bezug zum Ursprungsthema, führen aber von diesem weg. Ein Beispiel:

Mitarbeiterin: *»In meiner Freizeit spiele ich gerne Volleyball.«*

Fragen erster Ebene:
- *»Wie oft spielst du pro Woche?«*
- *»Bei wie vielen Wettkämpfen warst du schon dabei?«*
- *»Was macht dir Spaß an diesem Sport?«*

Fragen zweiter Ebene:
- *»Welche Sportarten spielst du noch?«*
- *»Was machst du sonst noch in deiner Freizeit?«*

- *»Welche Sportarten hast du nie gespielt?«*
- *»Und was hältst du von Fußball?«*

Wenn Sie stärkenorientiert führen, ist es eine sehr motivierende Strategie, mit Fragen erster Ebene einen Erfolg zu beleuchten und zusätzlich die Stärken herauszuarbeiten. Ich möchte Ihnen diese Strategie an zwei Beispielen verdeutlichen. Der Ablauf bei einem Stärkenfeedback erster Ebene ist rezeptartig und daher immer gleich:

Führungskraft: Lob + Fragen erster Ebene

Mitarbeiter: beschreibt erfolgreiches Verhalten

Führungskraft: Wertschätzung + nochmals Fragen erster Ebene

Mitarbeiter: reflektiert, was er gemacht hat, um dieses erfolgreiche Verhalten zu zeigen

Führungskraft: benennt die gezeigte Stärke des Mitarbeiters

Situation: Einem Mitarbeiter ist ein gutes Verkaufsgespräch gelungen.

Führungskraft: »Das ist Ihnen wirklich gut gelungen, Herr Grabau. Wie haben Sie das denn geschafft, dass Sie diesen schwierigen Kunden so gut betreut haben?« [Technik: Lob + Fragen erster Ebene]
Mitarbeiter: »Ich habe ihm einfach erst einmal zugehört und ihn ausreden lassen.« [= Mitarbeiter beschreibt erfolgreiches Verhalten]
Führungskraft: »Das war bei ihm sicher nicht so leicht. Wie haben Sie es geschafft, dass Sie ihm nicht gleich ins Wort gefallen sind?« [= Wertschätzung + nochmals Fragen erster Ebene]
Mitarbeiter: »Ich habe einfach tief durchgeatmet und daran gedacht, dass das eine gute Strategie ist.« [= Mitarbeiter reflektiert, was er gemacht hat, um dieses erfolgreiche Verhalten zu zeigen]
Führungskraft: »Super. Sie haben offenbar eine ausgeprägte Kompetenz, sich selbst gut zu steuern!« [= Führungskraft benennt die gezeigte Stärke des Mitarbeiters]

Situation: Eine Mitarbeiterin hat eine tolle Präsentation im Vorstand gehalten.

Führungskraft: »Das war eine gelungene Präsentation, Frau Fahrnberger. Wie haben Sie es geschafft, ein derart trockenes Thema so lebendig zu gestalten?« [Technik: Lob + Fragen erster Ebene]
Mitarbeiterin: »Ich habe mir überlegt, was für die Zuhörer spannend sein könnte und was ich nur in das Handout gebe.« [= Mitarbeiterin beschreibt erfolgreiches Verhalten]
Führungskraft: »Diese Entscheidung war sicher nicht so einfach. Nach welchen Kriterien haben Sie das entschieden?« [= Wertschätzung + nochmals Fragen erster Ebene]
Mitarbeiterin: »Ich habe bei den letzten Präsentationen der Kollegen genau mitgeschrieben, wo die Vorstände interessiert nachgefragt haben und wo sie desinteressiert gewirkt haben.« [= Mitarbeiterin reflektiert, was sie gemacht hat, um dieses erfolgreiche Verhalten zu zeigen]
Führungskraft: »Echt toll. Sie haben offenbar eine ausgeprägte Stärke, gut zu beobachten und die Erkenntnis daraus gleich anzuwenden!« [= Führungskraft benennt die gezeigte Stärke der Mitarbeiterin]

Die Herausforderung für die Führungskraft bei dieser Technik ist einerseits, die richtigen Fragen zu stellen, und andererseits, die Kompetenz zu entwickeln, aus Verhaltensweisen Hypothesen abzuleiten, welche Stärke dahinterstehen könnte. Denn Stärken zu benennen ist ein relevanter Teil dieser Technik. Längerfristiges Ziel ist es nämlich, dass durch diese Art des Feedbacks Mitarbeitenden immer mehr bewusst wird, welche Stärken bei ihnen besonders stark ausgeprägt sind. Diese wiederholen sich dann nämlich in unterschiedlichen Feedbacks zu unterschiedlichen Situationen. Ein absolut erwünschter und positiver Begleiteffekt ist, dass Führungskräfte durch die Anwendung dieser Technik angehalten sind, stärkenorientierter auf das Verhalten der Mitarbeitenden zu achten. Eine Menge Anregungen, welche unterschiedlichen Stärken durch die Verhaltensweisen Ihrer Mitarbeitenden sichtbar werden könnten, finden Sie in Kapitel 6 meines Buches »Positive Leadership. Mit PERMA-Lead erfolgreich führen«.

Pseudo-Lob in der oben beschriebenen Situation würde übrigens typischerweise eine Frage zweiter Ebene darstellen. Diese Form des Feedbacks entspricht der passiv-destruktiven Rückmeldung aus der ACR-Methode (Kapitel 6) und klingt dann so:

Situation: Einer Mitarbeiterin ist ein gutes Verkaufsgespräch gelungen.

Führungskraft: »Toll gemacht. Und was steht sonst heute noch am Programm?« [= Lob + Frage zweiter Ebene]

Zwischen den Zeilen wird mit dieser Art des Feedbacks auf der zweiten Ebene kommuniziert: Positive Leistungen sind selbstverständlich, bei Erfolgen genauer hinzusehen ist Zeitverlust. Man soll nur auf das schauen, was nicht funktioniert bzw. noch zu erledigen ist.

PERSÖNLICHE NOTIZEN

8 Appreciative Inquiry: Das Gelingen analysieren

Anwendungsbereich: Diese Methode dient dazu, in interviewähnlichen Einzelgesprächen bis hin zu großen Organisationsentwicklungsprojekten das Positive, das Funktionierende, das Gelingende zu erkunden und weiterzuentwickeln. Sie lässt sich überall dort anwenden, wo eine Person, ein Team oder eine ganze Organisation sich weiterentwickeln will und dafür gezielt vorhandene Stärken und Fähigkeiten nutzen möchte.

Diese Methode ist ein Ansatz aus der Team- und Organisationsentwicklung, in der ein Fokus auf das, was gelingt, der relevante Kern ist. Es ist beinahe unmöglich, den Namen des Modells sinnvoll in die deutsche Sprache zu übersetzen. »Wertschätzende Befragung« oder »anerkennende Erkundung« wären die wörtlichen Übersetzungen, die aber nicht sehr praktikabel klingen. Daher wird im deutschen Sprachraum dieses Modell meist kurz und bündig als AI bezeichnet.

Appreciative Inquiry wurde in den 1980er-Jahren von David Cooperrider an der Case Western Reserve University, einer Privatuniversität in Ohio, USA, entwickelt. Cooperrider arbeitete damals an seiner Dissertation, und Suresh Srivastva, sein Doktorvater und Mentor, erkannte rasch die Möglichkeiten dieses Modells und förderte ihn dabei. Spannend ist auch die Geschichte, wie es zu diesem Modell kam. Cooperrider wurde inspiriert durch den Heisenberg-Effekt.[1] Dieser beschreibt in der Quantenphysik, wie die Beobachtung von etwas einen Einfluss auf die Realität hat. Er legte dieses Phänomen auf Organisationen um und fragte sich, welchen realitätsverändernden Effekt es in Unternehmen hat, wenn diese anstatt der typischen ausschließlichen Problemanalyse radikal ihre Aufmerksamkeit auf jene Aspekte lenken, die gut laufen. Daraus entstand AI, die sich an Ressourcen und Zukunftsbildern (statt an Problemen und der Vergangenheit) orientiert und den Fokus auf das Positive in der Organisation richtet – auf das, was bereits gut funktioniert.[2] Cooperrider selbst publizierte sein erstes Buch mit der Beschreibung, wie diese Methode angewendet wird, erst rund um die Jahrtausendwende. Der Grund dafür lag in seinem Wunsch, dass sich die Anwender auf die Philosophie dieses Ansatzes fokussieren und nicht auf die Technik. Das hat zur Folge, dass heute verschiedene Varianten von AI existieren.[3]

Die zwei grundlegenden Annahmen sind jedoch bei allen gleich: 1) Jeder Mensch, jedes Team und jede Organisation hat ein ungeahnt großes Potenzial, das manchmal aufblitzt. 2) Organisationen entwickeln sich immer in Richtung dessen, worauf sie ihre Aufmerksamkeit richten und was sie untersuchen. Fragen, die gestellt werden, beeinflussen diese Richtung. »Where attention goes, energy flows«, schreibt der Autor James Redfield, und man könnte sagen, dass es das Prinzip von AI ist. Durch die wissenschaftlichen Belege des Positive-Leadership-Ansatzes kann man dieses Sprichwort passenderweise noch erweitern:

Energy flows, where attention goes. That's what Positive Leadership shows.

Appreciative Inquiry baut auf fünf Hauptprinzipien auf (Tab. 8.1). Diese bilden zwar noch nicht die Struktur für das praktische Vorgehen, zeigen aber deutlich, welche Haltung hinter diesem Modell steht. Das Einhalten dieser Prinzipien ist die Basis dafür, dass eine Organisation von einer Problemzentrierung in eine Möglichkeitszentrierung kommt.[3]

Tabelle 8.1: Hauptprinzipien von Appreciative Inquiry

Prinzip	Beschreibung
Konstruktivismus	Realität entsteht in Kommunikation, Worten und im Dialog mit anderen. Geschichten sind ein Anreiz für Veränderung.
Gleichzeitigkeit	Veränderung beginnt mit den ersten gestellten Fragen. Veränderung und Erkundung beeinflussen sich wechselseitig.
Poesie	Die Organisation sollte als offenes Buch angesehen werden, in dem mehrere Co-Autoren über Worte, Gefühle und Themen schreiben. Im Umdeuten und in unterschiedlicher Interpretation liegt eine Basis für Kreativität und Innovation.
Vorausschau	Belebender Diskurs und die kollektive Einbildungskraft lenken die Funktion, Leistung und Bestrebungen der Organisation und derer, die darin arbeiten.
Positivität	Positive Bilder haben eine therapeutische Wirkung. Je höher die Erwartungen sind, die aneinander gestellt werden, desto größer sind die kognitive Funktion und Leistung.

Der Ablauf beim AI ist jenem des GROW-Modells (siehe Kapitel 5) sehr ähnlich. Auch hier wird in zeitlich aneinandergereihten Phasen mit bestimmten Fragetechniken gearbeitet. Der Inhalt der jeweiligen Phasen ist allerdings unterschiedlich. Anfänglich wurde diese Methode konzipiert, um damit in kleineren Gruppen oder Organisationen zu arbeiten. Ich habe aber auch gute Erfahrungen mit dieser Technik in Einzelgesprächen gemacht, auch wenn sie nicht dafür entwickelt wurde. Die heutigen Anwendungsbereiche erstrecken sich auch auf Großgruppen oder sogar ganze Regionen. Die Phasen bleiben dabei immer dieselben. Meines Erachtens braucht es allerdings einige Voraussetzungen, damit dieser Ansatz in der Praxis gut funktioniert. Dazu gehört, dass die Philosophie, die hinter diesem Modell steht, dem Management des Unternehmens bekannt ist und von diesem mitgetragen wird. Sonst kann die positive Energie, die bei diesem Prozess entsteht, sehr schnell in Frust umschlagen.

Dasselbe gilt auch für die Beteiligten. Ich glaube nicht, dass es vorteilhaft ist, sofort mit Fragen in die erste Phase zu springen. Diese Technik baut auf einer Grundhaltung auf. Und diese muss im Vorfeld vermittelt werden. AI funktioniert nur, wenn die beteiligten Personen sich auf den Prozess einlassen. Dazu müssen sie allerdings verstehen, warum dieser Prozess auf diese bestimmte Weise aufgebaut wird. Ein weiterer Aspekt ist die Qualität der Fragen. Damit AI das volle Potenzial der Methode entfalten kann, müssen die Fragen sowohl in der Art und Verständlichkeit der Formulierung als auch inhaltlich an die Person oder Organisation angepasst werden. Beispielfragen aus Lehrbüchern oder auch die nachfolgenden Vorschläge sollen nur als Inspiration dienen, aber keinesfalls als fixe Liste, die abzuarbeiten ist. Mit viel Erfahrung gelingt es sicherlich, spontan passende Fragen in einer kleineren Gruppe oder in einem Einzelgespräch zu formulieren. Bei größeren Entwicklungsprozessen hingegen ist es unumgänglich, die richtigen Fragen im Vorfeld zu entwickeln. Die Methode steht und fällt mit der Qualität der Fragen, genauso wie die Funktionalität und Langlebigkeit eines Autos von der Qualität der verarbeiteten Einzelteile abhängt. Innerhalb des AI-Prozesses werden die Beteiligten durch folgende vier Phasen geführt:

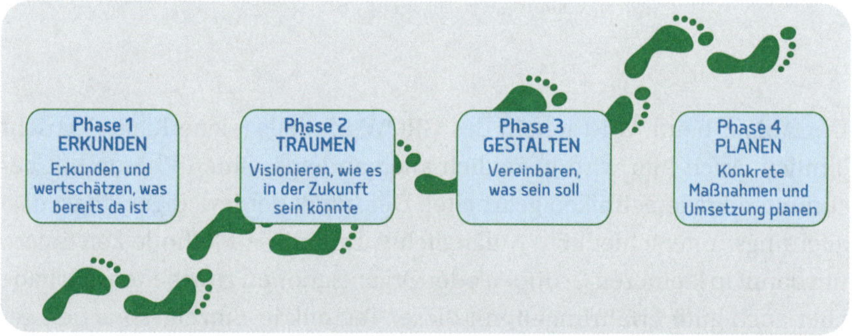

Abbildung 8.1: Die vier Phasen des Appreciative-Inquiry-Prozesses

Gute Erfahrungen habe ich damit gemacht, am Anfang die Frage zu stellen, wo es bereits einmal hilfreich war, das Positive oder das, was funktioniert, auch bewusst zu erkennen. Egal ob im Einzelcoaching oder in einem Workshop: Nie habe ich erlebt, dass gar keine Beispiele gebracht wurden. Manchmal geht es recht schnell und manchmal dauert es länger. Besonders, wenn die beteiligte(n) Person(en) in einer stark negativen Stimmung ist (sind), finde ich es hilfreich, dem zuerst einmal angemessenen Raum zu geben. Nachdem dann erste konkrete Beispiele beschrieben wurden, erkläre ich sehr sachlich, wo die Appreciative-Inquiry-Methode herkommt, ich erläutere die dahinterliegende Logik und dass es die Bereitschaft braucht, sich darauf einzulassen. Skeptiker unterstütze ich mit wissenschaftlichen Erkenntnissen und realen Beispielen zu dieser Methode, um ihre Bereitschaft zum Mitmachen zu erhöhen. Hier eine kleine Auswahl von Projekten, bei denen der Einsatz von AI und dessen Auswirkungen fundiert dokumentiert und überprüft wurden:

- Im Good Samaritan Hospital in Washington wurde für Ärztinnen und Ärzte ein Programm ins Leben gerufen, um deren Stress zu vermindern, das Wohlbefinden zu vergrößern und ihnen Skills zur Erhöhung ihrer Achtsamkeit zu vermitteln. Als eine Methode wurde dabei AI eingesetzt. 23 Ärztinnen und Ärzte nahmen daran teil und die Resultate zeigen, dass alle Ziele erfolgreich damit erreicht wurden.[4]
- Zwei Wissenschaftler der Ball State University in Indiana, USA, überprüften, ob AI eine geeignete Methode ist, um Strukturen zu entwickeln, damit das Wissen von Führungskräften des Topmanagements in der Organisation erhalten bleibt, wenn diese in Rente gehen. In der Praxis zeigt sich gar nicht selten, dass der Austritt von einflussreichen Führungskräften für Organisationen nachhaltig negative Auswirkungen haben kann. Dazu untersuchten die Forscher den Prozess in zwei Organisationen, die in Bezug auf dieses Thema mit AI arbeiteten. In beiden Organisationen wurde das Modell in ähnlicher Weise angewendet – nämlich einen längeren Prozess zu strukturieren. Die Studie macht deutlich, dass der Einsatz dieser Technik für dieses Thema erfolgreich ist.[5]
- Ein niederländisch-belgisches Forscherteam untersuchte, ob sich mit AI das psychologische Kapital (siehe Kapitel 3 meines Buches »Positive Leadership. Mit PERMA-Lead erfolgreich führen«) von Mitarbeitenden erhöhen lässt. Mehr als 200 Personen nahmen an dieser Studie teil. Die Ergebnisse zeigen, dass die Teilnehmenden diese Methode nicht nur als sehr anregend erlebten, sondern dass auch eine signifikante, messbare Steigerung ihrer Kompetenz, Autonomie und sozialen Eingebundenheit feststellbar war.[6]
- In einem kanadischen Projekt wurden Manager, die überwiegend Mitarbeitende aus den Service- oder Sales-Abteilungen führten, in zwei Gruppen eingeteilt. Eine Gruppe erhielt eine zweieinhalbstün-

dige Einführung in Gesprächsmethoden, die sich an AI orientierten, die andere Gruppe erhielt ebenfalls ein gleich langes, jedoch allgemeines Training. Den Mitarbeitenden wurde nicht gesagt, dass ihre Führungskräfte trainiert wurden, um ihre Erwartungshaltung nicht zu beeinflussen. Vier Monate später wurde die Job-Performance der Mitarbeitenden gemessen. Das Ergebnis war, dass die Mitarbeitenden jener Führungskräfte, die ein Training zu AI erhalten hatten, eine signifikant bessere Leistung an den Tag legten als jene Mitarbeitenden, deren Führungskräfte diesen Ansatz nicht gelernt hatten.[7]

Diese Beispiele sind nur eine kleine Auswahl an fundierten Studien, die zeigen, welche messbaren Auswirkungen dieser Ansatz haben kann. Sie machen aber auch sichtbar, dass diese Methode für sehr unterschiedliche Situationen geeignet ist.

Ein Beispiel aus der Praxis

Das nachfolgende Beispiel soll Ihnen zeigen, wie die Fragen zu den einzelnen Phasen aussehen könnten. Diese Fragen bereitete ich für einen Führungskräfteworkshop vor, bei dem alle Teilnehmenden über langjährige Führungserfahrung verfügten und eine dementsprechende Ausbildung vorzuweisen hatten. Der Wunsch für diesen Workshop an mich war, nur wenig theoretischen Input zu liefern und eine Struktur zu schaffen, in deren Rahmen Stärken und bereits gut Funktionierendes in gegenseitigem Austausch identifiziert werden konnte. Außerdem sollte von diesem Startpunkt weg eine Weiterentwicklung der Teilnehmenden stattfinden. Wie Sie erkennen können, gab ich der ersten Phase sehr viel Raum. Ich glaube nämlich, dass eine gut aufbereitete erste Phase die Basis für das Gelingen dieses Prozesses ist. Besonders in Unternehmenskulturen, wo man es nicht gewohnt ist, auf das Gelingende zu schauen, ist diese Herangehensweise bereits eine erste Intervention, die erst erlernt werden muss. Daher braucht diese Phase ausreichend Zeit.

Phase 1
ERKUNDEN
Erkunden und wertschätzen, was bereits da ist

Ziel dieser Phase: Herausragende Beispiele in der Realität finden, ›Möglichmacher‹ dafür identifizieren, das Beste erkunden, Ereignisse finden, in deren Kontext etwas richtig gut gemacht wurde. Quellen dafür sind die Vergangenheit und die Gegenwart.

1. Was sind Ihre besten beruflichen Erfahrungen?

»Ich bitte Sie, dass Sie sich an berufliche Erfolge erinnern, Situationen, in denen es richtig gut gelaufen ist, Sie etwas bewirken konnten und aus innerem Antrieb besonders engagiert waren.«

- Was waren das für Situationen? Erzählen Sie darüber.
- Wie kam es dazu?
- Was waren die Gründe, dass es so gut gelaufen ist?
- Wie ist es Ihnen dabei gegangen?
- Was genau war der Grund, dass es so eine besondere Erfahrung wurde?
- Was hat Sie dabei motiviert? Wie haben Sie sich dabei motiviert?
- Welche Auswirkungen hatte das auf andere?
- Was war Ihre Rolle bzw. Aufgabe dabei?
- Welche Rahmenbedingungen Ihrer Organisation haben das möglich gemacht?

2. Wie sind Sie?

»Ich bitte Sie, dass Sie sich selbst einmal nur durch eine positive Brille betrachten. So wie ein wohlwollender Vorgesetzter, der eine wertschätzende Rede über Sie halten möchte.«

- Was schätzen Sie an sich selbst am meisten?
- Wo liegen generell Ihre Interessen, in welchen Tätigkeiten gehen Sie so richtig auf?
- Wo liegen Ihre besonderen Qualitäten?
- Welche besonderen beruflichen Fähigkeiten haben Sie?
- Was glauben Sie wird von Ihren Kollegen am meisten an Ihnen geschätzt?

3. Was ist das Positive an Ihrem derzeitigen beruflichen Umfeld?

»Auch wenn natürlich keine Organisation perfekt ist, gibt es in jedem Unternehmen auch Rahmenbedingungen, die förderlich sind. Denken Sie bitte jetzt nur an diesen Teil. So, als ob Sie eine Werbung für Ihr Unternehmen und Ihre Rolle darin gestalten würden, bei der die Auflage ist, dass alles wahr sein muss, was Sie sagen.«

- Was finden Sie an Ihrer Organisation toll?
- Was mögen Sie an Ihrer derzeitigen Tätigkeit am meisten?
- Welche Menschen in Ihrem Unternehmen finden oder fanden Sie besonders bereichernd?
- Welche Aufgaben, die in Ihren Bereich fallen, empfinden Sie als besonders sinnvoll?
- Welche Rahmenbedingungen und Angebote im Unternehmen helfen derzeit dabei, dass Sie sich entfalten und weiterentwickeln können?
- In welchen Bereichen ist Ihr Unternehmen besonders erfolgreich? Was genau tragen das Unternehmen und die Mitarbeitenden dazu bei? Welche Stärken werden dabei sichtbar?

4. Welche positiven Seiten hat Ihre Führungsrolle?

»Betrachten Sie bitte nun sich selbst in Ihrer Führungsrolle nur durch eine positive Brille. So, als ob Sie einer anderen Person Ihren Job schmackhaft machen wollten. Wie bereits vorher gilt: Alles, was Sie sagen, muss wahr sein.«

- Welche Situationen haben Sie als Führungskraft besonders gut gemeistert?
- Durch welche Fähigkeiten ist Ihnen das gelungen?
- Wo wurden Sie dabei durch andere unterstützt?
- Was genau haben Sie selbst zu diesem Gelingen beigetragen?
- Welche Ihrer Fähigkeiten sind in Bezug auf Führung die wichtigsten?
- Welche Erfahrungen oder Erinnerungen, die Mitarbeitende betreffen, erfüllen Sie mit Freude oder Stolz?
- Was glauben Sie wird von Ihren Mitarbeitenden am meisten an Ihnen geschätzt?

Phase 2
DREAMS
Envisioning what the future could be

Ziel dieser Phase: Visionen entwickeln, wie sich die Zukunft im optimalen Fall darstellen könnte, und Lust darauf machen. Wohin sollte sich die Organisation, die Abteilung, der Bereich entwickeln? Welche Wünsche gibt es von den Beteiligten an eine gemeinsame Zukunft?

»Betrachten wir diesen Prozess nun einmal aus der Zukunft. Angenommen, wir haben in fünf Jahren ein Follow-up zu diesem Workshop. Alles hat sich absolut positiv entwickelt. Was werden Sie berichten?«

- Welche drei Änderungen, die durchgeführt wurden, waren die wichtigsten?
- Was ist erfreulicherweise genau so, wie es damals war?
- Was hat die Organisation in dieser Zeit konkret erreicht, sodass Sie sagen: »Ich erlebe es als sinnvoll und bereichernd, in diesem Unternehmen zu arbeiten«?
- Welche Bereiche waren schon damals ganz gut und haben sich noch weiterentwickelt?
- Welche konkreten Veränderungen haben Sie bzw. die Organisation umgesetzt?
- Was genau haben Sie getan, um sich (noch) erfolgreicher und lebendiger zu fühlen?
- Wie haben Sie als Führungskraft sich weiterentwickelt? Welche Kompetenzen wurden noch ausgebaut? Welche sind neu dazugekommen? Was ist der Vorteil für Sie, dass Sie sich so entwickelt haben? Wer profitiert noch davon?

Phase 3
GESTALTEN
Vereinbaren, was sein soll

Ziel dieser Phase: Die vorher entwickelten Visionen werden präzisiert und es wird entschieden, welche davon umgesetzt werden. Damit entstehen konkrete Aussagen, wie die Kultur und Schwerpunkte der Organisation oder auch der jeweiligen Person zukünftig aussehen sollen.

- Welche Ideen haben Ihnen besonders gut gefallen?
- Warum haben sie Ihnen so gefallen?
- Welche wären aus Ihrer Sicht die besten drei, die man umsetzen sollte?

- Wenn nur eine Idee umgesetzt werden könnte, für welche würden Sie sich entscheiden?
- Welche sind zwar mittel- oder langfristig wichtig, haben aber nicht oberste Priorität?
- Wo finden Sie in Ihrem Unternehmen Beispiele für Situationen, in denen Ansätze der gesammelten Ideen bereits sichtbar sind? Wie gelingt Ihnen das?
- Wen oder welche Organisation kennen Sie, in der diese Ziele bereits umgesetzt werden?
- Wer hat Vorteile davon, wenn diese Ziele umgesetzt werden (Kundschaft, Mitarbeitende, Lieferanten usw.)?
- Was verändert sich in Ihrem Arbeitsalltag, wenn Sie diese Ziele umsetzen?

Phase 4
PLANEN
Konkrete Maßnahmen und Umsetzung planen

Ziel dieser Phase: Maßnahmen ableiten, erste Schritte und Handlungen definieren. Bei Teams oder Großgruppen werden in dieser Phase auch die jeweiligen Arbeitspakete aufgeteilt. Auch wenn alle Mitwirkenden am Prozess beteiligt werden, muss klar sein, wer für welchen Teilbereich verantwortlich ist.

- Welche konkreten Maßnahmen werden Sie umsetzen, um das Ziel zu erreichen?
- Wie können Sie andere Personen in die Maßnahmen einbeziehen?
- Was sind konkrete Meilensteine, an denen Sie erkennen können, dass die Entwicklung in die richtige Richtung geht?
- Mit welchen Schwierigkeiten ist zu rechnen? Wie werden Sie damit umgehen?
- Welche Ihrer Stärken und Kompetenzen werden Sie bewusst einsetzen? Wie?
- Wie können Sie sicherstellen, dass die Entwicklung nicht im Tagesgeschäft untergeht?
- Was sind konkrete »Quick-Wins«, an denen andere Personen erkennen können, dass eine positive Entwicklung stattfindet?
- Welche Entscheidungen müssen noch vor der Umsetzung getroffen werden und wer muss eventuell in diese einbezogen werden?

- Was können Sie bereits jetzt planen, damit Sie relevante Entwicklungsschritte auch bewusst wahrnehmen? Wie werden Sie das würdigen oder sogar angemessen feiern?
- Was sind die nächsten konkreten Schritte? Wann genau machen Sie diese?

9 Worst Case: Den Teufel an die Wand malen

Anwendungsbereich: Führungssituationen, in denen Mitarbeitende oder Teams zwar aufgrund ihrer Stärken und Kompetenzen in der Lage wären, sich zu verbessern, aber die Bereitschaft dazu nicht vorhanden ist. Gut geeignet, wenn sich Dinge auch schlecht weiterentwickeln könnten, Mitarbeitende das aber nicht wahrnehmen wollen.

Haben Sie eine Antirutschmatte zuhause in Ihrer Badewanne oder Dusche? Die meisten Menschen haben das - genauso wie ich - nicht und brauchen es auch nicht. Vor einigen Jahren bekam ich eine Einladung zu einer Werbeveranstaltung für Haushaltsartikel. Natürlich kostenlos und mit einem netten Geschenk in Aussicht gestellt. Da ich schon immer wissen wollte, wie so etwas abläuft, fragte ich meine damaligen Kolleginnen und Kollegen am Institut, ob sie Lust hätten, diese gemeinsam zu besuchen. Durch die Brille der Wirtschaftspsychologie betrachtet, empfanden wir das durchaus als Bereicherung. Und so machten wir uns an einem Sonntagvormittag zu dritt auf den Weg. Natürlich nahmen wir uns vor, nichts zu kaufen, sondern ausschließlich zu beobachten, mit welchen Strategien dort gearbeitet wurde. Die Show, die uns geliefert wurde, ließ keine Wünsche offen - zumindest aus psychologischer Sicht.

Ein unglaublich engagierter Verkäufer, der sich uns als Herr Berger vorstellte, griff tief in die Kiste der Kommunikationstechniken. Unter anderem hatte er, Sie werden es schon geahnt haben, eine Antirutschmatte für Badewannen im Programm. Er präsentierte diese und fragte, wer Interesse daran habe. Von den rund 60 anwesenden Personen zeigte niemand auf. Daraufhin griff er zu wirkungsvolleren Maßnahmen und sagte in etwa Folgendes:

»Wahrscheinlich denken jetzt manche von Ihnen: Wozu brauche ich das? Ich bin bis jetzt ohne Antirutschmatte ausgekommen und bin auch noch nie ausgerutscht! Aber stellen Sie sich vor, so in ein oder zwei Jahren - es könnten Sie sein oder einer Ihrer Lieben -, es ist sonst niemand daheim,

Sie rutschen in der Wanne aus, fallen dumm auf die Kante, ja, so etwas gibt's! Man liest das ja immer wieder ... Und dann schlagen Sie mit dem Kopf auf, sind vielleicht sogar bewusstlos, überall Blut. Und wer weiß, wie das weitergeht. Glauben Sie nicht, dass Sie es dann bereuen werden, dass Sie damals zu geizig waren, 40 Euro auszugeben, um so eine Tragik zu verhindern?«

Der Großteil der Teilnehmenden an dieser Veranstaltung waren Rentner. Sie können sich vorstellen, wie diese Geschichte die Motivation ankurbelte, eine dieser Matten zu erwerben. Ehrlich, was sind schon 40 Euro, wenn man damit eine Tragödie verhindern kann! Auch ich habe seit diesem Tag so eine Matte, die zwar nie den Weg in die Badewanne gefunden hat, aber sicher im Keller lagert. Man weiß ja nie ...

Moralisch gesehen war dieser Verkaufstrick natürlich ein Desaster. Aus psychologischer Sicht war die Wirkung jedoch höchst interessant. Der Verkäufer kombinierte nämlich drei Techniken, die alle eine starke und großteils unbewusste Wirkung haben. Die erste Technik heißt »Technik des vorweggenommenen Einwands«.[1] Der Trick dabei ist, dass ein Gegenargument, mit dem zu rechnen ist oder das möglicherweise in den Köpfen der Zuhörenden existiert, direkt angesprochen und entkräftet wird. Typische Formulierungen dafür sind:

»Es gibt Mitarbeiter, die sind der Meinung, dass ... Dazu ist zu sagen ...«

»Man könnten jetzt einwenden, dass ... Aber bedenken Sie dabei ...«

»Vielleicht geht dem einen oder anderen von Ihnen durch den Kopf ... Die Erklärung dafür ist ...«

In unserem Beispiel sprach der Verkäufer sehr geschickt das an, was auch ich mir in diesem Moment dachte, nämlich, dass ich keine Antirutschmatte brauchte. Mit dem zweiten Teil seiner Argumentation entkräftete er dann diese mögliche Kritik nicht nur, sondern baute gleich noch eine zweite Technik ein. Sie heißt »Den Teufel an die Wand malen«. Dabei wird kommuniziert, wie sich eine Situation im schlechtesten Fall weiterentwickeln könnte, und das (negative) Zielbild so detailliert beschrieben, dass sich die Zuhörenden emotional bereits dort wähnen. Zum Abschluss seines unmoralischen Angebots setzte der Verkäufer dann noch darauf, jenen ein schlechtes Gewissen zu machen, die dieses Produkt nicht kauften.

Selbstverständlich ist diese aggressive Verkaufsstrategie in der beschriebenen Variante für ein positives Führungsverhalten ungeeignet. Auch wenn sie möglicherweise anfangs funktionieren würde, wäre ihr Einsatz ein Missbrauch des Vertrauens der Mitarbeitenden. Und über kurz oder lang würden Strategien wie diese das Verhältnis zwischen Führungskraft und Mitarbeitenden massiv beschädigen. Wenn es aber wichtig ist, bei Mitarbeitenden die Motivation zur Veränderung zu erhöhen, weil sie einen möglichen negativen Ausgang dramatisch unterschätzen, macht eine Anpassung dieser Techniken aus mehreren Gründen Sinn:

- Emotionen haben einen sehr starken Einfluss auf Motivation und Aufmerksamkeit, wie eine große Anzahl Studien belegt.[2–4] Eine Erhöhung der emotionalen Energie wirkt sich somit grundlegend auf die Handlungsbereitschaft aus.
- Menschen zu führen heißt Menschen zu beeinflussen. Im aktiven Verkauf ist das ebenfalls ein relevantes Ziel. Auch wenn die Inhalte und moralischen Ansprüche unterschiedlich sind, kann es sinnvoll sein, sich als Führungskraft von anderen Bereichen inspirieren zu lassen. Die Anwendung dieser Technik im Führungskontext, so wie ich sie in Kürze beschreibe, zielt auf eine Erhöhung des PERMA-Lead-Faktors Meaning ab – also die Motivation der Mitarbeitenden dadurch zu erhöhen, dass sie die Sinnhaftigkeit einer Veränderung erkennen.
- Unter der Anwendung der Positiven Psychologie in der Praxis darf nicht fälschlicherweise verstanden werden, Menschen in einen dauerhaften, realitätsverschleiernden Wohlfühlzustand zu versetzen, der ihnen möglicherweise zukünftig schaden kann. Zwei bekannte Forscher der sogenannten zweiten Welle der Positiven Psychologie beschreiben daher in einem ihrer Bücher, warum manchmal Schlechtes kraftvoller sein kann als Gutes.[5]
- Auch wenn Optimismus in vielen Fällen einen positiven Zusammenhang mit Leistung und Zielerreichung zeigt, gibt es Ausnahmen. Eine zu optimistische oder irreal optimistische Einstellung bezüglich einer zukünftigen Entwicklung kann nämlich ausgesprochen ungünstige Auswirkungen auf die Leistung und auf die Zielerreichung haben, wie Studien aufzeigen.[6]
- In der Form, wie diese Technik im Führungskontext verwendet wird, geht es nicht darum, eine bleibende schlechte Emotion zu erzeugen. Sie verfolgt den Zweck, eine zukünftige schlechte Emotion vorzufüh-

len, um anschließend in der Gegenwart stärken- und ressourcenorientiert Maßnahmen zu ergreifen, damit dieser mögliche negative Verlauf abgewendet wird.

Auf der Grundlage der soeben beschriebenen Techniken habe ich für Führungssituationen ein Tool in drei Schritten zusammengestellt:

1. **Vorweggenommener Einwand:** Sie als Führungskraft formulieren mögliche Gründe, die dagegensprechen könnten, eine Veränderung vorzunehmen. Je empathischer Sie sind, je besser Sie die Situation aus der Sicht Ihrer Mitarbeitenden sehen können und je besser Sie in Kontakt mit Ihrem Team sind, desto leichter wird es Ihnen fallen, solche Gründe zu finden. Sprechen Sie diese offen an und zeigen Sie Verständnis dafür, dass man die Situation auch so sehen könnte.
2. **Den Teufel an die Wand malen:** Zeichnen Sie jetzt das gegenwärtige Bild weiter. Wie könnte eine ungünstige Entwicklung aussehen, wenn sich nichts ändert? Was könnte im schlechtesten Fall dabei herauskommen? Bleiben Sie dabei in einem realistischen Rahmen, ansonsten verlieren Sie Ihre Glaubwürdigkeit und somit die Wirkung dieses Tools bei Ihren Mitarbeitenden.
3. **Gegenwartsfokus und stärkenorientierte Lösungen:** Im dritten Schritt machen Sie klar, dass dieses negative Zielbild ja noch nicht eingetreten ist und dass noch alle Chancen bestehen, das zu verhindern. Zeigen Sie in diesem Schritt Ihren Mitarbeitenden auf, welche Kompetenzen und Stärken bereits vorhanden sind, um diese Situation gut zu bewältigen, und motivieren Sie diese, an einer Entwicklung von Lösungen mitzuarbeiten. Eine brauchbare Technik an dieser Stelle ist »Zielorientiertes Fragen« (siehe Kapitel 3).

Ein praktisches Beispiel

Die Filiale einer großen Bank in Oldenheim ist laufend mit überdurchschnittlich vielen Kundenbeschwerden konfrontiert. Über einen Zeitraum von sechs Monaten wurde regelmäßig der Vergleichswert mit anderen Filialen erhoben. Dabei schnitt diese Filiale immer mit Abstand am schlechtesten ab. Die Filialleiterin wurde deswegen bereits in die Zentrale zitiert. Die Mitarbeitenden finden diese Vergleichswerte irrelevant, weil aus ihrer Sicht dieser Standort besonders schwierige Kundschaft hat und eigentlich die wirtschaftlichen Zahlen ihrer Filiale gar nicht so schlecht sind. Sie sehen daher keinen Handlungsbedarf. Die Führungskraft hat daher folgende Einleitung für ihr nächstes Filialmeeting vorbereitet:

1 **Vorweggenommener Einwand:** »Wie ihr alle wisst, schneiden wir seit einiger Zeit bei den Kundenbeschwerden ziemlich schlecht ab. Ich hatte deshalb letzte Woche einen Termin in der Zentrale. Klar, wahrscheinlich wird der eine oder andere von euch sagen, dass unsere Kunden auch speziell sind - und da ist auch was dran. Oder man könnte natürlich auch meinen, dass es das Wichtigste ist, dass unsere Zahlen stimmen.«

2 **Den Teufel an die Wand malen:** »Aber stellt euch einmal vor, wir würden nichts verändern. Dann könnte es durchaus sein, dass uns die Zentrale noch mehr auf die Finger schaut, als sie das jetzt bereits macht. Die glauben ja dann sicher, dass wir die Situation selbst nicht in den Griff bekommen. Das könnte ziemlich mühsam werden, weil wir dann sicher weit weniger Spielraum hätten, und ich gehe davon aus, dass wir dann auch einige Vorschriften mehr bekämen, als wir jetzt haben. Wenn dann noch die Himburger Kreisbank bei uns in der Nähe eine Filiale eröffnet, so wie es ja bereits im Gespräch war, dann schauen unsere wirtschaftlichen Zahlen wahrscheinlich auch anders aus. Und das war's dann. So etwas geht schneller, als man denkt. Andreas, du hast ja so etwas Ähnliches bereits in der Bank erlebt, wo du vorher gearbeitet hast. Was denkt ihr: Was würde das für die meisten von uns bedeuten?«

3 **Gegenwartsfokus und stärkenorientierte Lösungen:** »Aber davon sind wir ja erfreulicherweise noch ziemlich weit entfernt. Daher müssen wir gemeinsam darauf achten, dass das nicht passiert. Wir haben durch unser Engagement und besonders auch durch unsere Zielorientierung ja schon einiges geschafft. Denkt nur daran, wie wir die komplizierte Situation damals beim Umbau der Filiale gelöst haben. Oder als wir den Einbruch beim Kreditgeschäft hatten: Damals waren wir alle kreativ und sammelten viele gute Ideen, die sich letztendlich als absolut erfolgreich herausstellten. Daher bin ich überzeugt, dass wir auch diese Situation gut lösen werden. Wer von euch hat denn bereits einen Vorschlag, wie wir die Sache angehen könnten?«

10 Motivierendes ±-Feedback: Kurz und wirkungsvoll mit magischem Wort

Anwendungsbereich: Situationen, die noch nicht zur vollen Zufriedenheit von Ihren Mitarbeitenden bewältigt werden, bei denen es aber Teile gibt, die bereits gut gelingen. Das Ziel bei diesem Feedback ist es, klar zu kommunizieren, wo Verbesserungsbedarf besteht, aber auch, was bereits gut läuft.

Bevor ich mich mit dem Thema »Führung« beschäftigte, war mein Schwerpunkt der Bereich »Kommunikationspsychologie«. Ich fand es schon immer spannend, wie man mit wenigen Veränderungen in der Kommunikation eine ganz andere Wirkung erzielen kann. Mit zwei meiner Kollegen verfasste ich daher vor mehreren Jahren ein Fachbuch für Praktiker dazu[1] und vieles, worüber wir schrieben, ist auch sehr gut in der Führungsrolle anwendbar. Führung hat ja zu einem großen Teil mit Kommunikation zu tun. Daher möchte ich Ihnen eine Feedbackstrategie vorstellen, bei der trotz der Einfachheit einiges an Kommunikationspsychologie verpackt ist.

Es gibt Wörter in der Kommunikation, die einen unglaublich starken Einfluss darauf haben, wie eine Aussage wirkt. Man könnte sie als »magische Wörter« bezeichnen. Sie ändern nichts am Inhalt, der kommuniziert wird. Und dennoch ist das, was bei Ihrem Gegenüber ankommt, anders, als wenn Sie diese Wörter nicht verwenden. Eines dieser Wörter ist »aber«. In manchen der alten Kommunikationsbücher findet man den Hinweis, dass man dieses Wort besser nicht in einer professionellen Kommunikation verwenden sollte. Das stimmt nicht! Denn dieses Wort kann – richtig eingesetzt – absolut hilfreich sein.

Bitte lesen Sie folgende Sätze (wenn möglich, laut!):

- Ihre Hose gefällt mir zwar gut, aber das Hemd passt nicht ganz dazu.
- Sie haben die Datei zwar richtig bearbeitet, aber die Zeilengröße passt nicht.

- Wir haben zwar noch einige Therapiemöglichkeiten, aber Ihre Diagnose ist problematisch.
- In Mathe hast du dich zwar ordentlich verbessert, aber Englisch hat noch viel Luft nach oben

Und nun lesen Sie bitte diese Sätze:

- Die Farbe der Zeilen passt zwar noch nicht, aber die Tabellen haben Sie ganz richtig bearbeitet.
- Ihr T-Shirt passt zwar nicht ganz dazu, aber die Schuhe sehen toll aus.
- Ihre Laborwerte sind zwar problematisch, aber wir haben noch einige Therapiemöglichkeiten.
- Englisch hat zwar noch Luft nach oben, aber in Mathe hast du dich ordentlich verbessert.

Mit großer Wahrscheinlichkeit haben Sie beim Lesen bemerkt, dass die ersten vier Sätze härter, abwertend oder unangenehmer klingen als die letzteren vier. Wenn Sie sich jetzt den Inhalt der beiden Varianten nochmals ansehen, werden Sie feststellen, dass beinahe das Gleiche auf der Sachebene gesagt wurde. Dennoch klingen sie anders. Was hier wirkt, ist das magische Wort »aber«. Es erzeugt nämlich den Effekt, dass der Satzteil vor diesem magischen Wort abgewertet, also in der Wirkung kleiner gemacht wird. Und alles, was nachher kommt, wird aufgewertet. Somit können Sie durch die Reihung bestimmen, was in der Wirkung kleiner oder größer gemacht wird.

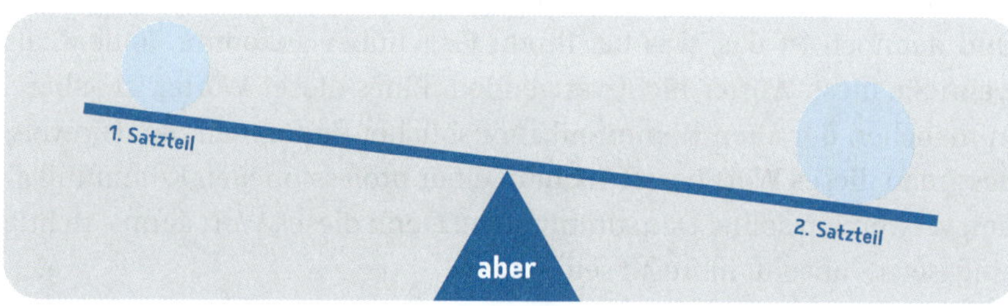

Abbildung 10.1: Die Wirkung des magischen Wortes »aber«

Hören Sie mit diesem Wissen nun einmal genau hin, wenn Menschen Feedback geben, vielleicht sogar Sie selbst. Sie werden nämlich feststellen, dass in den meisten Fällen der positive Satzteil zuerst gesetzt wird, also in seiner Wirkung abgeschwächt wird. Wie ausführlich in Kapitel 5 meines Buches »Positive Leadership. Mit PERMA-Lead erfolgreich führen« beschrieben wird, wirkt Negatives in der Regel stärker als Positives. Daher wäre es nicht sehr förderlich, das Gewicht des negativen Satzteils noch mehr zu erhöhen. Sinnvoll ist es daher, den positiven Teil eines Feedbacks nach dem »aber« zu platzieren.

Ich habe in die Formulierungen übrigens noch eine kleine Technik eingebaut, um die Wirkung des »aber« zu verstärken. Es ist das kleine Wörtchen »zwar«. Dieses Wort hat keine inhaltliche Bedeutung und macht nur Sinn in Kombination mit anderen Wörtern. Sie können die Wirkung selbst überprüfen. Lesen Sie einfach die Sätze von vorhin noch einmal, und das abwechselnd mit und ohne das Wörtchen »zwar«. Merken Sie den Unterschied?

Für die Anwendung dieser Technik in einer Führungssituation wird das Feedback um eine gewünschte Handlung oder ein positives Zielbild ergänzt. Dadurch entsteht eine »Hin-zu-Motivation« (siehe Kapitel 9.3 meines Buches »Positive Leadership. Mit PERMA-Lead erfolgreich führen«). Die Struktur dieses Feedbacks sieht dann so aus:

1. *Du warst zwar diesmal noch langsam,* (1. Satzteil vor dem »aber« – dadurch geringere Wirkung)
2. *aber das Ergebnis ist wirklich perfekt.* (2. Satzteil nach dem »aber« – dadurch stärkere Wirkung)
3. *Wenn du das nächste Mal noch ein wenig schneller bist, ist es perfekt!* (gewünschte Handlung, positives Zielbild)

Abschließend möchte ich Ihnen noch einige Beispiele zeigen, die Führungskräfte mit dieser Technik in meinen Seminaren entwickelt haben. Die erste Variante ist jeweils die schlechte, die zweite das Best-Practice-Beispiel:

»Du hast zwar alles in der vorgegebenen Zeit geschafft, aber es schaut hier jetzt ziemlich chaotisch aus. Du hast anscheinend zu wenig Wert aufs Aufräumen gelegt.«

»Hier schaut es zwar noch ziemlich chaotisch aus, aber du hast alles in der vorgegebenen Zeit geschafft! Wenn du das nächste Mal noch ein wenig mehr auf die Ordnung achtest, dann bin ich sehr zufrieden!«

»Der Kunde war zwar sehr zufrieden, aber die Kosten wurden bei diesem Projekt überschritten. So etwas sollte nicht vorkommen.«

»Wir haben zwar die Kosten leicht überschritten, aber der Kunde war unglaublich zufrieden mit unserem Engagement. Wenn wir beim nächsten Mal auch die Kostenkalkulation punktgenau machen, dann sind wir perfekt!«

»Wir haben jetzt zwar eine gute Entscheidung getroffen, aber das Meeting hat länger gedauert als geplant. Jetzt haben wir alle wieder Stress, unsere Arbeit fertig zu bekommen.«

»Unser Meeting hat zwar länger gedauert als geplant, aber dafür haben wir jetzt eine gute Entscheidung getroffen. Wenn wir beim nächsten Mal auch noch auf unser Zeitmanagement achten, dann sind wir noch effizienter.«

Wahrscheinlich ist Ihnen aufgefallen, dass beim Negativbeispiel nicht nur die Verteilung der Satzteile rund um das Wort »aber« ungünstig ist. Die negative Wirkung wurde nämlich jeweils noch durch einen anschließenden Satz verstärkt. Dieser Satz ist entweder eine Zurechtweisung, eine Abwertung oder ein Jammern. Der Grund, warum ich meine Seminarteilnehmer bitte, bei dieser Übung das negative Feedback noch zu verstärken, ist, dass es in der Praxis oft genau so gemacht wird. Daher wirkt die negative Variante oft viel vertrauter als die positive Variante. Achten Sie einmal bei anderen Menschen darauf – oder wenn Sie es schaffen, vielleicht sogar bei sich selbst. Sie werden erkennen, dass es fast wie im Lehrbuch gemacht wird. Allerdings in der ungünstigen Variante. Bekanntermaßen beginnt eine gute Veränderung oft damit, dass automatisierte Kommunikationsmuster vom Unbewussten ins Bewusstsein gerückt werden. Ich wünsche Ihnen daher einen spannenden Erkenntnisgewinn beim Entdecken Ihrer eigenen Muster!

PERSÖNLICHE NOTIZEN

11 Energiespender oder Energievampir? Anderen Kraft geben

Anwendungsbereich: Diese Technik ist geeignet, um Energiespender in einem Team zu identifizieren und um zu erkennen, wodurch andere für einen selbst zu einem Energiespender werden. Außerdem können damit Strategien entwickelt werden, um als Führungskraft mehr Energiespender und weniger Energievampir zu sein.

Ohne sich jemals wissenschaftlich damit auseinandergesetzt zu haben, kennt sicherlich jeder Mensch Personen, die nur durch ihr Dasein energetisierend wirken. Und leider kennen die meisten von uns auch das Gegenteil: Menschen, bei denen man sich nach jedem Zusammensein müde und ausgelaugt fühlt.

Die beiden (ehemaligen) Professoren Wayne Baker und Kim Cameron von der Wirtschaftsuniversität Michigan sprechen in diesem Zusammenhang vom Konzept der positiven Energie.[1] Positive Energie – oder Beziehungsenergie[1], wie sie auch genannt wird – ist in diesem Verständnis definiert als ein Gefühl von Lebendigkeit, Aufgeregtheit, Vitalität und Elan. Was auf den ersten Blick wie eine Beschreibung aus einem Esoterik-Buch klingt, lässt sich allerdings tatsächlich wissenschaftlich belegen. Positive Energie setzt innere Ressourcen und Kapazitäten frei und erhöht unsere Fähigkeit, Stärken zu entfalten. Menschen, die von anderen als Energiespender beschrieben werden, sind in der Regel selbst High Performer. Und das mit einer viermal so hohen Wahrscheinlichkeit wie jene, die als besonders einflussreich beschrieben werden oder über viele Informationen verfügen.[2] Positive Energie ist nicht das Gleiche wie Motivation. Zu Motivation gehören nämlich je nach Ansatz eine konkrete Zielgerichtetheit, Bedürf-

1 In der englischsprachigen Literatur wird in diesem Zusammenhang meist von »Relational Energy« gesprochen.

nisse, die meist noch nicht erfüllt sind, Erwartungen oder andere Aspekte. Positive Energie hingegen entspricht eher einer Basisenergie und ist somit ein Schlüsselelement für Aktivierung.

Diese positive Energie wirkt nicht nur auf den Menschen selbst, sondern hat ebenso eine starke Wirkung auf andere Menschen. Studien dazu zeigen, dass jene Mitarbeitenden, die eine Arbeitsbeziehung zu einem Energiespender haben, eine messbar bessere Leistung zeigen und dass in High-Performance-Unternehmen dreimal (!) so viele positive Energienetzwerke bestehen als in Low-Performance-Unternehmen.[2,3] Ich finde eine Sensibilisierung für dieses Thema deshalb so wichtig, weil es in einem Team oft bestimmte Personen sind, die durch ihre positive Energie das ganze Team beeinflussen, was aber nicht mit klassischer Performancemessung erhoben werden kann. Dennoch beeinflussen diese Personen die Leistung maßgeblich – nämlich die Leistung der anderen.

Gemeinsam mit zwei Kollegen identifizierte Cameron in einer Studie, die in vier großen Organisationen durchgeführt wurde, sogenannte »positiv energetisierende Führungskräfte«. Die Ergebnisse zeigten, dass Mitarbeitende dieser Führungskräfte ein signifikant höheres persönliches Wohlbefinden, eine höhere Arbeitszufriedenheit und eine weitaus höhere Leistung im Job aufwiesen als Mitarbeitende mit einer weniger energetisierenden Führungskraft. Die Forscher stellten den Mitarbeitenden fünf Fragen, um diese positiv energetisierenden Führungskräfte zu identifizieren.

Probieren Sie selbst aus, welche Personen in Ihrem beruflichen Umfeld für Sie Energietankstellen sind. Stellen Sie sich dazu einen Ihrer nahen Kollegen vor und vergeben Sie bei jeder Frage zwischen 1 und 7 Punkten, je nachdem, wie sehr diese Aussage aus Ihrem Blickwinkel auf diese Person zutrifft.

1) Ich fühle mich gestärkt, wenn ich mit dieser Person in Kontakt bin.
trifft nicht zu ○ ○ ○ ○ ○ ○ ○ trifft stark zu

2) Nach einer Interaktion mit dieser Person habe ich mehr Energie, um meine Arbeit zu erledigen.
trifft nicht zu ○ ○ ○ ○ ○ ○ ○ trifft stark zu

3) Ich fühle eine gesteigerte Vitalität, wenn ich mit dieser Person zusammen bin.
trifft nicht zu ○ ○ ○ ○ ○ ○ ○ trifft stark zu

4) Ich würde zu dieser Person gehen, wenn ich in Schwung gebracht werden wollte.
trifft nicht zu ○ ○ ○ ○ ○ ○ ○ trifft stark zu

5) Nach einem Austausch mit dieser Person habe ich mehr Schwung, meine Arbeit zu erledigen.
trifft nicht zu ○ ○ ○ ○ ○ ○ ○ trifft stark zu

Zählen Sie die Werte zusammen und dividieren Sie die Summe durch 5. Machen Sie diese kurze Auswertung nun für alle Kolleginnen und Kollegen, mit denen Sie viel zu tun haben. Der Durchschnittswert liegt bei 4,9.[2] Das bedeutet, dass Menschen, die in Ihrer Berechnung über diesem Wert liegen, mit großer Wahrscheinlichkeit Ihre Energiespender sind.

2 Quelle: Eigene Berechnungen aus den Daten einer Studie.[4]

11.1 Ihre persönlichen Energiespender – systemisches Porträt

Mit dem soeben beschriebenen Fragebogen kann gut herausgefunden werden, welche Menschen im näheren Umfeld als Energiespender erlebt werden. Er beantwortet aber noch nicht die Frage, was diese Menschen für SIE zu Energiespendern macht. Ich denke zwar, dass es Menschen gibt, die für andere tendenziell eher Energiespender oder Energiesauger sind. Aber Bedürfnisse sind unterschiedlich. Und möglicherweise sind es bei Ihnen andere Aspekte, die Menschen für Sie zu Energiespendern machen, als bei mir oder einer anderen Person. Daher möchte ich Ihnen das systemische Porträt zeigen, eine Technik, die in Psychotherapie und Coaching verwendet wird, um Verflechtungen zu visualisieren. Ich habe die Technik ein wenig abgewandelt, sodass Sie mit ihr herausfinden können, was Menschen für Sie zu Energiespendern macht.

Die Technik ist recht einfach:

1) Nehmen Sie ein Blatt Papier und schreiben Sie in der Mitte in einen Kreis »Ich«.
2) Notieren Sie dann rund um diesen Kreis die Namen aller Menschen, mit denen Sie beruflich zu tun haben, und verbinden Sie diese Namen mit Linien zu Ihrem Kreis in der Mitte.
3) Wenn alle Namen eingetragen sind, vergeben Sie eine Bewertung:

++ bedeutet »sehr energiegebend«
+ bedeutet »energiegebend«
o bedeutet »neutral«
– bedeutet »energieraubend«
– – bedeutet »sehr energieraubend«

Achten Sie bei der Bewertung darauf, dass Sie nicht beurteilen, wie hilfreich oder wichtig diese Menschen für Sie sind. Sondern fokussieren Sie darauf, ob Sie sich während oder nach einer Begegnung mit ihnen lebendiger, vitaler und positiv gestärkt fühlen. Das Ergebnis könnte wie in Abbildung 11.1 dargestellt aussehen:

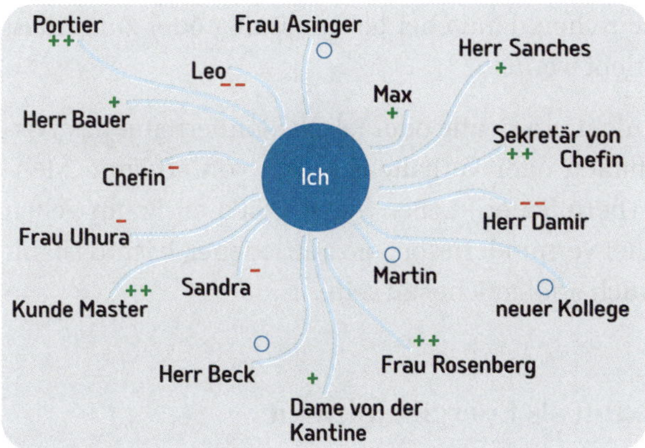

Abbildung 11.1: Beispiel zur Technik »systemisches Porträt«

Fokussieren Sie nun jene Personen, die von Ihnen mit einem oder zwei Plus bewertet wurden. Stellen Sie sich nun folgende Fragen und schreiben Sie die Antworten auf:

a) Was genau macht diese Beziehung für mich so energetisierend? Was tut diese Person konkret, um mich zu energetisieren? (Gehen Sie alle Personen der Reihe nach durch.)
b) Welche Ähnlichkeiten finde ich?
c) Was ist für MICH daher in Beziehungen wichtig, um sie energetisierend zu erleben?

Diese Übung löst fast immer einen spannenden Erkenntnisgewinn aus, weil sie sichtbar macht, was man selbst bei anderen Menschen als energiespendend erlebt. Wenn Sie sich darüber dann mit anderen Menschen unterhalten (ein zusätzlicher spannender Erkenntnisgewinn, der oft in Seminaren auftritt), werden Sie merken, wie unterschiedlich die Bedürfnisse diesbezüglich sein können. Für mich sind beispielsweise Menschen, die viel reden und dabei möglicherweise noch in den Themen springen, meist ziemlich energieraubend. Und ich dachte lange, dass sie das auch für andere sind. Hingegen geben mir Menschen Energie, die eher introvertiert sind, in deren Anwesenheit es auch ruhig sein kann oder längere Nachdenkpausen in Gesprächen vorkommen. Im Austausch mit Freunden, Kollegen und durch meine Arbeit als Coach habe ich allerdings gelernt, dass ›laute‹ Menschen auf andere auch energetisierend wirken können und ruhige Menschen dann eher als langweilig oder zumindest nicht energiegebend erlebt werden.

Es geht dabei deshalb nicht um richtig oder falsch. Sondern um das Wissen, welchen Eigenschaften oder Verhaltensweisen von anderen Menschen man in seinem (beruflichen) Leben einen größeren Raum geben soll und welche man eher vermindern soll, um zufriedener, leistungsfähiger, vitaler und somit auch erfolgreicher zu sein.

11.2 Die Führungskraft als Energietankstelle

In einer Studie wurden Teilnehmende gefragt, ob sie jemals einen Kollegen, Mitarbeiter oder Vorgesetzten hatten, der sie durch seine Anwesenheit energetisiert hat.[4] 59 Prozent der Befragten fiel dazu eine aktuelle oder ehemalige Führungskraft ein. 59 Prozent! Vielleicht mag die Zahl manchen gar nicht so klein erscheinen. Aber wenn es eine der maßgeblichen Aufgaben einer Führungskraft ist, bei Mitarbeitenden für eine arbeitsförderliche Energie zu sorgen, dann erscheint es mir erschreckend, dass rund 40 Prozent der Arbeitstätigen in ihrem bisherigen Berufsleben keine Erfahrung mit energiespendenden Führungskräften gemacht haben. Das ist problematisch. Denn der Einfluss von positiv energetisierenden Führungskräften wird nicht nur durch Zahlen in Studien belegt, sondern auch durch konkrete Beschreibungen der Wirkung dieser Personen auf Mitarbeitende. In der oben genannten Studie wurden nämlich Mitarbeitende über die wahrgenommenen Auswirkungen durch diesen Typus von Führungskräften befragt. Hier einige ausgewählte Antworten im (aus dem Englischen übersetzten) Originalton:

- *»So einen energetisierenden Chef zu haben, hat mich bei der Arbeit motiviert.«*
- *»Es regte mich an, hart zu arbeiten und stolz auf meine Arbeit zu sein.«*
- *»Nach Tagen, an denen ich mit ihm ein Meeting hatte, bekam ich meine Arbeit doppelt so schnell hin, weil er so viel motivierende Energie hinterließ.«*
- *»Ich fühlte mich inspiriert, motiviert und energetisiert und mehr verantwortlich für die Arbeit, die ich für dieses Projekt machte.«*
- *»Es förderte meinen Wunsch, den Job in ausgezeichneter Qualität zu machen.«*

Was genau machen nun Personen, die Energiespender sind, anders als jene, die als Energiesauger erlebt werden?

Kim Cameron befragte Führungskräfte, welche Eigenschaften sie an Energiespendern und Energiesaugern erleben. Hier ist das Ergebnis:

Tabelle 11.1: Eigenschaften von Energiespendern und Energiesaugern (Owens, Baker, Sumpter & Cameron, 2016)

Energiespender	Energiesauger
Sie helfen anderen, sich zu entfalten.	Sie kritisieren andere häufig.
Sie sind vertrauenswürdig und haben Integrität.	Sie verherrlichen sich selbst.
Sie sind zuverlässig.	Sie halten Abmachungen nicht ein.
Sie benützen eine reichhaltige Sprache.	Sie sind in ihrem Denken unflexibel.
Sie sind achtsam und sehr engagiert.	Sie wertschätzen andere nicht.
Sie sind echt und authentisch.	Sie sind eher oberflächlich und unauthentisch.
Sie sehen Möglichkeiten.	Sie sehen überwiegend Sperren und Hindernisse.
Sie lösen Probleme.	Sie kreieren Probleme.
Sie lächeln.	Sie sind meistens ernst.
Sie drücken Dankbarkeit und Menschlichkeit aus.	Sie sorgen sich wenig um andere.

Wenn Sie eine Führungskraft sind, können Sie sich nun zuerst einmal selbst die Frage stellen, welche Ihrer Mitarbeitende Sie eher mit Sätzen in der linken Spalte beschreiben würden. Wahrscheinlich haben Sie, wie viele Menschen, sowohl die Eigenschaften von Energiespendern als auch jene von Energiesaugern in sich. Je nach den Situationen, in denen Sie sich befinden, und je nach den Personen, mit denen Sie zu tun haben, könnten daher unterschiedliche Seiten von Ihnen sichtbar werden. Als Führungskraft ist es jedoch sinnvoll, die Tendenz, Energiespender zu sein oder zu werden, zu stärken. Und jene Situationen, in denen Sie Energiesauger sind, zu vermindern. Ich möchte Ihnen daher zum Abschluss dieser Technik eine einfache, aber wirkungsvolle Übung vorstellen, mit der ich oft im Einzelcoaching und in Workshops arbeite. Ich gebe sie meinen Coachees als Hausaufgabe mit, um im nächsten Coaching mit den Ergebnissen zu arbeiten.

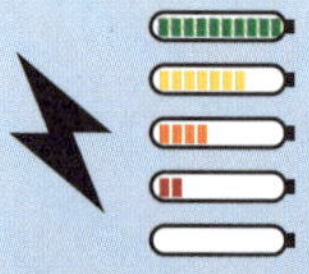	Was schätzen Sie: In welchen Situationen werden Sie als Energiespender erlebt? Welche Ihrer Kolleginnen und Kollegen würden Sie als Energiespender bezeichnen?
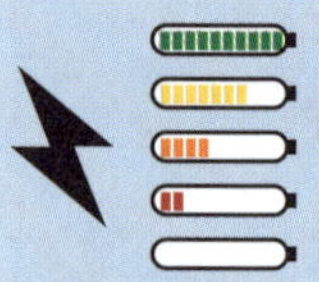	Was schätzen Sie: In welchen Situationen rauben Sie anderen Energie? Welche Ihrer Kolleginnen und Kollegen würden Sie als Energiesauger bezeichnen? Warum?
	Was machen Sie in Situationen oder bei Personen, in bzw. von denen Sie als Energiespender erlebt werden, konkret? Was ist Ihre Einstellung zu diesen Personen in dieser Situation? Wie definieren Sie Ihre Rolle in diesen Situationen? Wie geht es Ihnen dabei?
	Um noch mehr Energiespender zu werden: Was konkret werden Sie genau so beibehalten, wie Sie es bereits machen? Was können Sie ganz konkret neu/öfter/weniger machen?

PERSÖNLICHE NOTIZEN

12 Die Team-PERMA-Schatztruhe

Anwendungsbereich: Diese schöne Methode kann überall dort eingesetzt werden, wo mehrere Menschen über einen längeren Zeitraum zusammenarbeiten. Sie eignet sich wunderbar für Anlässe wie beispielsweise die Weihnachtsfeier von Teams.

In Teams ereignen sich im Alltag immer wieder kleine oder auch größere positive Momente, die schnell in Vergessenheit geraten. Gleichzeitig gibt es in den meisten Teams Anlässe, bei denen meist die Führungskraft eine Rede hält, die für eine positive Stimmung sorgen soll. Weihnachtsfeiern sind in zahlreichen Unternehmen solche Anlässe. Oft sind es die kleinen positiven Ereignisse, die den Arbeitsalltag erhellen, am Ende des Jahres erinnert man sich aber meistens nur an die größeren Meilensteine. Mit dieser Methode möchte ich eine Anregung für einen positiven Jahresrückblick geben, der an die großen UND kleinen schönen Momente des Jahres erinnert.

Das Praktische an der Team-PERMA-Schatztruhe ist, dass alle im Team etwas dazu beitragen und dass sie wenig Aufwand bei größtmöglichem Nutzen bedeutet.

Die Methode funktioniert folgendermaßen: Organisieren Sie für Ihr Team eine kleine PERMA-Box, eine Art Schatztruhe für Positives, das diese Woche passiert ist. Das kann theoretisch eine Schuhschachtel mit einem Schlitz sein, aber je schöner der Behälter ist, desto besser. Je nach Wünschen des Teams kann diese Schatztruhe auch gemeinsam gestaltet werden. Diese Box wird an einem leicht zugänglichen Ort aufgestellt, sodass jeder Zugriff hat.

Jeden Freitag schreibt ein anderes Teammitglied anhand folgender Leitfragen, die sich am PERMA-Modell orientieren, einen Zettel, den es anschließend in die PERMA-Box wirft:

Positive Emotions	Worüber habe ich (oder haben wir) diese Woche herzlichst gelacht oder worüber habe ich mich diese Woche besonders gefreut?
Engagement	Welche besonderen Stärken und Fähigkeiten konnte ich (konnten wir) diese Woche einsetzen?
Relationships	Was hat diese Woche unser Wir-Gefühl im Team gestärkt?
Meaning	Wo habe ich (haben wir) das Gefühl, diese Woche etwas Wertvolles beigetragen zu haben?
Accomplishment	Wo habe ich (haben wir) diese Woche ein Ziel oder ein Teilziel erreicht?

Dabei sollte jeweils nur eine der möglichen fünf Fragen ausgewählt werden und das jeweilige Beispiel auf den Zettel geschrieben werden.

Über ein Jahr sammeln sich so über 50 verschiedene Beispiele. Die Team-PERMA-Schatztruhe wird bei der Weihnachtsfeier geöffnet, die Beispiele werden vorgelesen. Besonders stimmungsvoll habe ich diese Methode erlebt, wenn die Nummer der jeweiligen Woche auf dem Zettel ergänzt wird und die Notizen dann in der Reihenfolge der Nummern vorgelesen werden. Quasi ein positives Revuepassierenlassen des letzten Jahres anhand von echten Beispielen. Es kommen Erinnerungen an positive Geschehnisse hoch, die schon Monate her sind, es ist etwas, das alle im Team betrifft, und es ergeben sich Gesprächsthemen – nämlich positive – für das gemütliche Beisammensein bei der Feier.

Ich habe diese Methode in vielen meiner Seminare in den letzten Jahren vorgestellt, und ehemalige Teilnehmende haben mir erzählt, dass sie diese auch in anderen Situationen mit großem Erfolg einsetzen. Beispielsweise mit der Familie oder in einer Schulklasse. Ihrer Phantasie sind keine Grenzen gesetzt – man könnte eine PERMA-Schatztruhe ganz ohne Team auch für sich selbst machen und sich dann am Jahresende über die vielen positiven Ereignisse freuen, die während des Jahres passiert sind.

Eine Variation möchte ich Ihnen noch mitgeben, die besonders für Teams geeignet ist, die nicht oder nicht immer an einem gemeinsamen

Ort arbeiten. Sie ist während einer der Corona-Lockdowns entstanden, bei dem ein Team bereits mit der Team-PERMA-Schatztruhe begonnen hatte und dann für Monate im Home-Office war. Sie haben eine eigene E-Mail-Adresse bei einem der kostenlosen Anbieter eingerichtet. Die Fragen waren die gleichen wie in der Originalvariante. Nur anstatt einen Zettel zu schreiben, hat jede Woche ein anderes Teammitglied ein kurzes E-Mail mit dem PERMA-Highlight der Woche an diese Adresse geschrieben. Erst bei der Online-Weihnachtsfeier wurde dann gemeinsam auf diesen E-Mail-Account zugegriffen, und gemeinsam wurden die E-Mails geöffnet und gelesen. Eine wunderbare, kreative Variante, die zeigt, dass es immer möglich ist, etwas Positives für sein Team beizutragen, selbst wenn die Umstände es nicht einfach machen.

Gastbeiträge aus Unternehmen: PERMA-Lead in der Praxis

13 Sans Souci Wien: PERMA-Lead in der 5-Sterne-Hotellerie

Die Organisation

Das Boutique Hotel Sans Souci Wien versteht sich als eine Ruheoase mit persönlichem Service mitten im kulturellen Zentrum Wiens. Eine entspannte Atmosphäre, unaufdringlicher Luxus und Kunst ziehen sich durch 63 individuell gestaltete Zimmer und Suiten. Dieser charakteristische »Sans Souci«-Charme ist auch in der Brasserie-Bar VERANDA, im Le Salon, dem Meetingbereich, und dem großzügigen Sans Souci Spa zu spüren. Seit 2012 begrüßen durchschnittlich 88 Mitarbeitende Gäste aus aller Welt. Für den zuvorkommenden und unkomplizierten Service, der von Gästen in den höchsten Tönen gelobt wird, sind Andrea Fuchs als General Manager und ihr Team verantwortlich. Die Werte Freude, Professionalität, Vertrauen und Nachhaltigkeit stehen nicht nur auf dem Papier. Sie sind, genau wie die Liebe zum Detail, im Haus spürbar.

Die Gastautorin: Andrea Fuchs

Aufgewachsen in einer Unternehmerfamilie, lernte Andrea Fuchs die Hotellerie und Gastronomie an der Hotelfachschule Modul Wien von der Pike auf. Sie ging früh ins Ausland und entwickelte, eröffnete und führte nationale wie internationale Hotel-Projekte. Ihre Freude, sich ständig weiterzuentwickeln, bewog sie dazu, sich umfassend mit Positiver Psychologie und Positive Leadership auseinanderzusetzen. Sie absolvierte unter anderen Ausbildungen zur Akademischen Unternehmensberaterin, Qualitätsmanagerin und Auditorin, zur Systemischen Coaching- und Organisationsentwicklung und zum PERMA-Lead-Profiler. Ihr umfangreiches Wissen und ihre Erfahrung gibt sie seit Jahren als Lehrende an kommende Hotelier-Generationen weiter.

In meinem Beitrag möchte ich Ihnen einen Einblick in den Backstage-Bereich eines 5-Sterne-Stadthotels geben und damit aufzeigen, warum ich das PERMA-Lead-Modell für unsere Branche für so kostbar halte.

Eine besondere Herausforderung in der Hotellerie ist die breite und diverse Gast-Mitarbeitende-Schnittstelle. Als Gast haben Sie vor Ihrer Ankunft Kontakt mit dem Reservierungsteam, bei Ankunft mit den Guest Service Assistants, die sich um Ihr Fahrzeug und Ihr Gepäck kümmern, und mit dem Rezeptions- und Concierge-Team. Während Ihres Aufenthalts begegnen Sie den Mitarbeitenden im Restaurant und in der Bar, oft auch den Stubenfrauen, und im Spa dem Rezeptions- und Therapieteam. Sollte es eine technische Herausforderung geben, werden Sie auch das Haustechnik-Team kennenlernen. Selbst Mitarbeitende, die in ihrer Kernaufgabe nicht direkt am Gast sind, aus den Bereichen Human Resources, Finance & Controlling sowie Sales & Marketing, machen regelmäßig

»Manager on Duty«-Dienste, während derer sie sich um Gästeanliegen und gegebenenfalls Gästebeschwerden kümmern.

Mit Ausnahme des Küchenteams hat also jedes Teammitglied direkten Gästekontakt.

Vielleicht stellen Sie sich die Frage, worin die besondere Herausforderung besteht. Es sind die hohen Erwartungen unserer Gäste an alle diese Mitarbeitenden. Sie sollen professionell arbeiten, das gesamte Hotelangebot bis ins Detail kennen, möglichst flüssig Deutsch und Englisch sprechen, gute Umgangsformen haben, gepflegt und – besonders wichtig – überaus freundlich sein.
Den Boden für echte Freundlichkeit und ein gutes Miteinander versuchen wir mit den Werkzeugen des PERMA-Lead-Modells, mit dem wir seit 2021 arbeiten, zu bereiten. WIR – das ist das Management-Team des Sans Souci Wien. Es besteht aus den Abteilungsleitungen für die Bereiche Front Office, Housekeeping, Marketing & Sales, Küche, Service, Haustechnik und Spa sowie den Stabstellen People Management, Finance & Controlling, Reservation & Yield Management.

Positive Emotions – Self-Leadership

Zu Beginn unserer Arbeit mit PERMA-Lead setzten wir uns intensiv mit Self-Leadership auseinander und gestalteten eine Toolbox zum Thema »Wie und wodurch erzeugen wir positive Emotionen bei uns selbst und in unseren Teams?«. Darin enthalten sind allgemein gültige Tools wie die Metta-Meditation, die wir auch gemeinsam praktizierten und schätzen lernten, ehrliches Lächeln, aufrichtige Komplimente machen, sich bedanken, Hilfe anbieten, Dinge positiv formulieren und Humor. Aber auch »Sans Souci«-spezifische Tools, wie ein von unserem Küchenteam gekonnt zubereitetes, wohlschmeckendes Essen für die Mitarbeitenden, weil gutes Essen die Stimmung hebt, oder »Auto parken«. Das Sans Souci bietet seinen Gästen einen Valet Parking Service an. Manchmal sind so viele Fahrzeuge gleichzeitig zu parken, dass unsere Guest Service Assistants Hilfe brauchen. Einige Führungskräfte sind da gerne zur Stelle. Für sie ist das Fahren mit einem tollen Auto und der kurze Fußweg von der Garage zurück ins Hotel ein Mini-Urlaub, eine willkommene Gelegenheit, nach draußen zu gehen und den Kopf freizubekommen.

Einmal gegen Mittag fiel mir auf, dass die Stimmung im Haus angespannt war, anders als sonst, unangenehm. Ich ging der Sache auf den Grund und mir wurde klar, dass ich selbst der Auslöser dafür gewesen war. Das machte mich sehr betroffen.

Ich hatte in der Früh, gleich beim Betreten des Hotels, zwei negative Bemerkungen gemacht. Nicht dramatisch, nicht laut, aber unfreundlich. Im Schneeballprinzip verbreitete sich meine schlechte Stimmung innerhalb weniger Stunden im ganzen Haus.

Ich denke nicht, dass Führungskräfte Freundlichkeit und gute Stimmung um jeden Preis vorgaukeln sollen, wenn ihnen nicht danach zumute ist. Sie sollen auch nicht die Clowns für ihre Teams spielen. Es geht vielmehr darum, sich der eigenen Stimmung bewusst zu sein und sich Strategien zurechtzulegen, wie man aus einer schlechten Laune rasch wieder herausfindet. Oft genügen einige bewusste Atemzüge. Meine persönliche Strategie bei einer gröberen Verstimmung ist eine schnelle Nordic-Walking-Runde in der Natur. Selten, aber doch kommt es vor, dass ich dafür einen Termin verschiebe oder sogar absage und nach einer Runde wohlgestimmt ins Hotel komme. Die gute Nachricht: Das zitierte Schneeballprinzip funktioniert auch mit guter Laune.

Engagement – Top Service

In der 5-Sterne-Hotellerie wird Professionalität von Gästen vorausgesetzt. Um diese bieten zu können, werden oft unzählige Standards und Skripts für die Kommunikation mit Kundinnen und Kunden festgelegt, an die sich die Hotelbelegschaft akribisch halten sollte. Die Jobpositionen und Aufgaben sind bis ins kleinste Detail vordefiniert, für Individualität gibt es wenig Spielraum. Selbstverständlich gibt es auch im Sans Souci Stellenbeschreibungen, Standards und Prozesse, die die Arbeit erleichtern sollen. Ganz bewusst haben wir uns aber dafür entschieden, keine strikten Skripts für den Gästekontakt zu entwickeln. Genau das macht unseren individuellen und unkomplizierten Service aus. Alle Kolleginnen und Kollegen dürfen ihre Persönlichkeit und ihre Stärken einbringen.

Wir wissen, dass Mitarbeitende, die ihre Stärken täglich einsetzen können, engagierter sind und mehr Einsatzbereitschaft und Interesse zeigen, ihre Aufgaben bestmöglich zu erledigen. Also haben wir es uns zur Aufgabe gemacht, diese Stärken zu erkennen sowie Einsatzmöglichkeiten zu finden und weiterzuentwickeln. Schon im Einstellungsgespräch legen wir ein ganz besonderes Augenmerk auf die unterschiedlichen Stärken der Bewerbenden. Unsere Mitarbeitenden-Entwicklungsgespräche zielen auch darauf ab, dass wir noch mehr über die besonderen Fähigkeiten und Interessen unserer Teammitglieder erfahren. Das gibt uns die Möglichkeit, die anfallenden Tätigkeiten im Hotel nach Stärken an Personen zu verteilen und nicht nach Stellenbeschreibung. Zum Beispiel gehört die Pflege der Pflanzen üblicherweise in den Aufgabenbereich des Housekeeping-Teams. Unser Frühstück-Supervisor im Restaurant hat allerdings einen grünen Daumen und kümmert sich leidenschaftlich gerne um Pflanzen. Kurzerhand wurde er zum Pflanzenbeauftragten. Ihm dabei zuzusehen, wie er die Blumen im und um das Haus pflegt, ist wirklich eine Freude. Eine unserer Stubenfrauen näht in ihrer Freizeit gerne. Auch diese Stärke schätzen wir sehr. Sie unterstützt uns beispielsweise bei notwendigen Änderungen oder Reparaturen an Uniformen.

Vor allem im mittleren Management, wo die durchschnittliche Unternehmenszugehörigkeit aktuell bei 8,5 Jahren liegt, werden die Positionen an die Menschen, die sie innehaben, angepasst und nicht umgekehrt. Ein konkretes Beispiel dafür ist die ehemalige Assistentin der Geschäftsführung: Sie engagiert sich privat und beruflich aus Überzeugung und Leidenschaft für Umweltschutz. Sie ist das grüne Gewissen unseres Hauses. Aus diesem Grund wurde ihr das »Green Globe«-Projekt übertragen, bei dem es um die Zertifizierung des Hotels zum Thema Nachhaltigkeit geht. Als sie Director of Marketing & Sales wurde, blieb das »Green Globe«-Projekt bei ihr, die Job Description wurde angepasst. Um Zeit für diese Zusatzaufgabe zu schaffen, wurden Tätigkeiten aus dem Bereich Marketing an andere Kolleginnen und Kollegen übergeben.

Stärken zu stärken steht auch im Fokus, wenn es um Weiterbildung geht. Weiterbildung soll nicht automatisch bedeuten: »Das kannst du noch nicht, daher bieten wir dir diese Ausbildung an.« Weiterbildung nutzen wir auch, um Excellenz zu erreichen, um Mitarbeitende in ihrer Passion zu Expertinnen und Experten zu machen. Aktuelle Beispiele sind eine »Golden Tea Master«-Ausbildung in Sri Lanka für einen Tee-Aficionado oder eine zweijährige Hotelmanagement-Akademie für eine Führungskraft, in der wir großes Potenzial sehen.

Auch unsere Stärken als Arbeitergeber wollen wir weiter ausbauen. Dazu führen wir vierteljährlich eine Mitarbeitendenbefragung durch, in der es uns darum geht, die Stimmung im Team und im Haus insgesamt zu ermitteln und jeweils ein Schwerpunkt-Thema abzufragen. Das Ergebnis der Befragungen und mögliche Maßnahmen kommunizieren wir transparent in unserem Intranet.

Relations – Vertrauen schaffen, Vertrauen leben

Eine andere Besonderheit von Stadthotels sind die Öffnungszeiten. Wir haben an 365 Tagen im Jahr, 24 Stunden täglich geöffnet. Renovierungs- und Umbauarbeiten werden überwiegend während des laufenden Betriebes durchgeführt. Hotels, die während 30 und mehr Jahren nicht einen einzigen Tag geschlossen sind, sind keine Seltenheit.

In kleinen und mittelgroßen Hotels ist nicht rund um die Uhr eine Managerin, ein Manager im Dienst, um Ansprechperson bei Problemen, Beschwerden oder anderen unvorhergesehenen Vorkommnissen zu sein und Entscheidungen zu treffen. Daher müssen Mitarbeitende – Kellner, Barkeeperinnen, Rezeptionisten, besonders Nachtrezeptionistinnen – Entscheidungen treffen, Verantwortung übernehmen und manchmal auch Regeln brechen. Oft fehlt ihnen noch die nötige Berufserfahrung, um eine Führungskraft zu sein, oder sie haben sich bewusst dafür entschieden, nicht so viel Verantwortung zu übernehmen. Um diesen Mitarbeitenden Entscheidungen zu erleichtern, versuchen wir durch den Aufbau von Vertrauen zu den Kolleginnen, Kollegen und den Führungskräften sowie durch eine gute Fehlerkultur einen sicheren Raum zu schaffen.

Vor Kurzem wurden die Straßenbahnschienen direkt vor dem Hotel erneuert. Um den Verkehr so wenig wie möglich zu behindern, fanden diese Arbeiten während der Nachtstunden statt, vier Wochen lang. Es war nicht durchgehend laut, es kam auf die Art der Arbeiten an, die durchgeführt wurden, ein genauer Bauzeitplan war nicht zu bekommen. Wir waren sicher, dass es auf Grund zahlreicher Gästebeschwerden herausfordernde Wochen werden würden. Eine Schließung des Hotels für vier Wochen kam auf Grund der Kosten dafür auf keinen Fall in Frage.

Es war mir ein Anliegen, das Rezeptionsteam und ganz besonders die Nachtrezeptionistinnen und -rezeptionisten optimal für diese Zeit zu rüsten, ihnen Werkzeuge in die Hand zu geben, um den Beschwerden möglichst gut begegnen zu können. Ich wollte auf keinen Fall zu dem Druck, der von den Gästen zu erwarten war, auch noch Druck vom Management auf die Mitarbeitenden aufbauen.

Gäste erwarten bei einer Leistung, die nicht dem Standard und den berechtigten Erwartungen entspricht, eine professionelle Reaktion und eine monetäre Kompensation. Üblicherweise dürfen Mitarbeitende einen Nachlass von circa 10 Prozent gewähren, für größere Nachlässe wird das Okay der Abteilungsleitung oder der Direktion eingeholt. Lärmbelästigung während der Nacht ruiniert unsere Leistung als Hotel massiv, ich erwartete nicht, dass Gäste mit einem kleinen Nachlass zufrieden sein würden. Kurz dachte ich darüber nach, das Pouvoir des Rezeptionsteams auf 50 Prozent Nachlass für die Dauer des Umbaus zu erhöhen. Das war aber nicht das Zeichen, das ich setzen wollte. Ich wollte dem Team zeigen: »Ich verstehe, in welch schwieriger Situation ihr während des Nachtdienstes sein werdet, ich stehe zu 100 Prozent hinter euch.« Daher rief ich die LEARN-Schritte für Beschwerdebehandlung – L-Listen, E-Empathize, A-Apologize, R-React, N-Notify – nochmals in Erinnerung und sicherte allen Mitarbeitenden der Rezeption zu, dass sie monetäre Refundierungen ohne Limit, ohne Rückfrage, in ihrem Ermessen, gewähren könnten. Im Gastgespräch sollten sie herausfinden, was für den Gast eine angemessene Entschädigung bedeuten würde. Das kann von einem Voucher für einen Drink an der Bar bis zur Erstattung des gesamten Aufenthaltes reichen. Zusätzlich versicherte ich, dass ich keine ihrer Entscheidungen in Frage stellen würde und für schwierige Beschwerdesituationen rund um die Uhr erreichbar sei. Das Team war sehr gestärkt durch diese Ermächtigung und das Vertrauen und ging äußerst verantwortungsbewusst mit der Situation um. Täglich besprachen wir allfällige Beschwerden aus der letzten Nacht. Ich wurde nur zu zwei Gastbeschwerden hinzugeholt.

Meine Erkenntnisse aus diesen Wochen: Die Gäste standen um zwei oder drei Uhr früh empathischen, entscheidungs- und handlungsfähigen Rezeptionistinnen und Rezeptionisten gegenüber, die ihnen eine ganz konkrete Kompensation für die mangelnde Schlafqualität auf Grund von Baulärm anbieten konnten. Sie gingen mit der Gewissheit auf ihr Zimmer zurück, dass sie weniger oder gar nichts für diese Nacht bezahlen würden – das

Thema war ›gelöst‹. Sie mussten nicht, wie das eigentlich üblich ist, bis zum nächsten Tag auf eine Entscheidung des Managements warten.

Das Rezeptionsteam derart zu stärken, führte zu einer Win-Win-Win-Situation. Die Rezeptionistinnen und Rezeptionisten konnten mit den Beschwerden besser umgehen und waren am Ende der vier Wochen berechtigt stolz auf ihre Leistung. Die Gäste bekamen unmittelbar, auch wenn es zwei oder drei Uhr früh war, einen großzügigen Kompensationsvorschlag. Für das Unternehmen sind zufriedene Mitarbeitende und zufriedene Gäste ein hohes Gut, abgesehen davon, dass es sicherlich die kostengünstigste Lösung war.

Regeln brechen in bester Absicht – das klingt verboten, manchmal kann es das einzig Richtige sein. Was es dafür braucht, ist Vertrauen.

Während der besagten Gleisbauarbeiten kam ein Paar gegen zwei Uhr früh an die Rezeption, um sich über den Baulärm zu beschweren. Als Kompensation stellten sich die Gäste eine Flasche Champagner vor. Zugang zum Champagner-Kühlschrank hat ausschließlich das Service-Team, das zu der vorgerückten Stunde nicht mehr im Haus war. Der Nachtrezeptionist entschied dennoch, die Flasche Champagner aus dem versperrbaren Kühlschrank zu nehmen. Die Gäste waren sehr zufrieden, der Rezeptionist hinterließ eine entsprechende Nachricht für mich.

Ich feierte diese Nachricht, ich freute mich, dass es mir offensichtlich gelungen war, so viel Vertrauen im Team aufzubauen, dass auch einmal Regeln gebrochen werden können. Ich malte mir aus, wie die Situation ausgesehen hätte, wenn es dieses Vertrauen nicht gäbe. – Die Gäste und der Rezeptionist wären vor dem riesigen Champagner-Kühlschrank mit drei Glastüren gestanden, hätten die gewünschte Flasche gesehen und der Rezeptionist hätte vielleicht gesagt: »Es tut mir sehr leid, aber ich habe keinen Schlüssel für den Kühlschrank«, oder: »Ich darf den Kühlschrank nicht aufsperren, ich kann Ihnen den Champagner leider nicht geben.« – Ich freue mich sehr darüber, dass er die Situation richtig einschätzte, Verantwortung übernahm und gegen die gültige Regel verstieß.

Um Vertrauen im Team aufzubauen und zu erhalten, setzen wir verschiedene Maßnahmen, z. B. ein Buddy-System für neue Mitarbeitende. Dabei geht es nicht nur um die fachliche Einschulung, sondern auch darum, gemeinsam zum Mitarbeitenden-Essen zu gehen, »Sans Souci«-Geschichten zu teilen und den »Sans Souci«-Spirit zu vermitteln. Wir veranstalten jeden zweiten Monat ein Teamevent, außerdem ein Sommerfest und eine Weihnachtsfeier. Einmal pro Monat lade ich alle Mitarbeitenden, die in dem jeweiligen Monat Geburtstag haben, zu einem Mittagessen in unser Restaurant ein. Jede und jeder bestellt aus der gesamten Speisekarte nach Lust und Laune. Bei diesen Essen ergeben sich oft sehr gute Gespräche zu den Interessen und Stärken der Mitarbeitenden.

Im Dezember jedes Jahres organisieren wir einen interaktiven Adventkalender, der unterschiedliche Interventionen aus der Positiven Psychologie bietet. Zum Beispiel: Kolleginnen und Kollegen ehrliche Komplimente machen, Dankesbriefe schreiben, eine gemeinsame Meditation, oder auch gemeinsam einen Punsch auf dem Weihnachtsmarkt zu trinken.

Meaning/Mattering – auch im Stewarding

Für neue Teammitglieder veranstalten wir regelmäßig Welcome-Days. Dabei wird das Sans Souci mit all seinen Angeboten vorgestellt, es werden die Vision und Werte vermittelt, Spielregeln und Benefits besprochen.

Zu unserer Arbeit mit PERMA-Lead gehört auch ein 360-Grad-Feedback für alle Führungskräfte. Es ist eine großartige Möglichkeit, zu erfahren, wie Mitarbeitende, Kolleginnen, Kollegen und Vorgesetzte das eigene Verhalten erleben und ob sich deren Einschätzung mit der Eigenwahrnehmung deckt. Man sieht, optisch sehr gut aufbereitet, in welchen Bereichen man schon gut unterwegs ist und wo es Luft nach oben gibt. Das 360-Grad-Feedback spiegelt auch sehr gut wider, wie groß der eigene Beitrag am Gesamterfolg des Hotels und vor allem an der Stimmung im Unternehmen ist.

In einer Management-Position fällt es meist relativ leicht, die Bedeutung und die Wichtigkeit der eigenen Arbeit zu erkennen. Die Kunst ist vielmehr, Teammitgliedern wie Stubenfrauen, Reinigungskräften und Stewards (Abwäscherinnen und Abwäschern), die die Bedeutung ihrer Arbeit oft unterschätzen, zu zeigen, welchen wertvollen Beitrag zum Unternehmenserfolg sie leisten. Makellose Sauberkeit der Gläser, des Porzellans, der Zimmer und des Spas sind schließlich die Basis, auf der hervorragender Gästeservice erst möglich wird.

Wir laden alle unsere Mitarbeitenden ein, von Zeit zu Zeit bei einem »Sleep-In« die Perspektive zu wechseln und das Sans Souci als Gast zu erleben. Sie können nach Terminabsprache für sich und eine Begleitperson ein Zimmer für eine Nacht online buchen. Der Aufenthalt beinhaltet ein Abendessen im Restaurant, Drinks an der Bar und einen Spa-Besuch mit Massage. Die Mitarbeitenden füllen einen Fragebogen aus, in dem die Qualität der einzelnen Leistungen abgefragt wird, und präsentieren diesen Fragebogen in einem Management-Meeting. Unzählige Verbesserungen entlang der gesamten Customer Journey sind aus dem Feedback zu Sleep-Ins entstanden, da die Mitarbeitenden sehr kritisch-konstruktiv sind.

Auch um das Verständnis für Kolleginnen, Kollegen und andere Abteilungen im Haus zu vergrößern, nutzen wir den Perspektivenwechsel. Hier fördern wir Jobrotations für einen oder mehrere Tage für alle Mitarbeitenden.

Gehört werden, Vorschläge einbringen können, ernst genommen werden, auf Augenhöhe mit dem Management kommunizieren – was den Mitarbeitenden wichtig ist, finde ich unverzichtbar für die Unternehmensführung. So hat zum Beispiel unser Barman vorgeschlagen, Cocktailkurse anzubieten. Wir haben seinen Vorschlag gemeinsam ausgefeilt, kalkuliert, das nötige Equipment organisiert und mit einem Cocktailkurs pro Monat gestartet. Mittlerweile finden wöchentlich Cocktailkurse statt – es gibt Beginner-, Advanced- und Master-Class-Abende. Die Kurse wurden eine Erfolgsgeschichte.

Andere Vorschläge von Mitarbeitenden, wie Kochkurse und Gourmetabende, haben wir ebenfalls geplant, beworben und durchgeführt. Nach einer Beobachtungszeit wurden sie wieder eingestellt, da sie sich nicht gerechnet haben. Nicht jede Idee wird ein Erfolg.

Wir veranstalten Charity-Abende für Kinderhilfsorganisationen. Das Hotel bietet den Rahmen, die Mitarbeitenden haben die Möglichkeit, ihre Arbeitszeit zur Verfügung zu stellen. Dieses gemeinsame Engagement für einen guten Zweck ermöglicht es uns, namhafte Beträge zu spenden, und gibt den Mitarbeitenden und dem Hotel das Gefühl, etwas zum Allgemeinwohl beizutragen.

Accomplishment – im Großen und Kleinen

Wir arbeiten auf Unternehmens- und Abteilungsebene mit einem detaillierten Finanzbudget und der Balanced-Scorecard-Methode.

Die Balanced-Scorecard-Ziele definieren die Abteilungsleitungen mit ihren Teams jeweils für ein Jahr. In diesem Rahmen gilt es, ein Lern- und Entwicklungsziel, ein Kundenziel, ein Prozessziel und ein Finanzziel SMART zu formulieren. In vierteljährlichen Meetings sehen wir uns die Milestones auf dem Weg zu den Zielerreichungen an. Am Jahresende präsentieren die Abteilungsleitungen in einem Management-Meeting ihre Ergebnisse in der Runde. Dabei feiern wir nicht nur alle erreichten Ziele, manchmal sind gerade die nicht erreichten besonders wichtig. Vielleicht waren sie zu groß, um sie in einem Jahr zu erreichen, vielleicht hat sich auf dem Weg herausgestellt, dass etwas anderes Vorrang hat. Eine gewisse Flexibilität in Bezug auf Ziele zu bewahren, selbst wenn sie schriftlich formuliert und veröffentlicht sind, eröffnet Chancen und fördert die Lebendigkeit.

Auf Ebene der Mitarbeitenden greifen wir unter anderem auf das klassische Entwicklungsgespräch zurück. Die Zielvereinbarungen mit den Mitarbeitenden betreffen persönliche Entwicklungsziele in Abstimmung mit den Teamzielen der Balanced Scorecard.

Jahres-Finanzbudgets zu erstellen, die den Vorstellungen des Investors entsprechen und gleichzeitig motivierend, ehrgeizig und realistisch für die Abteilungsleitungen sind, ist eine Herausforderung, die ich gerne annehme. Es kostet mehr Zeit, die Abteilungsleitungen in die Erstellung des Budgets einzubinden, als ein fertiges Budget vorzugeben. Diese Zeit ist dennoch gut investiert. Durch die Mitarbeit an der Erstellung findet eine intensive Auseinandersetzung mit den einzelnen Ertrags- und Aufwandspositionen statt und vor allem eine Identifikation mit dem Ziel. Monatlich sehen wir uns im Management-Team, mittels dafür entwickelter Dashboards, die Ergebnisse an und leiten Maßnahmen ab.

Im Sans Souci haben wir es uns zur Aufgabe gemacht, unsere Erfolge zu teilen und zu feiern. In unserem Intranet gibt es die Rubrik »Sans Souci Moments« – diese ist dafür vorgesehen, gutes Feedback unserer Gäste, das sie auf Bewertungsplattformen wie Tripadvisor, Google, Booking etc. schreiben, mit dem gesamten Team zu teilen. Dort werden auch Auszeichnungen, die wir als Hotel bekommen, hervorragende Leistungen von Kolleginnen und Kollegen bei Branchenwettbewerben, gute Abschlüsse unserer Auszubildenden und Beförderungen gepostet.

Das Sans Souci gibt es seit elf Jahren. Wir hatten in letzter Zeit viele Gelegenheiten, fünf- und zehnjährige Betriebszugehörigkeit zu feiern.

Seit der Einführung von PERMA-Lead haben wir einen freudvollen und erfolgreichen Weg gemeinsam als »Sans Souci«-Team beschritten. Durch die stete Beschäftigung mit Positive Leadership erkennen wir immer besser, wie viel Potenzial für jeden Einzelnen von uns und das Unternehmen darin liegt. Unser Ziel ist es, dieses Potenzial zu entfalten und zu Führungskräften zu werden, mit denen die Besten unserer Branche arbeiten wollen.

14 VERBUND AG: »New Work, New Leadership – New What?«: Warum Positive Leadership der richtige Führungsansatz der nächsten Generation ist

Die Organisation

VERBUND ist Österreichs führendes Energieunternehmen und einer der größten Stromerzeuger aus Wasserkraft in Europa. Rund 97 Prozent des Stroms erzeugt das Unternehmen aus erneuerbaren Energien, vorwiegend Wasserkraft. VERBUND handelt in 12 Ländern mit Strom. Mit Tochterunternehmen und Partnern ist VERBUND von der Stromerzeugung über den Transport bis zum internationalen Handel und Vertrieb aktiv.
VERBUND ist ein entscheidender Player für das Gelingen der Energiewende in Österreich. Die dafür anstehenden Herausforderungen verlangen eine geschlossene Ausrichtung des gesamten Unternehmens, die VERBUND mit der Mission V vorantreibt. Die Mission V ist ein langfristiges und umfassendes Transformationsprogramm und steht für den Willen, der Klimakrise als Kraft der Wende entgegenzutreten. Dieses Programm basiert auf der VERBUND-Strategie 2030 mit ihren drei Stoßrichtungen: der Stärkung des integrierten Heimmarktes, dem Ausbau erneuerbarer Energien in Europa und der Etablierung als europäischer Wasserstoffplayer. Mit der Mission V forciert VERBUND das Erreichen der strategischen Ziele 2030.

Die Gastautoren: Pia Schubaschitz & Damir Trtanj

Pia Schubaschitz ist Abteilungsleiterin für Personalservices und Prokuristin bei VERBUND Services GmbH, der Shared Services Gesellschaft bei VERBUND AG. Sie verantwortet in dieser Funktion die operative Personalarbeit von der Personalabrechnung über die Zeitwirtschaft und operative arbeitsrechtliche Themenschwerpunkte sowie HR-Digitalisierungen und die betriebliche Gesundheitsförderung. Bereits 2006 ist sie nach ihrem Studium an der Wirtschaftsuniversität Wien bei VERBUND als strategische Personalentwicklerin eingestiegen.
Später wechselte sie in das Konzern-Personalcontrolling, wo sie für die zentrale Koordinierung und Steuerung der Personalplanung und der Personalreportingaktivitäten im Konzern verantwortlich war. Ihre Leidenschaft liegt im Personalwesen, wo sie sich aktuell mit »New Work« und den dazu passenden Führungsansätzen beschäftigt.

Damir Trtanj ist Leiter für Controlling, SAP und Service Development sowie Prokurist bei VERBUND Services GmbH. Im Übrigen ist er verantwortlich für die konzernweiten Richtlinien/Regelungen im Bereich der Konzernorganisation. Nach seinem Studium an der Wirtschaftsuniversität Wien absolvierte er 2008 ein Traineeprogramm bei VERBUND. Nach ein paar intensiven und spannenden Jahren im Investitions- und Projektcontrolling wurde er im Jahr 2012 Vorstandsassistent des stellvertretenden Generaldirektors der VERBUND AG. Sein aktueller Fokus liegt im Bereich der stetigen Weiterentwicklung von Mitarbeitenden und darauf, stärkenorientierte Führungsansätze im Unternehmen zu etablieren.

Die Autorin und der Autor sind zertifizierte PERMA-Lead-Berater:innen (Positive Leadership) sowie zertifizierte Consultants und systemische Coaches der Positiven Psychologie. Sie halten gemeinsam Inhouse-Trainings und externe Vorträge, mit dem Ziel, den Führungs- und Kulturwandel aktiv zu begleiten. Ihre Überzeugung und Leidenschaft teilen sie mit dem Zitat von Albert Einstein: »Bemühe dich nicht, ein erfolgreicher Mensch zu sein, sondern ein wertvoller.«

14.1 Wie alles begann: Aus der Krise lernen und vorangehen

Eines Tages im Mai 2020 rief Damir Trtanj seine Kollegin Pia Schubaschitz bei VERBUND an. Es waren rund zwei Monate vergangen, seitdem am 16. März 2020 ein bundesweiter Lockdown in Österreich aufgrund der COVID-19-Pandemie verfügt worden war. Ab diesem Tag änderte sich für viele Unternehmen und Führungskräfte alles schlagartig, als von einem auf den anderen Tag viele Mitarbeitende von zuhause aus arbeiten mussten. Für viele Führungskräfte waren Flexibilität, Vertrauen, Kreativität, digitale Zusammenarbeit und Output-orientierte Führung wichtige Themenschwerpunkte. Führung über Anwesenheit und Vor-Ort-Kontrolle gehörte über Nacht der Vergangenheit an.

»Sag einmal, Pia, wir reden die letzten Wochen nur über die COVID-19-Pandemie. Wie geht es dir eigentlich persönlich, ständig von zuhause aus zu arbeiten und deine Mitarbeitenden nur im Online-Modus per Videokonferenz zu sehen? Hast du den persönlichen Kontakt zu deinen Mitarbeitenden verloren?«, fragte Damir. »Es geht mal so, mal so«, antwortete Pia.

Pia schilderte in weiterer Folge sämtliche Vor- und Nachteile des remote Arbeitens. Sie erzählte von den kreativen Möglichkeiten, die sie für sich entdeckt hatte, ihre Mitarbeitenden zu führen. Und dass es Tage gebe, an denen es besser laufe, und manche Tage, an denen das ständige Arbeiten per Videokonferenz an die Substanz gehe. Dieser Meinung konnte sich Damir nur anschließen. Sie hatten sich viel über Führung auf Distanz und neue Arbeitsweisen zu erzählen, weil viel in kurzer Zeit passiert war.

Es war ein sehr interessanter sowie bereichernder Austausch und es war schön, sich wieder einmal als Führungskräfte-Kolleg:innen zu hören. Sie lachten besonders über die Gemeinsamkeiten in der Führungsarbeit – denn von einem auf den anderen Tag musste man sich als Führungskraft neu erfinden.

In dieser schwierigen Zeit der COVID-19-Krise hat das Unternehmen VERBUND seine Mitarbeitenden wertvoll unterstützt: ob durch die Bereitstellung technischer Infrastruktur wie Laptops, Headsets, Monitore für zuhause oder auch das Angebot, an einer Vielzahl von Inhouse-Webinaren teilzunehmen, welche Themen wie Resilienz im Berufsalltag, Umgang mit Burnout, Self-Empowerment bis hin zur Durchführung von Online-Meetings umfassten. Dieses breite Angebot erleichterte das virtuelle Arbeiten für viele Mitarbeitenden enorm.

Die Jahre zuvor hatten sich VERBUND und das strategische Personalmanagement unter der Leitung von Georg Westphal bereits massiv mit den großen Veränderungen am Arbeitsmarkt beschäftigt. In der strategischen Personalplanung wurden vielfältige Herausforderungen identifiziert. Die Umsetzung der Unternehmensstrategie mit dem geplanten Wachstum vor allem im Bereich der erneuerbaren Energien, Wasserstoff und E-Mobilität sowie die Digitalisierung stellen VERBUND vor eine Vielzahl von neuen und spannenden An- und Herausforderungen. In diesem Zusammenhang ist ein verantwortungsbewusster und nachhaltiger Aufbau von Ressourcen erforderlich.

Gleichzeitig muss sich VERBUND den Auswirkungen des demografischen Wandels im Konzern und auch den neuen Generationen mit geänderten Bedürfnissen am externen Markt stellen.

Vor dem Hintergrund der sich rapide wandelnden Anforderungen an die Arbeitswelt lag der Fokus in den letzten Jahren auch auf der qualitativen Veränderung der für VERBUND relevanten Berufsgruppen. In einer Langzeitbetrachtung bis 2030 wurden die Veränderungen der Tätigkeiten und Kompetenzen analysiert. Daraus resultierende längerfristige Handlungsbedarfe in den Bereichen Ausbildung, Potenzialanalyse und Personalentwicklung wurden ermittelt und berufsgruppenspezifische Deckungsstrategien erarbeitet. Somit wurde sichergestellt, dass die erforderlichen Human-Ressourcen unter Berücksichtigung der Demografie-, der Arbeitsmarktentwicklung und der Gender Balance gewährleistet werden können. Die konkreten Maßnahmen in den Bereichen Personalentwicklung, Arbeitgebermarke und Lehrlingsausbildung sind bereits in Umsetzung. Durch die frühzeitige Definition des Handlungsbedarfes und die verantwortungsbewusste Steuerung von vorhandenen und zukünftigen Personalkapazitäten soll die Arbeitgeberattraktivität für zukünftige Generationen erhalten und ausgebaut werden.

14.1.1 Wie steht VERBUND heute nach den vielen Ereignissen der letzten Jahre da?

Flexible Arbeitszeiten und moderne Arbeitsplätze sind zu einem festen Bestandteil der Strategie und des Arbeitslebens bei VERBUND geworden. Viele Teams sind über verschiedene Standorte verteilt und organisieren ihre Zusammenarbeit rein »virtuell«, also über das Internet, E-Mail oder Videokonferenzen. Digitale Werkzeuge machen es Mitarbeitenden möglich, von überall in Österreich zu arbeiten und ihr Wissen zu teilen. Mit dem Lern-Management-System, welches Anfang des Jahres 2020 online ging, war die Grundlage für digitale Lernformen gelegt und eine Plattform für die virtuelle Aus- und Weiterbildung geschaffen. Schon bisher wurden digitale Weiterbildungsformate in Form von E-Trainings angeboten. Die Mitarbeitenden waren mit dem digitalen Lernen vertraut, sodass sie die Umstellung gut meisterten.

Auch das Konzernprojekt »Arbeitswelten« beschäftigt sich intensiv mit den zukünftigen Bedürfnissen der Mitarbeitenden, welche von modernen Büro- und Ausstattungsstandards bis hin zu den neuen Herausforderungen in der Zusammenarbeit vor allem im hybriden Setting reichen.

Die umfassende Unterstützung des Konzerns, insbesondere in der schwierigen Zeit der COVID-19-Pandemie, sowie die gesellschafts- und bereichsübergreifende Zusammenarbeit im Konzern Richtung Zukunft wurden bei den Mitarbeitenden sehr positiv gesehen und hinterlassen auch beim Arbeitsklima erfreuliche Spuren. Das machte sich in den letzten Jahren am externen Markt ebenfalls bemerkbar.

Das Unternehmen erreichte im Umgang mit neuen Bewerberinnen und Bewerbern den 1. Platz in der Branche »Energie« im Jahr 2022 bei der internationalen Best-Recruiters-Studie, und bei der Mitarbeitenden-Befragung »Great Place to Work« in den Jahren 2021 und 2023 zählte VERBUND zu Österreichs besten Arbeitgebern.

Es ergaben sich aber aus den Ergebnissen der Mitarbeitenden-Befragung und den zahlreichen intern geführten Interviews mit Führungskräften auch einige Verbesserungspotenziale. Der Umzug des Arbeitsplatzes nach Hause oder an einen anderen Ort bedeutete nicht nur eine große Veränderung für Mitarbeitende – er veränderte auch die Führungsaufgaben und -werkzeuge.

14.1.2 Was wird durch »New Work« von den Mitarbeitenden gefordert und braucht es dazu »New Leadership«?

Die Resultate aus den Interviews sowie Umfragen zeigten ein eindeutiges Bild der wesentlichen Handlungsfelder in der Führung – insbesondere im Hinblick auf hybrides Arbeiten und »New Work« – bei VERBUND:

- **Sozialen Austausch fördern und Beziehungen stärken**
  Das Wir-Gefühl stärken, indem einerseits Möglichkeiten zur Begegnung geschaffen werden, andererseits sollte der Fokus auf den Aufbau von Vertrauen und dessen Weiterentwicklung in der Führung gelegt werden. Hierzu zählt allen voran, Zwischenmenschliches zu beachten und Wertschätzung zu fördern. Dabei stellt sich vor allem in der Führung folgende Frage: Wie schaffe ich Nähe und den Aufbau von guten Beziehungen – bei bestehenden sowie vor allem neuen Mitarbeitenden – trotz Abwesenheit und somit örtlicher Distanz?
- **Resilienz stärken und Achtsamkeit üben**
  Bei einigen Mitarbeitenden waren auch eine gewisse Corona-Müdigkeit und Ängste zu verspüren. Dies zeigte sich unter anderem durch Gereiztheit, Erschöpfungszustände – auch Gefahr von Burn-out – und Frustration durch das ständige hybride Arbeiten und die andauernde Pandemie. Führen auf Distanz bedeutete hier auch: Wie gehen wir mit hohen (Arbeits-)Belastungen vor allem durch die geänderten Arbeits- und Lebensbedingungen um? Wie schaffe ich es, ein resilientes Team zu entwickeln und Achtsamkeit zu fordern und zu fördern? Bin ich als Führungskraft achtsam – auch mir selbst gegenüber?
- **Sprache und Kultur anpassen**
  Gehen wir im Rahmen hybrider Settings wertschätzend miteinander um? Vor allem in Online-Meetings geht der persönliche Aspekt verloren, weil auch der gewohnte Smalltalk zu Beginn und am Ende bei Live-Meetings in der virtuellen Welt verschwindet. Welche Auswirkungen hat dies auf die Sprache und die Kultur des Unternehmens? Eine Notwendigkeit und Änderung der Führungskultur durch hybrides Führen ist der Fokus auf Output-Orientierung anstatt Kontrolle. Hier stellt sich folgende Frage: Wie kann ich meine Mitarbeitenden stärker empowern und somit die Selbstbefähigung und den Grad an Autonomie, das Sinn-Erleben, die Stärkenorientierung und Selbstbestimmung erhöhen?

Aus diesen erkannten Handlungsfeldern aufgrund der neuen Herausforderungen der geänderten Arbeitswelt wurden entsprechende Personalentwicklungsmaßnahmen ausgearbeitet – zunächst für eine Pilotgruppe von Führungskräften bei VERBUND, welche sich gerne mit neuen Führungsansätzen beschäftigen. Ziel war und ist es, die Zusammenarbeit zwischen Führungskräften zu fördern, die neuen An- und Herausforderungen zu besprechen, gemeinsam zu lernen und eine einheitliche inhaltliche und persönliche Ausrichtung zu schaffen. Solche Maßnahmen sind wichtige Voraussetzungen, um den kulturellen Wandel zu begleiten.

Ein wichtiger Bestandteil des Austausches zwischen Damir und Pia fehlte noch: Als Damir Trtanj im Jahr 2020 seine Kollegin Pia Schubaschitz anrief und wissen wollte, wie es ihr gehe und welche beruflichen Herausforderungen sie insbesondere in der Führung habe, antwortete Pia: »Mir fehlt der verstärkte Austausch mit Führungskräfte-Kolleg:innen, welche dieselben Alltagsprobleme in der Führung haben wie ich. Vielleicht haben sie auch Ideen und Gedanken, welche mir und meinem Team weiterhelfen, sodass ich nicht gefühlt alles alleine erfinden muss.« Die Idee für eine Führungskräfte-Initiative war geboren.

14.2 Start der Führungskräfte-Initiative »Class of Positive Leadership«

Als Ergebnis aus vielen Gesprächen kann gesagt werden: In den Jahren 2020 bis 2021 ging es vielen Führungskräften wie Pia und Damir. Das Arbeiten und Führen per Videokonferenz (Remote-Führung) hat die Art der Kommunikation mit den Mitarbeitenden verändert, aber auch große Veränderungen in der Führung mit sich gebracht.

Viele Führungskräfte entwickelten für sich und ihr Team tolle Best-Practice-Beispiele, wie die Zusammenarbeit in hybriden Settings modern gestaltet werden kann. Es gab jedoch keine Formate, in denen Erfolgsmomente oder Best-Practice-Beispiele mit anderen Führungskräften geteilt und somit verteilt und kopiert werden konnten.

Pia und Damir bemerkten in den vielen Gesprächen und Diskussionen mit Führungskräften, dass das Thema Führung präsent war wie selten zuvor. Viele Führungskräfte beschäftigten sich mit Fragen wie: »Was bedeutet hybrides Arbeiten und New Work für mein Team und mich? Und wie bekomme ich dies als Führungskraft gut hin?« Die Kultur eines Unternehmens und im Team hat sich unweigerlich vor allem mit der COVID-19-Pandemie und der Einführung und dem Ausbau der Remote-Arbeit verändert.

Aufgrund teilweise geänderter Rahmenbedingungen und Themenschwerpunkte zeigte sich jedoch auch, dass die Mitarbeitenden durch die Krise eine neue Art von Führungsstil brauchen und auch fordern. Es hat sich herausgestellt, dass Managementkompetenzen wie Organisationsgeschick, Lösungs- und Zielorientierung allein nicht ausreichend sind, um vor allem die nächste Generation von Mitarbeitenden für das Unternehmen zu gewinnen, aber auch bestehende Mitarbeitende im Unternehmen zu halten. Leadership-Kompetenzen sind gefragt wie nie!

Für Pia und Damir schien besonders Positive Leadership, welches auf den wissenschaftlich fundierten Erkenntnissen der Positiven Psychologie fußt, von wesentlichem Mehrwert. Positive Leadership konzentriert sich vor allem darauf, ein Umfeld zu kreieren, wo der Fokus auf Wachstum und Stärkenorientierung liegt. Gerade in Krisenzeiten gibt dieser Führungsansatz mit den PERMA-Säulen Menschen Zuversicht und auch Sinn. Zusätzlich schafft es dieser Ansatz, Wachstum und Nähe trotz Distanz zu fördern – davon waren beide überzeugt.

14.3 Überzeugungsarbeit leisten!

Es reichte natürlich nicht aus, eine Führungskräfte-Initiative zu starten, nur weil man selbst davon überzeugt war, dass gerade in Zeiten des Umbruchs und der Neuorientierung Führungskräfte sich mit Führungsarbeit intensiv auseinandersetzen sollten und Unterstützung benötigen. Damir und Pia mussten auch ihre Stakeholder und Entscheidungsträger ins Boot holen.

Nach reiflicher Überlegung und einer Konzeptionszeit von rund drei Monaten mit dem strategischen Personalmanagement von VERBUND war die Führungskräfte-Initiative »Class of Positive Leadership« startklar zu Umsetzung. Das theoretische Wissen sollte von externen Trainerinnen und Trainern vermittelt werden. Es war gut, sich Zeit für die Konzeption zu lassen, da dadurch sehr viele kreative Ideen einfließen konnten.

Das Commitment der Entscheidungsträger zu bekommen war naturgemäß nicht ganz einfach. Nur den PERMA-Lead-Ansatz (insbesondere P - Positive Emotions, E - Engagement, R - Relationship, M - Meaning und A - Accomplishment) theoretisch zu erklären, war zu wenig, um gleich alle von Positive Leadership zu überzeugen. Vor allem das Erleben - schon Konfuzius wusste: »Lass es mich tun, und ich werde es können« - der verschiedenen PERMA-Säulen war wesentlich.

Es war von Beginn an klar, dass dieser neue Führungsansatz im Unternehmen auch mindset- und kulturverändernd ist. Deshalb hatten Pia und Damir zu Beginn der Initiative auch Führungskräfte mit kleinen Interventionen ausgestattet und so ermöglicht, dass diese selbst ins Erleben und Anwenden kommen und somit ihre ersten eigenen Schritte in eine neue Richtung gehen konnten. Die Rückschlüsse und Vorteile formulierten sie immer mit einem klaren Ziel: Was wollen wir erreichen? Woran werden wir das erkennen und messen können? Erst nach dieser Phase konnten sie die Geschäftsführungen überzeugen, dass die Anwendung der Werkzeuge aus dem PERMA-Lead-Methodenkoffer ein bereicherndes, unterstützendes Coaching für »New Leadership« ist.

14.4 Jeder gute Anfang beginnt mit einer Frage!

Am Beginn einer jeden Erfolgsgeschichte steht eine einfache Frage: Warum? »Warum sollen wir etwas ändern? Warum sollen wir unseren Führungsstil anpassen?«, fragten sich viele Führungskräfte. Der bewährte Führungsstil hatte ja jahrelang sehr gut funktioniert, doch gleichzeitig war bei vielen Führungskräften spürbar, dass genau die bestehenden Führungskonzepte nicht mehr so funktionierten wie vor der Corona-Pandemie.

Und tiefgründiger beschäftigten sich die Führungskräfte in weiterer Folge mit folgenden Fragestellungen: Warum werden einige Führungskräfte von ihren Mitarbeitenden mehr geschätzt und andere weniger? Warum verlassen Mitarbeitende frühzeitig das Unternehmen, oder warum finden Unternehmen am Arbeitsmarkt keine guten neuen Mitarbeitenden mehr?

Diese Fragen wurden den Führungskräften zu Beginn der Führungskräfte-Initiative in einem Seeding-Workshop gestellt. Die Erkenntnis dabei war, dass das Zitat »Menschen kommen zu Unternehmen, aber sie verlassen Vorgesetzte« des renommierten deutschen Autors Reinhard Sprenger sehr passend ist, um den zugrunde liegenden Ursachen einen Schritt näher zu kommen. Ein Ziel der Führungskräfte war es somit, den Menschen mit seinen unterschiedlichen Bedürfnissen in den Mittelpunkt zu rücken - kurz #MiM (Mensch im Mittelpunkt). Somit war auch ein neuer Slogan für die Führungskräfte-Initiative gefunden.

Im Seeding-Workshop - der Name »Seeding« wurde bewusst gewählt, da damit zum Ausdruck gebracht werden sollte, was alles entstehen bzw. wachsen kann - wurden Fragestellungen und Themenschwerpunkte abgeleitet, mit welchen sich die Führungskräfte im Detail beschäftigen wollten, damit in Zukunft ihre Mitarbeitenden mehr im Mittelpunkt stünden und langfristig ans Unternehmen gebunden werden könnten:

- Wie schaffe ich positive Emotionen und Beziehungen (Vertrauen aufbauen)?
- Wie halte ich mich und mein Team gesund (Achtsamkeit, Health Management)?
- Wie entfalte ich Potenziale (Empowerment, Stärken fördern, Kompetenzen richtig einsetzen)?
- Wie bewältige ich schwierige Lebenssituationen und Krisen (Resilienz)?

14.5 Los geht's: Hinein ins Führungsvergnügen!

Bei der Auswahl der Führungskräfte setzte das Unternehmen auf Freiwilligkeit. Es bringt nichts, Menschen zu einer Sache zu bewegen, von der sie (noch) nicht überzeugt sind. In Summe war das Interesse groß, rund 30 Führungskräfte bei VERBUND nahmen an der Initiative teil.

Aus den genannten Themenschwerpunkten entstand eine tolle Führungskräfte-Initiative, in deren Rahmen die Führungskräfte miteinander und voneinander viel lernten. Sie setzten sich zum Ziel, initiativ und entschlossen als Führungsteam voranzugehen und gemeinsam die persönliche Führungsentwicklung mit den genannten Schwerpunkten voranzutreiben.

Um Führung neu zu denken und andere Sichtweisen zu bekommen, waren Impulse von außen wichtig. Externe Trainerinnen und Trainer begleiteten die Führungskräfte über zehn Monate, lehrten Teile der wissenschaftlichen Erkenntnisse der Positiven Psychologie und verbanden auch Positive Leadership mit dem PERMA-Lead-Ansatz.

Da viele Führungskräfte bereits mit dem PERMA-Lead-Ansatz von Positive Leadership vertraut waren, interessierten die Führungskräfte im Wesentlichen die theoretischen bzw. wissenschaftlichen Erkenntnisse und Hintergründe der Positiven Psychologie, um gerade in schwierigen Phasen und Krisen des Arbeitslebens sinnvolle praktische Methoden und Werkzeuge für die Führungsarbeit zu erlernen. Daher tauschten sich die Teilnehmenden ähnlich einem Schulklassensystem regelmäßig – alle zwei Wochen – gemeinsam über unterschiedliche Führungsherausforderungen aus.

Und daraus ist ein großartiges Führungsentwicklungs-Rezept entstanden. Wir kochen heute mal ganz fokussiert mit wenig Zutaten. Konkret: Für dieses Rezept sind maximal drei Zutaten notwendig:

1. **Öffne deinen Horizont – Beginne bei dir selbst.**
   Ziehe ein oder mehrere erfahrene externe Trainerinnen und Trainer hinzu, um mehr Einblick in neue (Er-)Kenntnisse zu bekommen – oftmals reicht es, nur den Standpunkt oder den Blickwinkel zu verändern. Und: Probiere die Erkenntnisse bei dir selbst aus.
   Jeder Beginn fängt mit dem ersten Schritt und bei sich selbst an, und wir mussten einfach mal die Perspektive wechseln, um eingeschliffene Denkmuster und Verhaltensweisen aufzubrechen. Unsere beiden externen Trainer:innen vermittelten mit viel Engagement den Teilnehmenden Wissen und stellten zusätzlich – was noch wichtiger ist – ein Potpourri von Methoden zur Verfügung, welche in einem geschützten Raum ausprobiert wurden. Im Anschluss wurden Erfahrungen diskutiert und reflektiert. Diese Trainingsmethode hat viele Führungskräfte sehr begeistert.
   Das Programm war somit zuerst mit dem Fokus auf das Selbst und an der Frage »Was brauche ich für mich selbst, um gute Führung zu gewährleisten?« ausgerichtet. Nach zwei Wochen trafen sich die Führungskräfte erneut, um in einer Reflexion ihre Erfahrungen auszutauschen.

Begleitend gab es »Buddy-Learning«: Zwei bis drei Führungskräfte konnten im kleineren Rahmen ihre Erkenntnisse aus den Interventionen besprechen.
Nach der ersten Ausrichtung auf das Selbst änderten die Führungskräfte im Programm den Blickwinkel. Nun wurde die Perspektive auf das Team gelenkt: Welche Unterstützung braucht das Team, um in einem optimalen Arbeitsumfeld zu arbeiten? Dabei erhielten die Führungskräfte wertvolle Übungen (Interventionen), die sie sofort in ihren Teams anwenden konnten und nach zwei Wochen in der Reflexion wieder mit ihren Kolleginnen und Kollegen besprechen konnten.
Zum Abschluss stand die Organisation im Zentrum. Die Frage lautete: Welche Unternehmenskultur haben wir und welche wollen wir haben? Hierbei tauschten sich die Führungskräfte zur gegenwärtigen Situation des Unternehmens aus.

2. **Lege deinen Fokus auf das Wesentliche – weniger ist mehr, und Authentizität ist wichtig.**
Veränderung passiert schrittweise und braucht Zeit – das ist auch gut so.
Ein Anliegen und Ziel war es, dass die Mindset-Änderung nachhaltig ist und somit auch zur eigenen Persönlichkeit passt. Daher war es wichtig, sich auszuprobieren und mit kleinen Schritten zu beginnen. Es wurde durchgängig versucht, sowohl bei der Themen- als auch Methodenvielfalt auf das richtige Maß zu achten. Der Fokus der Themenfelder war:
- Wie schaffe ich positive Emotionen und Beziehungen (Vertrauen aufbauen)?
- Wie kann mein Team gestärkt auf Unsicherheiten und Krisen vorbereitet werden (Resilienz)?
- Was braucht es dazu, damit es meinem Team und mir nachhaltig besser geht?

Insgesamt arbeiteten an diesen Themenfeldern drei Führungsebenen zusammen – von der Geschäftsführung bis hin zu Abteilungsleitungen und Sachgebietsleitungen. Die Diskussionen und Reflexion über Hierarchieebenen hinweg waren für alle Teilnehmenden sehr bereichernd.

Die Vertiefung der Inhalte wurde alle zwei Wochen mit kleineren Hausaufgaben mittels hilfreicher Methoden (Interventionen) des PERMA-Modells unterstützt.

Die Regelmäßigkeit des Austausches zwischen den Führungskräften sowie den Fokus auf das Wesentliche zu legen, waren sicherlich Erfolgsbausteine der Initiative.

Der PERMA-Lead-Ansatz hat VERBUND in den Themenfeldern insbesondere dabei unterstützt, wie man Vertrauen in hybriden Settings aufbauen kann und Führungskräfte in ihrer Einstellung bekräftigt, an sich zu arbeiten und Mitarbeitende weiterentwickeln zu wollen. Der stärkenorientierte Führungsansatz ist zeitgemäß und wird immer wieder mit tollen Interaktionen vorangetrieben. Die Akzeptanz des Ansatzes beruht im Wesentlichen darauf, dass Quick-Wins in der Führungsarbeit zu erzielen sind.

3. Definiere deine Führungsrolle.

Nimm auch deine Wünsche und Erwartungen ernst. Es liegt an dir, dich den veränderten Rahmenbedingungen im Beruf und denen deiner Mitarbeitenden anzupassen. Veränderung und Achtsamkeit sind nicht immer einfach, aber der Mehrwert ist schnell erkennbar.

In einer sich rasch verändernden Arbeitswelt, die geprägt ist durch massive Umbrüche in der Dynamik, Komplexität, Unvorhersehbarkeit und vor allem Unsicherheit, steigen auch die Anforderungen und Erwartungen an die ideale Führungskraft.

Der Wunsch der Mitarbeitenden und vieler Unternehmen heutzutage an eine Führungskraft ist sehr vielfältig und oftmals utopisch, denn eine perfekte Führungskraft:

- denkt strategisch.
- kümmert sich um Trends.
- ist zielorientiert und hat ein gutes Analysevermögen.
- strahlt neben (Fach-)Kompetenz auch Ruhe aus.
- zeigt im richtigen Moment Durchsetzungsstärke und Überzeugungskraft.
- hat ein gutes Auftreten und beherrscht die Künste der Rhetorik.
- motiviert und ist emphatisch sowie achtsam zugleich - kennt Bedürfnisse der Mitarbeitenden und geht auf diese ein.
- hat immer den passenden Führungsstil und ist sehr flexibel.

- schafft eine Kultur des Vertrauens, in der sich jede:r Einzelne einbringen kann und möchte.
- stellt ein resilientes Team auf und ist immer am aktuellen Stand - fachlich wie auch methodisch.

Neben der Vielzahl von Erwartungen hat die Führungskraft meistens noch einen vollen Terminkalender, teilweise ohne Pausen. Dann soll noch Zeit bleiben, immer freundlich und höflich zu sein.
Die Frage lautet: Ist das möglich oder übermenschlich? Auch mit diesen Fragen haben sich die Führungskräfte beschäftigt. Das Ergebnis war, dass es wichtig ist, Klarheit über seine Rolle zu haben. Achtsamkeit und Selbstfürsorge sind Geheimtipps, um erstens sich selbst und zweitens sein Team gesund zu halten.

14.6 Was haben wir erreicht? Best Practices of Positive Leadership!

Wenn wir das alles Revue passieren lassen - wie sich die Welt ändert, welche Anforderungen an eine Führungskraft gestellt werden -, dann stellen sich folgende Fragen:

- Woran soll sich moderne und gelungene Führung - in einer sehr volatilen und sich schnell ändernden Welt - orientieren?
- Wie erreiche ich alle Generationen in meinem Team?
- Wie schaffe ich es, ein motiviertes Team zu bekommen und dieses auch zu halten, in dem die Mitarbeitenden ihre Stärken einbringen können, Eigenverantwortung möglich ist und jede:r in ihrer bzw. seiner Rolle Sinn erlebt?
- Welche ›Zutaten‹ braucht es dazu?

Die Zutaten haben wir in unserer Führungsarbeit und in unserer Führungskräfte-Initiative »Class of Positive Leadership« mit PERMA-Lead gefunden. Es hat uns die Antworten auf die Fragen gegeben, die für die täglichen Führungsherausforderungen relevant sind.

14.6.1 *Warum ist nun Positive Leadership der richtige Führungsansatz der nächsten Generation?*

Positive Leadership ist für viele Führungskräfte bei VERBUND der Ansatz der Wahl, da er sich mit seinen erforschten und evidenzbasierten Methoden stetig weiterentwickelt, Raum für Kreativität zulässt und Menschen in ihrer Lebenswirklichkeit abholt.

Die Ansprüche an zukünftige Führungskräfte steigen und die Halbwertszeit von Managerinnen und Managern sinkt. Es gibt keine ideale Führungskraft, aber Positive Leadership gibt Orientierung und bietet wertvolle Erkenntnisse aus der Forschung, welche als Führungskraft gut zur kontinuierlichen Weiterentwicklung genutzt werden können.

14.6.2 *War das Rezept aus unserer Sicht erfolgreich?*

Aus zehn Monaten des Führungskräftetrainings mit gemeinsamer Unterstützung von zwei erfahrenen Trainer:innen der Deutschen Gesellschaft für Positive Psychologie und Expert:innen des strategischen Personalmanagements bei VERBUND gibt es von den Teilnehmenden ein klares Feedback: Wir wollen weitermachen!

Die Rückmeldungen zur Führungskräfte-Initiative waren außergewöhnlich positiv. Moderne Führung in hybriden Arbeitssituationen ist oft komplex und mit hoher Verantwortung verbunden – bietet jedoch auch immense Chancen.

Heute können wir sagen, dass Führungskräfte bei VERBUND und ihre Teams es schaffen, im Alltag durch verschiedene Interventionen Raum für Wachstum und Inspiration zu geben – auf Basis fundierter Forschungserkenntnisse der Positiven Psychologie und des PERMA-Lead-Ansatzes. Das beinhaltet die Orientierung an Stärken, eine noch offenere Kommunikation zwischen Führungskräften, das Aufbrechen vertikaler Distanzen sowie ein noch wertschätzenderer Umgang miteinander und mit sich selbst. Der Begriff der modernen Führung – sich an den Bedürfnissen und Werten der Mitarbeitenden zu orientieren – hat sich weiterentwickelt, und die positive Einstellung und Haltung vieler Führungskräfte zu Positive Leadership (es ist nicht nur »Happy Leadership«) sind enorm gestiegen.

Das Resümee der Autorin und des Autors lautet: »Niemand wird als Führungskraft geboren. Wir arbeiten laufend an uns weiter und lernen dabei viel von unseren Mitarbeiter:innen. Positive Leadership ist nicht nur der richtige Ansatz in Krisenzeiten oder bei ›New Work‹. Wir sind davon überzeugt, dass Positive Leadership der Ansatz der nächsten Generation ist.«

Die Initiative »Class of Positive Leadership« ist so gut bei den Mitarbeitenden und Führungskräften angekommen, dass bei VERBUND bereits der 3. Jahrgang stattfindet.

14.6.3 Und gibt es auch ein paar erprobte Interventionen, welche wir empfehlen können?

Ja klar! Hier sind ein paar VERBUND-Erfolgstipps – insbesondere angereichert mit erprobten PERMA-Lead-Methoden für »New Work und New Leadership« (ob von zuhause oder in Präsenz):

- **Erfolgsmontag** (Idee des VERBUND-Kollegen Hubert Eigner – bereits vielfach kopiert)
  An einem Montagmorgen lassen alle im Teammeeting die kleinen und großen Erfolge der letzten Woche Revue passieren – das motiviert und richtet den Blick auf die Erfolge, welche oftmals im Arbeitsalltag zu kurz kommen.

- **Dankbarkeitsfreitag** (Idee von Damir Trtanj – bereits vielfach kopiert)
  An einem Freitag ruft die Führungskraft eine Mitarbeiterin oder einen Mitarbeiter an und gibt positives, stärkenorientiertes Feedback (u. a. Dank für die tolle Zusammenarbeit, Dank für herausragende Leistungen in der Woche etc.) – das stärkt die Beziehung, das motiviert und erzeugt positive Emotionen zu Beginn des Wochenendes. Sie können den Dankbarkeitsfreitag mit anderen Mitarbeitenden aus ihrem Team wiederholen, um daraus eine Gewohnheit zu machen.

- **Miniurlaub** (aus der Positiven Psychologie)
  Geplante kurze Pausen, zum Beispiel: bewusst einen Kaffee genießen, das Fenster öffnen und neue Energie einatmen, ein kurzer Spaziergang in der Mittagspause oder am Abend, die Schultern vor Beginn des nächsten Meetings lockern. Dies alles hilft, die Energie aufzuladen und kleine Glücksmomente in den Tag einzubauen.

- **Aktiv zuhören**
  Gerade bei weniger persönlichem Kontakt ist es wichtig, individuell auf das Gegenüber einzugehen. Sich selbst als Führungskraft zurückzunehmen, nicht zu interpretieren, regelmäßig Fragen zu stellen und auch Nominalisierungen aufzulösen, hilft dabei.

- **Videokonferenzfreie Zeiten**
  In unserem Alltag häufen sich Online-Meetings. Das Team einigt sich auf einen Halbtag in der Woche, der frei von Videokonferenzen bleibt.

- **Bewegung**
  Im Online-Call sorgen Bewegungs- und Dehnungsübungen für Abwechslung und positive Emotionen. Wenn man im Büro ist, kann man wichtige Dinge mit Kolleginnen, Kollegen oder der Führungskraft bei einem Spaziergang (Walk & Talk) außerhalb des Büros besprechen.

- **Impulsvorträge #selfcare, #teamcare**
  Dies ist bei VERBUND eine liebgewonnene Seminarreihe und nicht mehr wegzudenken. Hier geht es darum, dass zwei Mal pro Jahr ein Thema in Webinaren behandelt wird (Dauer: 1,5–2 Stunden, Ablauf: Input und kurze Kleingruppenreflexion) – einmal mit dem Fokus auf sich selbst und einmal auf das Team. Hier können ganz leichtfüßig Themen wie »achtsame Kommunikation, achtsames Miteinander«, »Umgang mit Unsicherheiten«, »gute Gewohnheiten schaffen« oder auch die »Facetten von Humor« mit dem Team besprochen werden.

PERSÖNLICHE NOTIZEN

15 Bosch: PERMA-Lead in der Automobilindustrie

Die Organisation

Die Robert Bosch GmbH ist ein im Jahr 1886 von Robert Bosch gegründetes deutsches Unternehmen. Das Unternehmen hatte im Jahr 2021 in Deutschland rund 131 800 Mitarbeitende; zusammen mit den 440 Tochter- und Regionalgesellschaften in 60 Ländern sind rund 401 300 Mitarbeitende bei Bosch tätig. Der Standort Nürnberg gehört zum Geschäftsbereich Powertrain Solutions (PS) der Robert Bosch GmbH und beschäftigt rund 1900 Mitarbeitende. Für die Produktbereiche Components and Connectors, Gasoline Direct Injection, Transmission Control und Exhaust Gas Treatment werden hier Drosselvorrichtungen, Hochdruckpumpen, Druckregelventile und Elektronikmodule sowie Produkte für die Abgasnachbehandlung gefertigt.

Die Gastautorinnen: Giannoula Petroglou & Kristin Winter

Giannoula Petroglou ist Volljuristin mit Schwerpunkt Arbeitsrecht und seit 2001 in verschiedenen Funktionen des Personalwesens tätig. Als Personalleiterin des Robert-Bosch-Standortes Nürnberg verantwortete sie die Implementierung des PERMA-Lead-Konzeptes an einem Fertigungsstandort mit rund 1900 Mitarbeitenden.

Kristin Winter absolvierte ein Studium zu Human Resources Management, ist Personalreferentin und begleitete die Implementierung des PERMA-Lead-Konzeptes während ihrer Bachelor-/und Masterarbeit.

15.1 Positive Leadership bei Bosch Nürnberg – gerade in turbulenten Zeiten

Die Automobilindustrie befindet sich im Umbruch. Die Transformation der Antriebsformen ist in vollem Gange und betrifft die gesamte Industrie. Das Beschäftigungsniveau, welches konventionelle Antriebe erfordern, wird deutlich und dauerhaft sinken. Zu diesem strukturellen Wandel kommt ein veränderter Markt. Auch unser Werk muss sich auf diese Marktveränderungen einstellen und seine Kapazitäten anpassen.

Diese tiefgreifende Transformation kann nur durch einen ebenso tiefgreifenden kulturellen Wandel bewältigt werden. Gerade in turbulenten Zeiten ist es wichtig, den Fokus nicht ausschließlich auf negative Abweichungen und Herausforderungen zu richten, sondern ebenso das Potenzial unserer Mitarbeitenden zu erkennen und gezielt zu nutzen, um auch in schwierigem Fahrwasser mit kreativen und innovativen Ideen gemeinsam Erfolge zu feiern.

Dazu etablierte Bosch bereits 2017 das Führungsleitbild »We lead Bosch«. Es definiert zentrale Leitlinien, die alle wesentlichen Aspekte zeitgemäßer Führung in kompakter Form aufgreifen. Wesentliche Kernelemente von Positive Leadership, wie Sinnvermittlung, Feedback und Kommunikation, sind in diesem Leitbild verankert. Darüber hinaus beschäftigt sich der Standort Nürnberg seit 2018 mit der Fragestellung, wie es insbesondere in turbulenten Zeiten gelingt, eine positive Führungskultur im Sinne von Positive Leadership zu festigen.

Als klassischer Produktionsstandort fertigt das Nürnberger Werk (NuP1[1]) im Unternehmensbereich Mobility Solutions Produkte für die Automobilindustrie. Der beschriebene tiefgreifende Wandel, der die Automobilbranche weltweit vor neue Herausforderungen stellt, ist auch für unser Werk stark spürbar.

Um diesen Herausforderungen als Werk zu begegnen, nahm die Werkleitung 2018 Positive Leadership in die Strategie des Werkes auf. Für unseren Standort bedeutet das, ein Umfeld zu gestalten, in dem Mitarbeitende ihre individuellen Fähigkeiten und Stärken einbringen können und wollen, um bestmögliche Leistung zu erbringen. Ein kooperativer und wertschätzender Führungsstil wirkt sich zudem nachweislich positiv auf Unternehmenskultur sowie Mitarbeitergesundheit aus.

15.2 Positive Leadership@NuP1 – der Ansatz

Zielrichtung der Human Resources (HRL) war es, in einem technisch geprägten Umfeld ein Angebot für Führungskräfte zu schaffen, das basierend auf wissenschaftlichen Studien einen nachweisbaren Einfluss auf wichtige Führungsaspekte, wie Motivation, Mitarbeitergesundheit und Leistung, hat. Das Programm sollte im Führungsalltag einfach zu etablieren sein und ressourcenschonend umgesetzt werden können. Die Rolle der HRL war es also, den Impuls und die notwendigen Rahmenbedingungen dafür zu schaffen, welche die Entwicklung der Führungskräfte fördern.

1 Die Abkürzung NuP1 steht für Nuremberg Plant.

Die Basis für das entwickelte PERMA-Lead@NuP1-Programm stellt das PERMA-Lead-Modell von Markus Ebner dar. Die positiven Effekte von PERMA-Lead sind nicht nur durch wissenschaftliche Studien belegt, was für uns sehr relevant war. Auch in der Praxis konnte das Modell bereits in verschiedensten Branchen erfolgreich angewandt werden.

15.3 Positive Leadership@NuP1 – Angebote für Führungskräfte

Folgende Tools stützten das NuP1-PERMA-Lead:

Phase 1: Kick-off

Als Auftaktveranstaltung des strategischen Projektes Positive Leadership in unserem Werk Nürnberg diente ein Impulsvortrag von Markus Ebner. Er vermittelte uns in einem Keynote-Vortrag mit konkreten Übungen für die Praxis, was mittelmäßige Unternehmen von jenen, die überdurchschnittlich erfolgreich sind, unterscheidet und was Führungskräfte, deren Mitarbeitende ihr volles Potenzial entfalten und dabei auch noch zufrieden sind, anders machen. Im Rahmen der Kick-off-Veranstaltung wurden alle Führungskräfte über den Positive-Leadership-Ansatz und die wissenschaftlichen Hintergründe informiert. Die Führungskräfte erhielten das Angebot, ihr eigenes Führungsverhalten anhand von Assessments an den PERMA-Lead-Kriterien zu spiegeln.

Phase 2: Reflexion im Führungsteam

Mithilfe von wissenschaftlich fundierten Messinstrumenten konnten Führungskräfte reflektieren, wie stark sie Positive Leadership in ihrem Führungsalltag bereits leben und inwieweit noch Entwicklungspotenzial besteht.

PERMA-Lead-Profiler:

Da das oberste Management eine wichtige Rolle als richtungsweisendes Vorbild für die unteren Führungsebenen einnimmt, begann die Auseinandersetzung mit der Wirkung des eigenen Führungsstils im Sinne eines Top-down-Prozesses beim Management des Werkes. Sie sollen den Kulturwandel als Role Models mittragen und vorantreiben.

Mithilfe des PERMA-Lead-Profilers führten Werk- und Abteilungsleitungen ein Self-Assessment zu Positive Leadership durch. Diese Selbsteinschätzung diente als Grundlage für einen darauffolgenden Coachingprozess, in dem Führungskräfte individuelle Entwicklungsmaßnahmen für ihren Führungsalltag ableiten konnten. Dieser Prozess fand neben dem bei Bosch bereits etablierten Leadership-Feedback – einem 360-Grad-Feedback – statt, durch das Führungskräfte dieser Ebenen Rückmeldung über ihre Führungskompetenzen aus unterschiedlichen Perspektiven erhalten können.

PERMA-Lead-360°-Feedback:

Im Anschluss an die Reflexion der oberen Führungsebenen starteten wir mithilfe des PERMA-Lead-360-Grad-Feedbacks die Ist-Analyse bei den Meistern unseres Werkes. Für diese Zielgruppe gab es bislang kein entsprechendes Feedbackinstrument. Das Besondere an dem etablierten 360-Grad-Feedback ist, dass der Inhalt auf dem PERMA-Lead-Modell aufbaut und sich somit auf die einzelnen Elemente Positive Emotions, Engagement, Relationships, Meaning und Accomplishment fokussiert. Das Feedbackinstrument ergänzt das Eigenbild der Führungskraft um das Feedback des direkten Vorgesetzten, der nachrangigen Mitarbeitenden sowie einer dritten Gruppe, beispielsweise Kollegen und Kolleginnen.

Dem Feedback schloss sich ein Coachingprozess an, der in mehrere Schritte gegliedert war (Abb. 15.1).

1.	**Vorgespräch:** zwischen Coach und Führungskraft
2.	**Persönliche Info der Feedbackgeber:** durch Führungskraft in persönlicher Runde
3.	**Online-Befragung:** Befragungszeitraum mindestens zwei Wochen
4.	**Auswertungsgespräch:** Besprechung der Ergebnisse zwischen Coach und Führungskraft
5.	**Persönliche Information der Feedbackgeber:** über Ergebnisse und geplante Maßnahmen der Führungskraft
6.	**Follow-up-Coaching:** Reflexionsgespräch zwischen Coach und Führungskraft

Abbildung 15.1: 360°-Feedback-Prozess

Entscheidend für den Erfolg derartiger Feedbackinstrumente ist ein strukturierter Nachfolgeprozess. Um eine nachhaltige Veränderung sicherzustellen, umfasste der anschließende Coachingprozess nicht nur die Besprechung der Ergebnisse aus dem Feedbackprozess. Darüber hinaus werden unsere Führungskräfte im Rahmen von Reflexionsgesprächen nachhaltig im Führungsalltag begleitet. Damit soll eine regelmäßige Reflexion im Führungsteam darüber angeregt werden, inwieweit die Umsetzung der vorgenommenen Maßnahmen gelingt, welchen Herausforderungen die Führungskraft gegenübersteht und welche Erfolge bereits erzielt wurden.

PERMA-Lead-Coachingausbildung:

Für diese Begleitung der Führungskräfte bildeten wir interne Positive-Leadership-Coaches aus. Sie sind erste Ansprechpartner des Führungsteams, wenn es um Fragen oder Anregungen zu Positive Leadership in unserem Werk geht. Im Rahmen der Teilnahme an den PERMA-Lead-Zertifizierungsworkshops wurden sie nicht nur in der Anwendung der PERMA-Lead-Messinstrumente geschult, sondern auch in Beratungs-

und Kommunikationstechniken. Diese können die Coaches sowohl selbst in der Beratung einsetzen als auch ihren Coachees vermitteln.

Phase 3: Umsetzung im Führungsalltag

Positive Leadership Toolbox:

Neben der Begleitung der Führungskräfte im Tagesgeschäft durch unsere ausgebildeten Coaches wird das Führungsteam auch durch eine Positive-Leadership-Toolbox in einem positiven Führungsverhalten unterstützt. Diese umfasst zahlreiche Führungsinstrumente und -techniken, die einfach in den Führungsalltag integriert werden können.

Dabei ist es uns wichtig, dem Führungsteam mit der Toolbox zu zeigen, dass die Umsetzung von Positive Leadership nicht unbedingt neue, komplexe Instrumente und hohe finanzielle Mittel erfordert. Denn oft sind es nur kleine Aufmerksamkeiten, die bereits Großes bewirken können. Der Fokus bei der Erarbeitung der Toolbox lag aus HR-Sicht also vor allem auf der Fragestellung: Wie können wir bereits bestehende Tools im Sinne von Positive Leadership nutzen, erweitern oder anpassen? Für jedes der PERMA-Lead-Elemente entwickelten wir auf Basis dieser Fragestellung alltagstaugliche Instrumente.

So nutzen beispielsweise Führungskräfte gemeinsam mit ihren Teams eine »Highlight des Tages«-Wand, die auf Anregung der zugeordneten Mitarbeitenden entstand. Es ist ein einfach umzusetzendes Instrument, das Teams dabei unterstützt, auch das Überdurchschnittliche, also positive Abweichungen, bewusst wahrzunehmen und wertzuschätzen.

15.4 Zusammenfassung und Ausblick

In Abbildung 15.2 findet sich eine Übersicht über die einzelnen Bausteine zur nachhaltigen Verankerung von Positive Leadership in unserer Führungskultur.

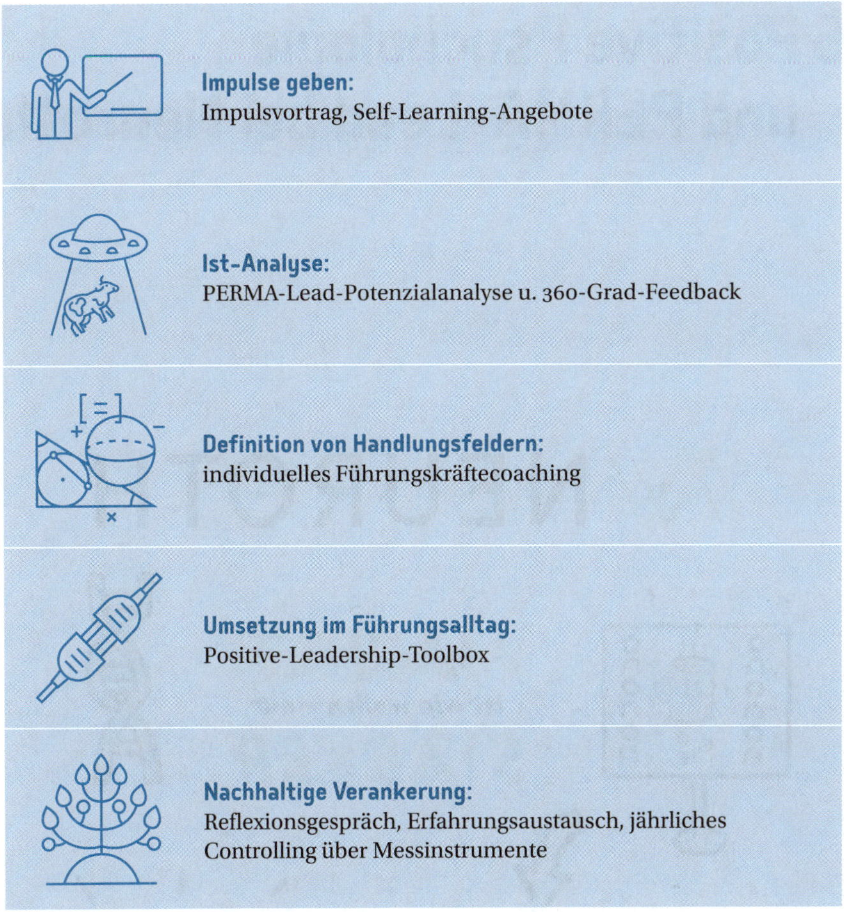

Abbildung 15.2: Positive Leadership – Checkliste

Der Prozess, eine positive, stärkenorientierte Führungskultur in unserem Werk zu etablieren, gleicht einer Pflanze, die stetig gepflegt werden muss, damit sie wachsen kann und am Ende Früchte trägt. Eine Veränderung kann also nicht von heute auf morgen erwartet werden, sondern stellt einen Prozess dar. Doch jeder Schritt bringt uns diesem großen Ziel näher. Deshalb geht es in unserem alltäglichen Handeln vor allem darum, mit einfachen Lösungen eine kleine Veränderung zu erzielen und uns auf Basis dessen stetig weiterzuentwickeln.

16 Positive Psychologie und PERMA-Lead bei Neuroth

Die Organisation

Die Neuroth International AG – die Neuroth-Gruppe – ist ein europaweit agierendes österreichisches Hörakustikunternehmen (u. a. Hörgeräte und Gehörschutz) mit Hauptsitz in Graz. Das internationale Supply Center (u. a. Produktion, Labor und Logistik) der Neuroth-Gruppe befindet sich in Lebring (Steiermark/Österreich). Insgesamt betreibt das 1907 gegründete Familienunternehmen Neuroth über 280 Filialen (Fachinstitute bzw. Hörcenter) in Österreich, der Schweiz, Liechtenstein, Deutschland, Slowenien, Kroatien, Serbien sowie Bosnien-Herzegowina und beschäftigt europaweit rund 1300 Mitarbeitende.

Die Gastautoren: Antonia Longinus und Armin Rauschenberger

Antonia Longinus ist Psychologin und als Personalentwicklerin im HRM Competence Center bei Neuroth tätig. Sie ist in ihrer Funktion für zahlreiche Themen rund um Entwicklung & Training zuständig, darunter als Projektleitung für das interne Kompetenzmanagement sowie als Fachexpertin und Trainerin für die interne Führungskräfteentwicklung. Sie ist zertifizierte PERMA-Lead-Beraterin und fokussiert darauf, PERMA in der Führung sowie in weiteren Unternehmensbereichen und Trainings aktiv einzubringen. Theorie und Praxis zu verknüpfen und somit die Forschungserkenntnisse der Positiven Psychologie in den Unternehmensalltag einzubringen ist ihr eine Herzensangelegenheit.

Armin Rauschenberger ist Jurist, absolvierte ein Studium für General Management und ist Hörgeräteakustikmeister. Er ist seit 2006 in vielen operativen und auch strategischen Führungsrollen für die Neuroth International AG tätig und verantwortet nun das HRM Competence Center bei Neuroth. Ein sehr wichtiger Teilbereich dabei ist die Führungskräfteentwicklung. Dahinter steht die feste Überzeugung, dass gute Führungsarbeit einer der größten Hebel für den gesamten Unternehmenserfolg ist. Die Ansätze der Positiven Psychologie und des PERMA-Modells stimmen weitgehend mit der Unternehmenskultur und den Unternehmenswerten bei Neuroth überein, weshalb er sich zur Aufgabe gemacht hat, diesen Weg konsequent in der Führungspraxis zu etablieren.

16.1 Warum eigentlich Positive Psychologie und PERMA-Lead?

»Für jedes komplexe Problem
gibt es eine einfache Lösung,
und die ist die falsche.«
(UMBERTO ECO)

Digitalisierung, Automatisierung, stetige Veränderungsprozesse, Mangel an Fachkräften, Purpose, Nachhaltigkeit, Selbstverwirklichung, Komplexität, Unsicherheit, Work-Life-Balance, Diversität, Homeoffice, demografischer Wandel, Potenzialentfaltung, Innovationsdruck, soziale Verantwortung, Flexibilität, lebenslanges Lernen, betriebliches Gesundheitsmanagement... Die Liste der Challenges der modernen Arbeitswelt ist lang und wird mittlerweile auf den unterschiedlichsten Kanälen bespielt – »einfache« Lösungen werden HR-Verantwortlichen in einer Vielzahl präsentiert, und das meist mit schillernden Geschichten. Was viele dieser Ansätze aber gemeinsam haben, ist der Fokus auf den Einfluss der Führungskraft auf Mitarbeitende und somit auf das gesamte Unternehmen. Doch wie dieser optimale Einfluss aussieht, wie ein wirksames Führungsverhalten gestaltet werden kann – dazu herrschen teils unterschiedliche Vorstellungen. Ein regelrechter ›Dschungel‹ an Führungstheorien. Oft sind die Ansätze eher ›eminenzbasiert‹ und auf Einzelfallbeispiele gegründet. Ähnlich verhält es sich bei Fragen nach Purpose im Job, Potenzialentfaltung oder beim betrieblichen Gesundheitsmanagement. Gleichzeitig befassen sich zahlreiche engagierte Forschende in ihren Studien genau mit diesen Herausforderungen der modernen Arbeitswelt und zeigen Lösungswege auf, die eben keine Meinung, kein Bauchgefühl, sondern messbare Fakten abbilden.

Als wir vor zwei Jahren im Bereich Training & Development bei Neuroth tätig wurden, war uns das Thema der Führungskräfteentwicklung von Beginn an besonders bewusst. Denn Führung hängt direkt und indirekt mit allen oben genannten Herausforderungen zusammen und beeinflusst (ob bewusst oder unbewusst) das Erleben und Verhalten von Mitarbeitenden. Somit ist die Führungskräfteentwicklung wohl einer der wirksamsten Hebel der Personalentwicklung sowie der Treiber für nachhaltige Veränderungsprozesse.

Aber: Wie wollen wir bei Neuroth »gute Führung« eigentlich genau definieren? Was bedeutet das und vor allem woran erkenne und messe ich diese? Diesen Fragen haben wir uns zunächst HR-intern gestellt und vorrangig die genannten Herausforderungen betrachtet. Was ist mit Blick auf die Zukunft für unsere Führungskräfte, unsere Mitarbeitenden und im weiteren Schluss für ganz Neuroth ausschlaggebend?

Folgendes war uns schnell klar:

In Zeiten...

- ... des Fach- und auch bereits Arbeitskräftemangels werden Mitarbeiterförderung und Potenzialentfaltung zur Pflicht. Führung sollte sich somit mit diesen Themen befassen, Stärken und Talente erkennen können und selbst in der Lage sein, Potenziale zu fördern.

- ... der Digitalisierung und künstlichen Intelligenz, die durch ChatGPT und Co. bereits klar Einzug in unsere Arbeits- und Lebensrealität genommen hat, ist es für uns umso wichtiger, die Menschen in dem, was sie auf dem Arbeitsmarkt auszeichnet, in dem, was sie unersetzbar macht, zu fördern – und das sind für uns besonders die Menschlichkeit, die Emotionen, die Fähigkeit, Beziehungen aufzubauen, aber auch innovativ und kreativ zu denken und Neues zu erschaffen.
- ... in denen Krankenstände aufgrund von psychischen Erkrankungen ansteigen, gilt es, Prävention und positive Emotionen am Arbeitsplatz ernst zu nehmen und zu fokussieren – und das ist in erster Instanz auch Aufgabe von Führungskräften.
- ... in denen ein Generationswechsel und damit ein Wechsel im generellen Verständnis der Arbeit an sich stattfindet, ist neben Flexibilität auch die Frage nach Sinn-Erleben, Erfüllung und Selbstverwirklichung stark präsent. Auch das stellt Anforderungen an Führung, die ihr Verhalten und ihre Kommunikation dementsprechend ausrichten können sollte.
- ... in denen alles ständig in Veränderung ist – und zwar gesellschaftlich und wirtschaftlich –, in denen eine Herausforderung auf die nächste folgt, benötigt es Stabilität durch gezielte positive Emotionen, tragfähige Teambeziehungen und das Feiern und Wertschätzen von (Teil-)Erfolgen umso mehr.

Die Forschungsrichtung der Positiven Psychologie liefert unheimlich spannende Erkenntnisse und Antworten genau zu diesen Themen. Mit dem PERMA-Modell etablierte Martin Seligman die fünf Säulen eines erfüllenden Lebens; Markus Ebner wandte dieses auf den Führungskontext an und erschuf mit PERMA-Lead nicht nur eine Forschungsrichtung, sondern eine konkrete praktische Entwicklungsrichtung. Was uns besonders daran fasziniert: Die Positive Psychologie und Positive Leadership machen durch klare Studienergebnisse die Kraft des positiven Miteinanders sicht- und messbar. Was fast etwas pathetisch klingt, ist jedoch die klare Erkenntnis, dass Wohlfühlen und Erfüllung sowohl für das Unternehmen (Umsatzsteigerung, Reduktion von Krankenstandstagen, Gehen der Extrameile durch Mitarbeitende etc.) als auch für die Mitarbeitenden (Erfüllung,

Gesundheit, Freude etc.) gleichzeitig möglich sind. Dass diese Faktoren über Kennzahlen messbar sind und auch über diese gesteuert werden können, macht PERMA-Lead für uns zu einem spannenden und passenden Ansatz, um mit frischem Wind in die Führungskräfteentwicklung bei Neuroth zu starten.

16.2 Haben wir mit PERMA-Lead eine einfache Lösung für all die komplexen Herausforderungen gefunden?

Jein – PERMA-Lead ist übersichtlich, nachvollziehbar, durch Forschung untermauert und zugänglich. Von dieser Perspektive könnte man es als ›einfaches‹ Modell beschreiben, und ja, man kommt schnell hinein und schafft durchaus auch rasch erste ›Quick-Wins‹. Doch PERMA-Lead wirklich zu verinnerlichen, es nicht ›nur‹ als weiteres Modell im Hinterkopf abzulegen, sondern es wirklich zu leben, und vor allem auch herauszufinden, wie man es im eigenen Team fördern kann – das ist für uns keine einfache Übung, sondern erfordert vor allem Zeit und Persistenz. Welche konkreten Erfahrungen wir bei unseren Führungskräften dazu gesammelt haben, berichten wir in den folgenden Absätzen.

16.3 Unser Corporate Leadership & Management Framework

Der erste wesentliche Schritt in Richtung unserer neuen Führungskräfteentwicklung bei Neuroth war die Erstellung unseres *Corporate Leadership & Management Frameworks*. Dabei handelt es sich um ein internes Dokument, in welchem wir Führung bei Neuroth definiert haben; quasi unser interner Führungskompass. Sowohl für uns aus dem Bereich Training & Development als Basis für unsere Schulungsplanungen und Interventionen als auch ganz besonders für unsere Führungskräfte selbst, die hier Inspiration und einen ersten Wegweiser finden.

Begonnen haben wir zunächst damit, das Corporate Leadership & Management Framework für uns selbst auf Basis von PERMA-Lead zu definieren. Von Beginn an war uns hierbei jedoch klar: Schön und gut, was wir hier aufschreiben, doch wenn wir nicht das Commitment unseres C-Levels sowie der oberen Führungsebene haben, wird daraus nicht mehr und nicht weniger als ein weiteres Word-Dokument werden. Wir gingen mit unserem Rohentwurf somit in weitere Iterationsschleifen und holten uns gezielt Input aus unserem C-Level. Und ganz ehrlich: Etwas aufgeregt waren wir schon, als wir das Thema Positive Leadership und PERMA-Lead vorstellten. Doch PERMA-Lead (und womöglich auch unser PERMA-Lead-Enthusiasmus) scheint ansteckend zu sein, und wir erhielten die klare Rückmeldung, auf dieser Schiene weiterzufahren. Für unseren C-Level entscheidend waren besonders unsere klaren Argumente. Wie schon beschrieben, sind Führungskräfte in Zeiten von stetigen Veränderungen und neuen Herausforderungen die wesentlichen Multiplikatoren, die man braucht, um Weiterentwicklung im Unternehmen zu initiieren und vor allem auch in Bewegung zu halten. Da PERMA den Menschen und seine Potenzialentfaltung in den Mittelpunkt stellt, ist eine PERMA-Lead-Entwicklung der Führungskräfte im weiteren Schritt immer auch die gezielte Entwicklungsförderung unserer Mitarbeitenden durch den Positive Leader. Und dieser Entwicklungsfokus und die geschaffenen Bedingungen für Potenzialentfaltung der Mitarbeitenden sind wiederum die Faktoren, die es braucht, um neuen Herausforderungen flexibler und wirksamer zu begegnen und die eigenen Stärken bewusst für sich und für das Unternehmen einzusetzen. Mitarbeitende, die positiv geführt werden, zeigen so zum Beispiel mehr Kreativität und Lösungsorientierung sowie eine bessere psychische und physische Gesundheit. Betriebswirtschaftlich betrachtet lohnt sich ein Invest in die Entwicklung der Führungskräfte somit definitiv, und klare Studienergebnisse überzeugten letztendlich auch auf allen Ebenen.

Eine wichtige Verbesserung unseres Ansatzes war die Einarbeitung unserer internen Unternehmenswerte in unsere Führungsprinzipien. Diese passen großartigerweise inhaltlich sehr gut zu den fünf PERMA-Faktoren, wodurch wir direkt den Bezug zur ›Neuroth-DNA‹ herstellen konnten. Als Unternehmen, das mittlerweile in der vierten Familiengeneration geführt wird, legte Neuroth schon immer viel Wert auf Faktoren wie tragfähige Beziehungen oder aber auch das bewusste gemeinsame Feiern von Erfolgen. Somit war der PERMA-Spirit wohl schon unbewusst in unserem Neuroth-Spirit angelegt – für uns natürlich eine gute Voraussetzung, um das ›PERMA-Pflänzchen‹ weiterwachsen zu lassen.

In einem Workshop mit unseren Bereichsleitungen gingen wir auf alle Inhalte nochmal näher ein und sammelten ihre Inputs. Um die Logik von PERMA und des Aufblühens (Flourishing) zu verdeutlichen, veranstalteten wir ein »Führungs-Gärtnern« mit ihnen und erarbeiteten auf Basis dieser Metapher alle PERMA-Faktoren in Bezug auf Neuroth. Auch in unserem monatlichen Führungscafé[1] thematisierten wir unser Corporate Leadership & Management Framework und holten auch hier noch Inputs und Commitment ein. Und schließlich war es so weit: Wir finalisierten das Dokument und veröffentlichten es. Seitdem ist es unsere Basis für alle Schritte, die wir seither in der Führungskräfteentwicklung gesetzt haben.

16.4 PERMA-Lead in unserer langfristigen Bereichsleitungsentwicklung

Wie beschrieben holten wir unsere Bereichsleitungen gleich von Beginn an durch die Mitarbeit am Leadership & Management Framework ins Boot. Doch auch wenn sie hier beteiligt waren und ihre Inputs eingebracht hatten, war es uns ein Anliegen, mit den Bereichsleitungen, aber auch unserem C-Level – also dem obersten Management bei Neuroth – tiefer in das Thema Positive Leadership einzusteigen. Sie sind die Leuchttürme bei Neuroth, zentrale Personen mit Strahlkraft. Wie sie Führung leben, beeinflusst, wie ihre Direct Reports führen. Auf dieser Führungsebene somit bewusst anzusetzen ist für uns wesentlich für die Etablierung von Positive Leadership im gesamten Unternehmen – jedoch ist dieses Unterfangen nicht ganz unkritisch. Auf dieser Führungsebene befinden sich erfahrene, langjährige Führungskräfte, die im Laufe ihrer Karriere natürlich schon ganz unterschiedlichen Input zum Thema Führung erhielten, sich durch ihre eigenen Erfahrungen selbst weiterentwickelten und alles andere als unbeschriebene Blätter sind. Hier mit einem ›neuen‹ Ansatz wirksam zu werden und ein Konzept zu entwickeln, das sie gut mit auf die Reise nimmt, war eine spannende Challenge für uns.

Entstanden ist daraus ein langfristiges Entwicklungsprogramm für unsere Bereichsleitungen, das in Teilen auch fix in unsere Neuroth-Jahresplanung

1 Das Führungscafé ist ein virtuelles internes Format, in welchem wir mit unseren Führungskräften in einem Workshop-ähnlichen Setting ausgewählte Themen und Fragestellungen behandeln, Tools für die Führungspraxis gemeinsam erarbeiten und besonders auch den regelmäßigen Erfahrungsaustausch unter Führungskolleginnen und -kollegen fördern.

eingetaktet wird – Entwicklung in Richtung Positive Leadership also nicht als einmalige Intervention, sondern als fixer Bestandteil der Organisation.

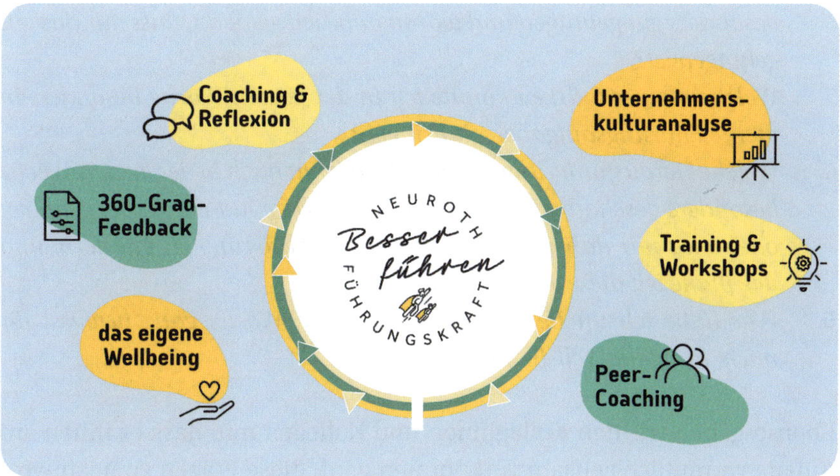

Abbildung 16.1: PERMA-Lead bei Neuroth

Mit einem Kick-off starteten wir los und rekapitulierten neben bereits vorausgegangenen anderen Entwicklungsmaßnahmen auch nochmal unser Corporate Leadership & Management Framework, das PERMA-Modell sowie die dazu vorherrschende Studienlage. Im nächsten Schritt präsentierten wir unseren ›Entwicklungsplan‹ für diese Zielgruppe.

1. Bei sich selbst anfangen

Wir sind überzeugt, dass Mitarbeiterführung bei der Selbstführung anfängt. Nur, wenn ich mich selbst verstehe, wenn ich meine Stärken kenne und einsetzen kann, wenn ich meine eigenen Erfolge wertschätze und bewusst etwas für mich tue, kann ich auch meine Mitarbeitenden wirksam fördern und fordern, sie besser verstehen und sie dabei unterstützen, ihre Stärken und ihre Leistung zu entfalten. Mit diesem Fokus auf die Führungskraft selbst starteten wir. Dazu gaben wir den Bereichsleitungen die Aufgabe, in den folgenden drei Monaten regelmäßig anhand von Leitfragen mit sich selbst ins Gespräch zu gehen.

Für die Leitfragen ließen wir uns durch die 4-Evening-Questions von Markus Ebner inspirieren:

1. *Wie geht es mir in meiner Rolle?*
2. *Worauf bin ich stolz? Was ist mir in der letzten Woche in der Führung besonders gut gelungen und woran habe ich gemerkt, dass mir das gut gelungen ist?*
3. *Welche meiner Stärken konnte ich in der letzten Woche besonders in meine Führungsaufgaben einbringen?*
4. *Welche Herausforderung in der Führung hat mich in der letzten Woche besonders beschäftigt? Welche meiner Stärken hat mir dabei geholfen oder wird mir dabei helfen, diese Herausforderung zu meistern, und wie plane ich diese einzusetzen?*
5. *Was habe ich im Berufsalltag der letzten Woche ganz bewusst für mich, für mein Well-Being getan?*

Ebenso gaben wir den Kolleginnen und Kollegen mit, dass es ihnen am Anfang vermutlich seltsam vorkommen wird, diese Fragen zu beantworten, und andere Dinge vielleicht interessanter und wichtiger erscheinen, dass wir sie aber ganz bewusst dazu einladen, diese Übung in den nächsten Monaten einfach mal auszuprobieren. Denkprozesse wie die Stärkenorientierung sind trainierbar – je öfter ich mich damit beschäftige, desto leichter fällt es und desto mehr gelangt dieser Fokus in das tägliche Denken und schließlich auch in das tägliche Handeln.

2. PERMA-Lead-360°-Feedback

Feedback ist für uns der Wegbereiter der Entwicklung – nur über Feedback können wir unsere Wirksamkeit nach außen einordnen und unser Verhalten entsprechend stärken. Ein strukturiertes 360°-Feedback bietet die Chance, sich aus den Augen anderer wahrzunehmen und blinde Flecken zu erkennen. Ein 360°-Feedback auf Basis von PERMA-Lead bietet darüber hinaus noch die Chance, den bereits vorhandenen Grad an Positive Leadership im Unternehmen zu messen. Vervollkommnet mit einer Unternehmenskulturanalyse war dieses Tool für uns genau das passende, um einerseits eine Feedbackkultur auf der obersten Management-Ebene bei Neuroth zu etablieren sowie andererseits unseren Startpunkt zu ermitteln, von dem aus wir durch gezielte Trainings und Maßnahmen wirksam werden konnten.

Wir entschieden uns dafür, in unserem PERMA-Lead-360°-Feedback Rückmeldungen durch direkte Vorgesetzte, die eigenen Mitarbeitenden sowie ausgewählte Kolleginnen und Kollegen zu erfassen. Die betreffende Führungsperson evaluierte sich zudem selbst, um so Eigen- und Fremdwahrnehmung gemeinsam betrachten zu können. Die anonymisierte Auswertung und Zusammenfassung der Ergebnisse ermöglichte dann eine umfassende interne Standortbestimmung.

Da Feedback, und ganz besonders ein 360°-Feedback, durchaus etwas heikel sein kann und zum Teil nicht unbedingt auf Gegenliebe bei Führungskräften trifft, war es für uns wichtig, diesen Feedbackprozess so transparent und partizipativ wie möglich zu gestalten. Unser Ziel war, dass die Führungskräfte es nicht als eine ›aufgezwungene Maßnahme von HR‹ empfinden, sondern selbst mitgestalten und die Benefits für sich erkennen. Somit widmeten wir dem Thema Feedbackvorbereitung einen ganzen Workshop-Tag, bei welchem auch unser C-Level dabei war. Mit Transparenz über die Abläufe und die Anonymität, die eigene Entscheidung, von wem man sich Feedback einholen mag, sowie die gemeinsame Erarbeitung von sechs Neuroth-spezifischen Zusatzfragen, die im PERMA-Lead-360°-Feedback individuell formuliert werden können, eröffneten wir die Feedbackphase. Unsere wichtigste Botschaft: Euer individuelles Feedback gehört euch! Die Einzel-Feedbackergebnisse wurden nicht weitergegeben und weder von HR noch vom C-Level eingesehen. Dank der externen Durchführung durch ebner-team konnten wir hier die absolute Vertraulichkeit garantieren. Ebenso war uns wichtig, dass wir die Führungskräfte mit ihrem Feedbackergebnis, unabhängig davon, wie es ausfallen mag, nicht allein lassen. Somit kommunizierten wir von Anfang an, dass jede/jeder gemeinsam mit dem eigenen Ergebnis auch ein Auswertecoaching mit einem externen Coach bekommt, um das Ergebnis gemeinsam reflektieren und individuelle Maßnahmen daraus für sich ableiten zu können.

Was uns begeisterte, war die Offenheit, auf die wir bei unseren Kolleginnen und Kollegen trafen – Neugier und Interesse waren vorherrschend und wir hatten einen sehr produktiven gemeinsamen Workshop. Mit den sechs selbst definierten Fragen sowie den individuellen Feedbackmatrizen im Gepäck gingen wir in die Umsetzung des Feedbacks mit ebner-team und starteten mit unserer ersten Feedbackerhebung und in die anschließenden Auswerte-Coachings.

3. Führungskulturanalyse & Maßnahmen

Ebner-team errechnete aus allen individuellen Ergebnissen schließlich eine Führungskulturanalyse, die uns eine sehr interessante Betrachtung ermöglichte. Da hier kein Rückschluss mehr auf Einzelpersonen möglich war, war dies nun auch die Auswertung, die nicht nur C-Level und Bereichsleitungen von uns präsentiert bekamen, sondern auch jene, die wir zu unserer internen Standortbestimmung nutzten, um daraus Maßnahmen für Interventionen und Trainings abzuleiten. Aktuell sind wir mitten in der Konzeption und Umsetzung dieser Maßnahmen – vieles designen wir selbst und führen wir als interne Trainerinnen und Trainer durch, für einige Themen werden wir uns externe Trainerinnen und Trainer als Unterstützung dazuholen. Diese Maßnahmen laufen über einen Zeitraum von ca. 1,5 Jahren. Dann steht planmäßig der nächste PERMA-Lead-Feedback-Prozess an.

Fazit bisher?

Das Feedback, das wir zu PERMA-Lead, dem 360°-Feedback, den Coachings und den Maßnahmen bisher erhalten haben, ist sehr positiv und bestärkt uns, den Weg weiterzugehen. Klar – 100 Prozent Zufriedenheit ist unrealistisch zu erreichen. Doch mit einer rückgemeldeten Zufriedenheit von über acht von zehn Punkten sind zumindest unsere HR-seitigen Erwartungen übertroffen. Und das Schöne: Uns macht die Arbeit mit Positive Leadership und den Führungskräften unheimlich viel Spaß. Wir können hier viele unserer eigenen Stärken einbringen und es fühlt sich gut an, etwas zu tun, von dem wir überzeugt sind.

16.5 Die Führungskräfteentwicklung der Fachinstitutsleitungen in Österreich

Unsere Führungskräfteentwicklung bei Neuroth einheitlich und inhaltlich stimmig auf allen Führungsebenen zu etablieren – das ist das Ziel unseres Corporate Leadership & Management Frameworks. Somit war die Richtung für das Entwicklungsprogramm unserer Fachinstitutsleitungen (so nennen wir unsere Filialleitungen) bereits eingeschlagen: Stärkung des PERMA in unseren Fachinstituten.

Besonders für unsere vertrieblichen Stellen bestärkten interessante Forschungsergebnisse unseren Weg, da sie einen konkreten Bezug von PERMA-Lead zu betriebswirtschaftlichen Kennzahlen im Verkauf herstellen konnten. Es zeigte sich dabei ein deutlicher Zusammenhang zwischen dem erlebten PERMA der Mitarbeitenden und der Geldsumme, die Kundinnen und Kunden durchschnittlich für ihren Einkauf aufwandten – für uns wieder ein schönes Beispiel, wie positiv PERMA-Lead auf *allen* Ebenen wirken kann. In Zeiten der Veränderungen, in diesem Fall auch in Bezug auf Umfeld, Gesellschaft und Kundschaft gemeint, ist es Neuroth ein besonderes Anliegen, die Führungskräfte in unserem Kerngeschäft intensiv zu fördern. Neben einer stark inhaltlichen Ausrichtung nach PERMA-Lead sollten auch konkrete Management-Themen sowie der kollegiale Austausch und Spaß im Fokus stehen.

Die Herausforderung war und ist dabei für uns, dass wir bei Neuroth die schöne Situation haben, viele langjährige Mitarbeitende und Führungskräfte an Board zu haben. Führungserfahrung von 10+ Jahren in unserem Haus ist keine Seltenheit. So bringt dieser immense Erfahrungsschatz viele Vorteile und gleichzeitig auch die Herausforderung, dass diese Kolleginnen und Kollegen schon auf der einen oder anderen Führungskräfteschulung in der Vergangenheit waren und, ganz ähnlich wie wir es schon bei unseren Bereichsleitungen beschrieben haben, alles andere als unbeschriebene Blätter sind. Mit einem ›neuen‹ Ansatz wirksam zu werden und ein Konzept zu entwickeln, das sie gut mitnimmt, ist auch hier eine interessante Herausforderung für uns.

Auf dieser Basis designten wir schließlich ein mehrjähriges Entwicklungsprogramm, das insgesamt fünf Module umfasst und über eine Dauer von ca. zwei Jahren läuft. Fünf Module deshalb, weil wir jedem PERMA-Faktor ein eigenes intensives Modul und somit eine wirksame Bühne widmen. Jedes Modul besteht aus drei Tagen – zwei Tage PERMA-Lead, ein Tag Management-Training. Um vor allem auch der immensen Erfahrung unserer Fachinstitutsleitungen gebührenden Raum zu geben und den internen Austausch anzuregen, war es uns wichtig, drei volle Schulungstage fernab vom Alltag zu ermöglichen, und es ist uns eine große Freude, dass Neuroth hier ganz bewusst investiert.

Einblick in die Trainingsgestaltung am Beispiel des dritten Moduls – Relationships

In der Konzeption des Moduls nahmen wir uns viel Zeit und arbeiteten für die inhaltliche Ausgestaltung und Durchführung des Leadership-Teils ebenfalls mit ebner-team zusammen. Fachlich eine starke Botschaft und wertvolle Inputs zu vermitteln und gleichzeitig auch Neuroth-Spezifika einzubringen, war uns dabei besonders wichtig.

Das Modul Relationships war rund um das Thema förderlicher Arbeitsbeziehungen gebaut. Auch Inputs zum Thema Gesprächsführung, Teamrollen oder gemeinsame Normen durften dabei nicht fehlen. Ziel war es, unsere Führungskräfte darin zu befähigen, klare Botschaften zu vermitteln, Teammitglieder aktiv einzubeziehen, die individuellen Stärken im Team zu erkennen und sie gezielt einzusetzen, um so ein positives und produktives Arbeitsumfeld zu schaffen.

Für den dritten Tag des Management-Trainings entschieden wir uns dazu, auf eine interne Wissensvermittlung zu setzen. Ein Trainer oder eine Trainerin für diesen spezifischen Bereich musste, und das war uns schnell klar, direkt aus unserem Vertrieb kommen. Themen wie Steuerung mit unterschiedlichen Kennzahlen standen hier zum Beispiel auf der Agenda – etwas, das mit echten Zahlen und echtem Bezug natürlich auch am wirksamsten ankommt. Nach intensiven Abstimmungen entschieden wir uns dazu, zwei unserer Gebietsleitungen aus diesem Grund zu internen Trainer*innen auszubilden. Sie sollten somit befähigt werden, diesen Trainingstag zum Thema Management zu konzeptionieren, aber auch praktisch durchzuführen. Besonders wertvoll sollte dabei der Austausch auf fachlicher Ebene sein sowie die Möglichkeit, direkt Neuroth-spezifische Management-Fragen zu stellen. Natürlich war uns klar, dass der Job eines Trainers beziehungsweise einer Trainerin definitiv gelernt und geübt werden muss. Auch wenn ein gewisses Talent zum Trainieren, wie wir es bei unseren Kolleg*innen definitiv erkennen, eine ausgezeichnete Grundlage bietet – Konzeption, Didaktik, Bühnenpräsenz, Rhetorik, all das sind Themen, mit denen sich ein*e gute*r Trainer*in beschäftigen muss. Somit gestalteten wir ein Betreuungsprogramm für unsere beiden Gebietsleitungen, indem wir sie aus dem HRM Competence Center sowie zusätzlich durch einen externen Trainingspartner in der konzeptionellen Arbeit sowie auch ganz praktisch mit einer begleitenden Train-the-Trainer-Ausbildung unterstützten.

An den drei Tagen der Modul-Durchführung vor Ort war es uns zudem wichtig, auch selbst Präsenz zu zeigen. Aus diesem Grund war stets jemand aus unserem HRM Competence Center live dabei – in der Rolle als Teilnehmende, was wir von Anfang an klar kommunizierten. Es ging uns dabei darum, in den direkten Kontakt mit unseren Kolleginnen und Kollegen in den Filialen zu treten, die wir aufgrund der weiten räumlichen Verteilung über ganz Österreich doch recht selten persönlich sehen. So konnten wir in den Dialog über Führungsthemen kommen und ihre Bedürfnisse aufnehmen, um diese für die zwei weiteren Module auch gut berücksichtigen zu können. Ebenso war es für uns eine tolle Möglichkeit, live mitzuerleben, wie die Inhalte sowohl aus dem Leadership-Teil als auch aus dem Management-Teil Anklang fanden, wie gut die Teilnehmenden etwas damit anfangen konnten und wie klar der Bezug zur Praxis erschien. Das ermöglichte es uns wiederum, auch den externen Leadership-Trainerinnen und -Trainern oder den internen Management-Trainerinnen und -Trainern laufend Feedback zu geben oder auch auf Neuroth-spezifische Zwischenthemen zu reagieren, um so eine gute und konstruktive Dynamik zu gewährleisten.

Fazit und Feedback zu Modul 3

Das Feedback, das uns vor Ort zu unserem Modul Relationships erreichte, war sehr positiv – für uns besonders eindrucksvoll war die Stimmung, die wir erleben durften. Das Wort Austausch ist in der Word-Cloud in Abbildung 16.2 fett hervorgehoben, was bedeutet, dass es besonders häufig genannt wurde. Und genau das spiegelt auch wider, was wir erlebten: viel Austausch, viel voneinander Lernen, viel Sichöffnen und Erfahrungen/Erlebnisse Teilen; im Training, aber auch beim Abendessen, an der Bar oder in den Kaffeepausen. Diese Gruppendynamik zu erleben und vor allem auch die Freude auf das nächste Modul wahrzunehmen, war ein schönes Erlebnis. Unsere Teilnahme in der Gruppe wurde sehr positiv und wertschätzend aufgenommen und als Interesse und direkte Kontaktaufnahme begrüßt.

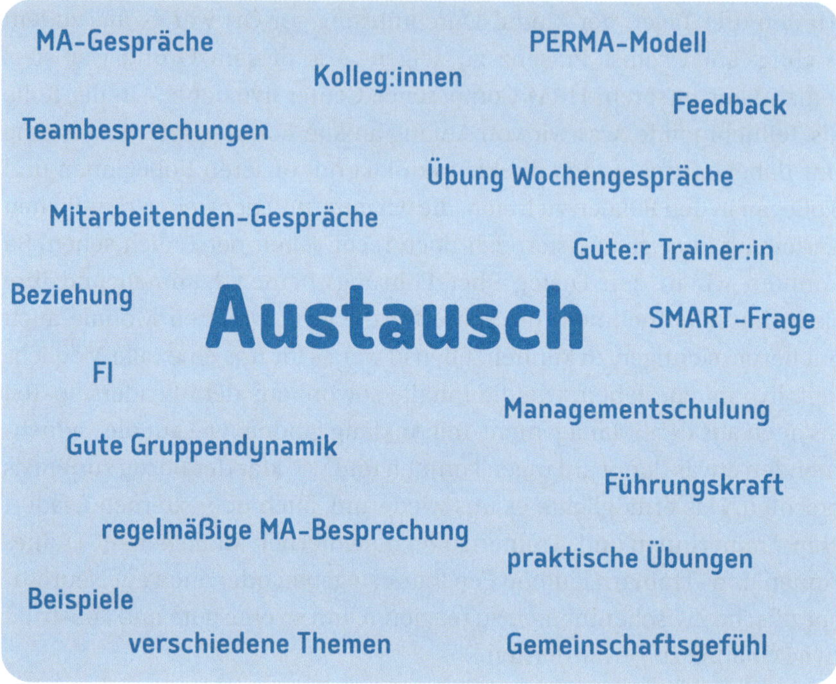

Abbildung 16.2: Word-Cloud aus einer Feedbackumfrage bzgl. Highlights aus Modul 3

Was uns vereinzelt eher kritisch mitgegeben wurde, war die Frage nach der Besonderheit und der tatsächlichen Umsetzung von PERMA-Lead im Alltag: »Was ist am PERMA-Modell besonders? So oder so ähnlich haben wir das doch auch schon in anderen Führungs-Trainings gehört.«

Das klare Erkennen und Anwenden von PERMA-Lead als Werkzeug, das mit vielen kleinen Handlungen im Alltag adressiert werden kann – das ist nun doch gar nicht so einfach. Wir sind mittlerweile davon überzeugt, dass das, besonders bei einer so erfahrenen Führungsgruppe wie der unseren, vor allem Zeit und Wiederholung braucht, um sich wirklich in den Köpfen zu verankern und nicht als »weiteres Modell« abgelegt zu werden. Ganz gezielt auf dem Thema draufzubleiben, Trainingsinhalte mit wissenschaftlichen Hintergründen, aber vor allem auch mit praktischen Beispielen zu untermauern, ist die Art und Weise, wie wir weitergehen. Über die Fünf-Modul-Reihe unseres Trainings hinaus planen wir fix ein, PERMA-Lead in regelmäßigen Abständen zu aktivieren – sei es in kleinen

Führungskräfte-Austausch-Runden oder aber auch in der konkreten Umsetzung von Projekten, in denen der PERMA-Lead-Werkzeugkasten aktiv eingesetzt werden kann. Denn wie wir letztens in einem Gespräch untereinander für uns festgehalten haben, sehen wir in PERMA-Lead eine wunderbare »Tool-Box für den Führungsalltag«. Sich jede Woche aufs Neue fragen: Was tue ich, um für positive Emotionen, für Stärkenorientierung, für förderliche Arbeitsbeziehungen, für Sinn-Erleben oder für die Sichtbarkeit von Erfolgen in meinem Team zu sorgen?

Manche Handlungen sind klein und fühlen sich für den einen oder die andere vielleicht selbstverständlich an (was großartig ist); andere sind komplexer, wie z. B. der Stärkenfokus oder das proaktive Konfliktmanagement. Genau diese Einstellung wollen wir stetig in die Organisation tragen. Denn egal ob einfach und selbstverständlich oder komplex und herausfordernd - jedes Führungsverhalten, das praktisch umgesetzt wird, um einen oder mehrere PERMA-Faktoren zu stärken, ist für uns ein Schritt in die richtige Richtung.

Abbildung 16.3: Neuroth-Slogan

16.6 PERMA in unserem HRM Competence Center: Beispiel Kompetenzmanagement für unsere vertrieblichen Stellen

Die positive Psychologie liefert viele spannende Ansätze und für uns sind sie eine großartige Basis für die stärkenorientierte Entwicklungsarbeit mit Menschen. Ihre Techniken sind wesentliches Werkzeug, um aus der Durchschnittsfalle, die die Schwächenorientierung oft bedingt, auszusteigen und mit voller Stärke in eine zielgerichtete Kompetenzentwicklung zu gehen. Wir wollen ganz gezielt weg von einer rein schwächenorientierten ›Schulungsvorschreibung‹ hin zu einem stärkenorientierten Kompetenzmanagement, das natürlich Kompetenz-Gaps identifiziert und Entwicklung fördert und gleichzeitig auch stärkenorientiert agiert, starke Kompetenzen weiter fördert und dabei sicht- und nutzbar für die Organisation macht. Als wir damit begannen, das Kompetenzmanagement bei Neuroth zu konzipieren, dachten wir diesen Faktor von Anfang an mit.

Unser Kompetenzmanagement macht den Ist-Stand und die Entwicklungsreise unserer Mitarbeitenden sicht- und managebar; gestützt durch ein digitales und praktisches Tool sind wir in der Lage, die personelle und finanzielle Investition in Trainings und Maßnahmen deutlich zielgerichteter und wirksamer auszurichten. Die Basis dafür ist die Ausarbeitung von Kompetenzprofilen, das heißt die Zusammenstellung der relevanten Kompetenzen für ein bestimmtes Jobprofil. Zum Leben erweckt wird das Thema Kompetenzen über ein direktes Gespräch zwischen Führungskraft und Mitarbeitenden – ganz nach dem Motto »Durchs Reden kommen d' Leut zam«. Die Standortbestimmung der jeweiligen Kompetenzen passiert bei uns somit in einem partizipativen und stärkenorientierten Kompetenzgespräch. Wie man sich auf ein derartiges Gespräch vorbereitet, wie man wirksam Feedback gibt und wie man eine stärkenorientierte Entwicklung angeht, darauf werden unsere Führungskräfte durch ein umfangreiches Blendend-Learning-Format vorbereitet. In unsere Kompetenz-Einstufungs-Skala haben wir, neben den Standard-Level-Abstufungen, auch einen Zusatz-Level eingebaut – den »Stärken-Level«. Dieser ist logischerweise nicht Entwicklungsziel, sondern es ist die Möglichkeit, Stärken im Team, aber auch im ganzen Unternehmen sichtbar zu machen. So haben wir hier schon den klaren Bezug zu PERMA-Lead eingebaut, denn allerspätestens im Rahmen der Kompetenzgespräche zwischen Führungskraft und Mitarbeitendem in unseren Fachinstituten wird die »Stärken-Frage« so ganz aktiv aufs Tableau gebracht. Aus strategischer Sicht kann die Führungskraft diese Erkenntnisse praktisch für den Alltag nutzen: Aufgaben nach Stärken vergeben, interne kleine Schulungen im Fachinstitut ermöglichen etc. Aber auch für uns ist diese Stärken-Information besonders wertvoll – z. B. in der Nachfolgeplanung, für die Etablierung von Expert*innen/Mentor*innen im Unternehmen oder als Inputgeber*innen und Gäste für unsere internen Trainings. Diesbezüglich konnten wir bereits positive Erfahrungen sammeln und im Sinne des »Stärken stärken und Stärken teilen« schon einige interne Trainings mit den Erfahrungen und dem Wissen von so identifizierten Personen wesentlich bereichern.

Aber auch darüber hinaus: Der Spirit der Positiven Psychologie wirkt für uns in allen Teilbereichen der Personalentwicklung. Er ist für uns die wesentliche und zukunftsorientierte Richtung, die wir uns nicht nur wünschen, sondern die durch Forschung untermauert ist und somit auf einem stabilen Untergrund steht.

Rückblickend haben wir bei Neuroth schon so einiges in die positive Umsetzung bringen können, und darauf sind wir im Sinne des Accomplishment wirklich stolz. Mit unseren Stärken Kreativität, Neugier, Liebe zum Lernen, Enthusiasmus, Authentizität, Ausdauer und Humor gehen wir nun weiter – es gibt noch viel zu tun!

17 PERMA-Lead in Lehrlingsseminaren – eine perfekte Kombination!

Das Unternehmen

Beim Unternehmen in dieser Case Study handelt es sich um das VERKEHRS-BUERO HOSPITALITY, besonders bekannt für die Austria Trend Hotels. Insgesamt umfasst die Hotelgruppe 21 Hotels in Österreich und Slowenien, wie zum Beispiel das BASSENA Hotel Wien Messe Prater oder auch die Radisson Blu Hotels mit Fokus auf City- und Geschäftsreisende. Die führende österreichische Hotelgruppe bietet Veranstaltungsflächen für Events aller Art. Der Bereich Palais Events, der eine Abteilung der Verkehrsbuero Hospitality ist, betreibt beispielsweise die historischen Locations Palais Ferstel, Palais Daun-Kinsky, die Wiener Börsensäle sowie das Café Central.
Seit vielen Jahren nimmt das Unternehmen jährlich ca. 30 Lehrlinge auf, deren Lehrausbildung drei Jahre dauert und mit einer Lehrabschlussprüfung endet. Insgesamt sechs Seminare zu Themen wie Kommunikation, Stärkenorientierung, Konfliktbewältigung, Aufbau von Selbstbewusstsein und Produktivität werden für diese junge Zielgruppe seit 2015 durch das ebner-team begleitet.

Der Gastautor: Reinhard Fröhlich-Steiner

Reinhard Fröhlich-Steiner ist seit 2011 als Lektor und Trainer tätig und wurde 2016 Trainer und Coach im Team von Markus Ebner. Er studierte Personal- und Wissensmanagement sowie Kommunikationsmanagement an der FHWien, wo er auch seine Ausbildung zum Trainer absolvierte. Später folgte eine Ausbildung zum ISO-zertifizierten Business Coach bei Trigon Österreich. Zudem ist er ausgebildeter Schauspieler und lässt diese Kompetenz in seine Trainertätigkeit einfließen.

Zielsetzung für diesen Beitrag: Die Idee für diesen Artikel wurde geboren, nachdem ich die Lehrlingsseminare beim Verkehrsbuero Hospitality anhand des PERMA-Modells neu strukturiert und durch zahlreiche Inputs aus dem Werkzeugkasten der Positiven Psychologie überarbeitet hatte. In den vielen Gesprächen und Reflexionen zu diesen neuen Lehrlingsseminaren war uns aufgefallen, dass sich diese neue Struktur unglaublich positiv auf den Seminarablauf und auch auf die Motivation der Teilnehmenden ausgewirkt hatte. Mit diesem Beitrag möchte ich daher andere Trainerinnen, Trainer, Praktikerinnen und Praktiker im Umgang mit dieser Zielgruppe unterstützen und dazu inspirieren, einen größeren Fokus auf das PERMA der Teilnehmenden in ihren Seminaren zu legen.

17.1 Die Generation Z – Herausforderung und/oder Potenzialträgerin?

»Die Jugend von heute liebt den Luxus,
hat schlechte Manieren und verachtet die Autorität.
Sie widersprechen ihren Eltern,
legen die Beine übereinander
und tyrannisieren ihre Lehrer.«
SOKRATES (469–399 V. CHR.)

Die letzten Jahre, insbesondere auch die Corona-Pandemie, haben für Unternehmen zahlreiche Veränderungen mit sich gebracht. Neben unsicheren Marktverhältnissen, Verteuerungen, Restriktionen sowie Fachkräfte- und Bewerbendenmangel ist auch die neue Generation am Arbeitsmarkt für viele Unternehmen eine Herausforderung. Immer wieder berichten uns Teilnehmende in unseren Führungskräfte-Seminaren von dem für Unternehmen zum Teil schwierigen Umgang mit der Generation Z, also den 1995 bis 2010 Geborenen.

Das Zitat zu Beginn dieses Artikels verdeutlicht, dass der Generationenkonflikt allerdings wohl so alt ist wie die Menschheit selbst. Und obwohl wir nun doch schon etwas Übung darin haben sollten, mit dieser Thematik umzugehen, wirft die jüngste Generation am Arbeitsmarkt erneut große Fragen auf.

Sind die jungen Leute tatsächlich so anders? Laut den Studien von Deloitte[1] und Mercer[2] scheint die Generation Z anders zu ticken als die Generationen vor ihr (Generation X und Generation Y):

- Technologie ist ein permanenter Teil ihres Lebens.
- Sie sind es gewohnt, sehr häufig und rasend schnell über verschiedene Kanäle zu kommunizieren, legen jedoch eher wenig Wert auf Rechtschreibung oder Vollständigkeit. Stattdessen werden immer neue Phantasiewörter benutzt wie Slacktivist, Chillaxing und OMG – und Text wird gerne durch Emoticons und Symbole ersetzt.

1 https://www2.deloitte.com/at/de/seiten/human-capital/artikel/millennial-survey.html
2 https://www.mercer.com/our-thinking/career/global-talent-hr-trends.html

- Trotzdem sind Homeoffice-Angebote für die Generation Z nicht interessant – sie bevorzugen es, im Büro zu arbeiten und danach nicht mehr erreichbar zu sein.
- Statt sich für eine ›klassische‹ Karriere zu interessieren, geht es mehr um Work-Life-Balance und eine strikte Trennung von Berufs- und Privatleben.
- Wie schon bereits die Generation Y hat die Generation Z eine sehr kurze Verweildauer in Unternehmen.
- Hauptsorge dieser Generationen sind die Lebenserhaltungskosten und die Klimakrise.
- Von Stars wie auch von Marken wird erwartet, dass sie nahbar und über soziale Medien erreichbar sind.

Ich kann gut nachvollziehen, dass die Generation Z für viele Führungskräfte, aber auch für Trainerinnen und Trainer undurchschaubar erscheinen mag. Hier sollen daher einige Strategien aus der Positiven Psychologie vorgestellt werden, die bei dieser Generation zu erstaunlichen Erfolgen geführt haben, wie deutlich höherer Motivation und Lernbereitschaft, Mitarbeit und generell mehr Spaß am Seminar.

17.2 Positive Psychologie und Lehrlinge – passt das zusammen?

Ich arbeite seit 2011 mit jungen Erwachsenen zwischen 17 und 25 Jahren. Seit 2016 halte ich Seminare für Lehrlinge in Unternehmen. Während dieser neun Jahre fielen mir bestimmte Trends auf, wie eine immer weiter sinkende Aufmerksamkeitsspanne, weniger Interesse am Lernen an sich und eine stark zunehmende Präsenz technischer Geräte im Leben der jungen Menschen. Das sind natürlich nur persönliche Beobachtungen, aber ich bekam das Gefühl, dass die jungen Menschen sich mehr und mehr durch ›Likes‹ und Feedback ihres Umfeldes definieren und zunehmend den Kontakt zu ihren eigenen Meinungen und Bedürfnissen verlieren.

Andererseits war ich gerade in den Jahren 2019 und 2020 immer öfter davon überrascht, wie reif und vorausschauend sich einige der Seminarteilnehmenden verhielten, wenn es um rationale Themen ging, wie zum

Beispiel die Gründung eigener Unternehmen, das Schaffen einer finanziellen Absicherung oder auch konkrete berufliche Karrierepläne.

Meine die Umstrukturierung der Lehrlingsseminare begleitende Hypothese war, dass ich mithilfe des PERMA-Modells die Teilnehmenden besser abholen und die Seminarinhalte so aufbauen konnte, dass sie für die Teilnehmenden auch spannender und relevanter sind. Um dies zu erreichen, lernen die Lehrlinge gleich am ersten Seminartag das PERMA-Modell kennen, sodass wir in allen Folgeseminaren damit weiterarbeiten können. Am Anfang jedes Seminars stelle ich den Lehrlingen vor, welche PERMA-Faktoren die Inhalte des Seminars besonders betreffen, um ihnen den Mehrwert für ihr PERMA deutlich zu machen – z. B. fokussiert das Seminar mit dem Titel »Kommunikationsqualität ist Lebensqualität« besonders die PERMA-Faktoren Positive Emotions und Relationships.

Dieser Fokus auf PERMA zeigte spannende Auswirkungen:

- Eine größere Qualität an Reflexionen – z. B. fragen mich Lehrlinge deutlich öfter, wie sie im Sinne der Positiven Psychologie mit schwierigen Kundinnen, Kunden, Kolleginnen, Kollegen und Führungskräften umgehen können.
- Tiefergehende Erkenntnisse bei den Teilnehmenden – z. B. finden es die jungen Leute häufig sehr spannend, zu lernen, wie sie mithilfe von Begründungen (Meaning) und Feedback anhand der gewaltfreien Kommunikation (Relationships) im Alltag besser zurechtkommen und ihre eigenen Bedürfnisse besser befriedigen können.
- Ein gesteigertes Interesse an den Seminarinhalten – z. B. bleiben die Teilnehmenden nach dem Ende des Seminars regelmäßig noch länger, um Fragen zu stellen, und versuchen schon im Seminar Strategien zu entwickeln, wie das Gelernte im eigenen Alltag umgesetzt werden kann.
- Die Bereitschaft, auch persönliche Probleme anzusprechen – die Teilnehmenden bringen deutlich häufiger Praxisbeispiele aus dem privaten Umfeld, z. B. wie sie andere trösten und in Krisen unterstützen, oder wie sie mit negativen Glaubenssätzen oder inneren Blockaden besser umgehen können.

Außerdem habe ich den Eindruck, dass die Gruppen vertrauter und wertschätzender miteinander umgehen als die Gruppen davor ohne PERMA-

Fokus. Ein weiterer Unterschied ist, dass deutlich öfter inhaltlich relevante Nachfragen und dafür weniger Pausenwünsche geäußert werden.

Sie finden hier nun meine wichtigsten Strategien und Learnings, aufgeteilt auf die einzelnen PERMA-Faktoren:

Positive Emotions: Neben spannenden Erkenntnissen aus der Wissenschaft, die belegen, dass *mehr* Informationen *länger* im Gedächtnis bleiben, wenn wir Spaß beim Lernen haben, zeigt auch meine persönliche Erfahrung mit Lehrlingen ganz eindeutig: Wenn im Seminarraum eine angenehme Atmosphäre herrscht und die Teilnehmenden regelmäßig schmunzeln, lachen und sich bewegen dürfen, trägt das maßgeblich dazu bei, dass auch mehr Interesse da ist und mehr hängen bleibt.

Einen besonders überraschenden Effekt hatte hier der Einsatz von Gamification – konkret von Kahoot-Quiz (www.kahoot.it) – zum Ende der Seminare. In diesem spielerischen Format wiederholen die Teilnehmenden das Gelernte und erhalten Punkte, basierend darauf, wie schnell und korrekt sie antworten.

Seit ich mit Lehrlingsseminaren begonnen hatte, war ein Trend deutlich und stabil erkennbar: Auch wenn die Seminarzeiten mit 9:00 bis 17:00 Uhr veranschlagt waren, wurden die jungen Menschen ab 16:00 Uhr unruhig und baten einmal fordernder, einmal zurückhaltender um ein früheres Ende des Seminars. Durch den Einsatz von Kahoot – der eindeutig die Positive Emotions in den Seminaren steigerte – wurde dieser Wunsch, früher den Seminarraum verlassen zu können, nicht nur gänzlich ausgelöscht, sondern sogar ins Gegenteil verkehrt. Einige Gruppen entschieden sich freiwillig dafür, etwas länger zu bleiben als geplant, nur um sicherzustellen, dass sich das Kahoot-Quiz am Ende noch ausgeht!

Ähnliche Tendenzen lassen sich auch in der genannten Studie von Deloitte herauslesen: Der Spaß und die Zufriedenheit in der Arbeit sind der neuen Generation am Arbeitsmarkt deutlich wichtiger als den Generationen davor.

Engagement: Zwei Aspekte ziehen sich durch alle sechs Seminare. Zum einen erarbeitet die Gruppe immer zu Beginn, welche Themen und Fragen – in Bezug auf das Seminarthema – die Teilnehmenden gerade am meisten beschäftigen, um während des Seminars auf diese individuellen

Fragen eingehen zu können. Zum anderen analysiert jeder Lehrling im ersten Seminar des ersten Lehrjahrs seine/ihre Stärken, um in allen Folgeseminaren auf diese Stärken zurückgreifen zu können und sich zu fragen, wie diese im neuen Seminarthema hilfreich eingesetzt werden könnten. Dadurch entsteht ein durchgehender Fokus auf die eigenen Stärken, der den Teilnehmenden von Seminar zu Seminar merklich leichter gelingt.

Immer wieder kommen die Lehrlinge mit tollen Ideen auf mich zu, angefeuert durch dieses Selbst-wirksam-Werden in den Seminaren. So bearbeiteten wir das Thema »Die 7 Faktoren der Resilienz« zum Beispiel anhand kleiner Videoclips, die die Teilnehmenden selbst am Handy drehten, schnitten und mit Musik und Effekten unterlegten. Dabei sollte dieselbe Szene einmal falsch und einmal richtig vorgespielt werden und im Anschluss ein Fazit der Gruppe zu dem einzelnen Resilienzfaktor abgegeben werden.

Relationships: Gerade wenn es um sensible Themen wie etwa hinderliche Glaubenssätze, Stärken und Schwächen, Konflikte und Stressmanagement geht, ist es besonders wichtig, dass die Teilnehmenden ehrlich und offen über ihre Themen sprechen können, um die Seminare so individuell wie möglich zu gestalten und einen gelungenen Praxistransfer zu gewährleisten.

Obwohl die Lehrlinge oft mit einem großen Selbstbewusstsein in den Seminarraum kamen, fiel mir immer wieder auf, dass sie, wenn es um persönliche Beziehungen, Kommunikation und Konflikte ging, eher schüchtern und zurückhaltend waren.

Hilfreich ist hier der Fokus auf vertrauensvolle Beziehungen der Teilnehmenden untereinander wie auch zu mir als Trainer insofern, als die jungen Leute sich ernstgenommen und weniger bevormundet fühlen. Zudem erarbeiten wir gemeinsam ein Set von Kommunikationstools, um sich anderen öffnen und die eigenen Gefühle ehrlich kommunizieren zu können. Dazu ist es hilfreich, zu Beginn der Seminare ein gemeinsames Setup zu definieren und explizit auf die Vertraulichkeit hinzuweisen. Dadurch wird für die Gruppe deutlich, dass alle damit einverstanden sind, diese Vertraulichkeit auch zu wahren. In der Folge werden immer wieder erstaunlich persönliche Themen geteilt und bearbeitet. So sprachen wir beispielsweise einmal über das Thema Glaubenssätze und wie Menschen manchmal jahre- und sogar jahrzehntelang darunter leiden können, wenn ihnen als Kind jemand sagt: »Du bist einfach zu dumm dafür«, oder: »Mathe/Englisch/Musik/etc. ist einfach nicht dein Ding.«

An zwei junge Teilnehmerinnen erinnere ich mich hier besonders. Beide teilten mit der Gruppe, die sie an diesem Tag zum ersten Mal kennenlernten, sehr persönliche Erfahrungen mit negativen Glaubenssätzen. Einer davon hatte man als Kind gesagt, sie sei hässlich. Die andere erzählte, vier Lehrer hätten in der Schule ihren Eltern gesagt, sie sei dumm. Erstere hatte als Einzige in der Gruppe zu Beginn darum gebeten, dass keine Fotos von ihr gemacht werden. Die andere Teilnehmerin fiel dadurch auf, da sie sehr aktiv mitarbeitete und wirklich gute und zum Teil überraschend weitsichtige Fragen stellte. Beide brachen in Tränen aus, als sie ihre negativen Glaubenssätze mit der Gruppe teilten – und sofort sprangen zwei, drei andere Teilnehmenden auf, um Taschentücher zu holen und den beiden Trost zu spenden. Das war für mich auch deshalb so überraschend, weil diese Gruppe zuvor eine eher wenig wertschätzende Kommunikation miteinander gepflegt hatte. Anders als erwartet, und vielleicht auch durch dieses gemeinsame Erleben von Relationships, brachten die Teilnehmenden dieser Gruppe über die Seminartage hinweg einander immer mehr Wertschätzung und Vertrauen entgegen und umarmten sich zum Abschied sogar.

Für mich als Trainer ist der Fokus auf Relationships ebenfalls sehr hilfreich, weil ich dadurch störendes Verhalten einzelner Teilnehmenden aufgreifen und dessen Auswirkung auf das gemeinsame Relationship für die Gruppe sichtbar machen kann. Dies führt in der Regel zu einer Verbesserung der Kommunikation und Zusammenarbeit in der Gruppe.

Meaning: Die wahrscheinlich größte Veränderung löste der Fokus auf das Meaning für die Teilnehmenden aus. Dieser Faktor ist vielschichtig und wirkt sich, nach meiner Erfahrung, maßgeblich auf die Anschlussfähigkeit der Themen für die Zielgruppe aus. Die oben bei Engagement beschriebenen Strategien sind auch hier hilfreich, um den Teilnehmenden den Sinn daran zu verdeutlichen, an den Seminaren aktiv teilzunehmen.

Wir sprechen darüber, welche Träume und Ziele die einzelnen Teilnehmenden haben – z. B. hatten einige schon ganz konkrete Pläne, ins Ausland zu gehen, ihre eigenen Unternehmen zu gründen, das Familienbusiness weiterzuführen usw. - und welchen Nutzen die Seminarinhalte für das Erreichen dieser Ziele haben könnten - z. B. wie sie die Kommunikationstechniken für Bewerbungsgespräche, PERMA als Unternehmerinnen und Unternehmer mit ihren Mitarbeitenden und Positive Psychologie für ihr ganzes Leben einsetzen können. Dadurch sind die jungen Menschen durchwegs voll bei der Sache, stellen aktiv Fragen, um die Inhalte besser zu verstehen und für sich umsetzen zu können, und auch die generelle Aufmerksamkeitsspanne wurde aus meiner Sicht länger. Selbst Lehrlinge, die sich bisher eher kritisch oder zurückhaltend gezeigt hatten, wurden dadurch zu engagierten Diskussionsteilnehmenden und brachten Ideen ein.

Wenn man in den Youth Millennial Survey von Deloitte blickt, ist das auch nicht verwunderlich - die größten Bedürfnisse dieser Zielgruppe sind nun einmal geprägt von der Frage »Wofür?«. Daher liegt in Bezug auf die Arbeit besonders viel Potenzial in dem Faktor Meaning. Umso mehr Potenzial liegt aber auch in der Arbeit mit dem Faktor Meaning - denn wenn den Teilnehmenden völlig klar und bewusst ist, dass sie die Techniken und Strategien aus diesem Seminartag direkt im Alltag hilfreich anwenden und die positiven Auswirkungen davon genießen können, ist auch ihre Aufmerksamkeit entsprechend höher.

Ebenso ist es gerade bei dieser Zielgruppe aber auch sehr schnell spürbar, wenn ihnen das Meaning noch nicht ganz klar ist oder völlig fehlt - dies führt schnell dazu, dass das Handy herausgeholt, miteinander getuschelt oder anderen Ablenkungen nachgegangen wird.

Accomplishment: Die sechs Seminare sind so konzipiert, dass einzelne Themenblöcke als abgeschlossen erlebt werden können, um das Accomplishment der Teilnehmenden zu fördern. Reflexionen im Anschluss an diese abgeschlossenen Blöcke und Applaus bei erfolgreichen Seminarübungen und Ausarbeitungen ergänzen diesen Effekt.

Am Ende eines Seminars lasse ich die Gruppe dann die einzelnen Themenblöcke noch einmal rekapitulieren, mit dem Auftrag, sich daraus ein bis drei konkrete Strategien zu notieren, die in den nächsten Tagen und Wochen umgesetzt werden sollen.

Um auch die Kahoot-Quiz am Seminarende für den Faktor Accomplishment zu nutzen, erhalten die Teilnehmenden außerdem neben dem Zertifikat auch eine kleine Auszeichnung für besonders hohe Punkte beim Quiz.

17.3 Fazit

Nach meiner Erfahrung passen die Positive Psychologie und die Generation Z sehr gut zusammen, und sowohl Trainerinnen, Trainer wie auch Lehrlingsausbildende und Führungskräfte können durch sie wertvolle Ideen gewinnen, wie die neue Generation am Arbeitsmarkt motiviert und integriert werden kann. Die zwei wichtigsten Stoßrichtungen liegen aus meiner Sicht im Bereich von Meaning und Positive Emotions.

Die jungen Menschen wollen wissen, warum sie tun sollen, was man ihnen aufträgt, und sie wollen Spaß daran haben dürfen.

18 Der Einzug der Positiven Psychologie in das Jobcenter Osnabrück

Die Behörde

Das Jobcenter Osnabrück ist eine gemeinsame Einrichtung der Agentur für Arbeit Osnabrück und des kommunalen Trägers Stadt Osnabrück. Im Jahr 2005 wurden die Jobcenter gegründet und sie gewährleisten den Lebensunterhalt von Arbeitsuchenden finanziell – heute bekannt unter dem Namen Bürgergeld. Das Jobcenter besteht im Wesentlichen aus drei großen Bereichen – Leistungsgewährung, zentraler Dienst und Markt & Integration. In der Leistungsgewährung werden die Anträge auf Bürgergeld geprüft und unter Berücksichtigung der gesetzlichen Vorgaben bearbeitet. Der zentrale Dienst stellt die Eingangszone und ist die Verwaltung des Jobcenters. Im Bereich Markt & Integration werden die Kunden und Kundinnen von persönlichen Ansprechpartnern und -partnerinnen beraten und bezüglich des Wiedereintritts in den Arbeitsmarkt beraten und unterstützt. Damit begleiten die Mitarbeitenden Menschen in sehr herausfordernden Lebenssituationen.

Gastautorinnen: Kirsten Liebchen, Elke Katharina Meyer, Nicole Anell

Kirsten Liebchen, zertifizierte Fallmanagerin und PERMA-Lead-Beraterin im Jobcenter Osnabrück, unterstützt Veränderungsprozesse bei Menschen und in der Organisation. Von der Diplom-Ingenieurin Chemie bildete sie sich weiter zur Supervisorin, zum Master in Erwachsenenbildung und zertifizierten Trainerin für Positive Psychologie. Seit über 20 Jahren arbeitet sie als Dozentin in der Erwachsenenbildung. Seit mehreren Jahren bildet sie als Trainerin Anwendende und Beratende aus. Menschen – von Arbeitsuchenden bis zu Führungskräften – bei der Persönlichkeitsentwicklung zu begleiten und zum Wachsen zu bringen, ist ihre Leidenschaft

Elke Katharina Meyer, Mitgesellschafterin von Positivity Guides und Inhaberin von Kompetenzsprung, steht als Trainerin, Beraterin, Coach und Autorin mit mehr als 30 Jahren Erfahrung für »erfolgreich und glücklich arbeiten und leben«. Als zertifizierte Beraterin und Trainerin der Positiven Psychologie und PERMA-Lead-Beraterin trainiert sie Positive Leadership, bildet Positivity Guides als interne Multiplikatoren aus und begleitet Unternehmen bei der Einführung einer positiven Unternehmenskultur. Ihre Signaturstärken sind Sinn für das Schöne, Dankbarkeit, Spiritualität und Liebe zum Lernen.

Nicole Anell, seit 2018 Geschäftsführerin des Jobcenters Osnabrück, verfügt über die Signaturstärken Führungsvermögen, Liebe zum Lernen, Selbstregulation, Neugierde und Enthusiasmus. Als Geschäftsführerin sucht und ermöglicht sie immer wieder neue Wege, um zu wachsen und aufzublühen – sowohl für Führungskräfte und Mitarbeitende als auch für hilfebedürftige Menschen im Bürgergeldbezug.

18.1 Vorweg

»Im Jobcenter Osnabrück haben wir die Positive Psychologie als grundlegenden Ansatz zur Steigerung der Mitarbeiterzufriedenheit für alle unsere Führungskräfte und Mitarbeitenden eingeführt. Seit 2020 haben wir damit einen Veränderungsprozess eingeleitet, der durch Schulungen begleitet wird und zu einer positiven Veränderung unserer Einstellung führt. Ich arbeite dort als Fallmanagerin für ausbildungssuchende Frauen und bin gleichzeitig zertifizierte Trainerin in Positiver Psychologie.

Ein anschauliches Beispiel dafür, wie die Positive Psychologie bei uns im Haus wirkt, ist der kommunikative Umgang unserer Vorgesetzten mit Fehlern. Als mir selbst bei einer Bearbeitung ein Fehler unterlief, erhielt ich folgende Nachricht von einer Teamleiterin: ›Hallo liebe Kirsten, ich hoffe, es geht dir gut. Der Fall der Kundin x ist noch nicht abgeschlossen. Magst du ihn beizeiten schließen? Liebe Grüße und eine schöne Woche.‹

Obwohl mir mein Fehler äußerst unangenehm war, fühlte ich mich durch diese Nachricht nicht beschämt, sondern eher ermutigt. Besonders beeindruckt hat mich die liebevolle Art und Weise, wie mich die Vorgesetzte auf meinen Fehler angesprochen hat. Ich öffnete sofort den Fall, bearbeitete ihn korrekt und schloss ihn ab – eine Aufgabe, die weniger als 30 Sekunden dauerte.

Ich bin außerordentlich dankbar, dass ich im Jobcenter Osnabrück arbeite, wo die Führungskräfte auch dann liebevolle Worte finden, wenn sie auf Fehler hinweisen.« Kirsten Liebchen

18.2 Der Start

Lassen Sie uns jedoch von Anfang an erklären, wie es dazu kam, dass die Positive Psychologie im Jobcenter Osnabrück Einzug hielt und sich so vieles positiv verändert hat. Wie kam es dazu, dass die Positive Psychologie ein Teil unserer DNA wurde und auch so gelebt wird? Welche bewährten Praktiken konnten bereits umgesetzt werden? Welche Auswirkungen hatte diese Veränderung auf die Führung, auf Mitarbeitende, Kundinnen und Kunden? Davon im Folgenden mehr.

Am Anfang war der Wunsch unserer Fallmanagerin Kirsten Liebchen, die Ausbildung »Zertifizierte Beraterin in der Positiven Psychologie (Level 1 und 2)« bei der Deutschen Gesellschaft für Positive Psychologie (DGPP) zu absolvieren und das erworbene Wissen in ihrem Arbeitsfeld anzuwenden. Es geschah mit Unterstützung ihres Arbeitgebers. Dies war in mehrfacher Hinsicht die Initialzündung.

Über eine Anfrage der DGPP lernte sie eine Doktorandin der Technischen Universität Dortmund kennen, die gerne ihre Promotion über das Psychologische Kapital (PsyCap) der Mitarbeitenden des Jobcenters Osnabrück und dessen Auswirkungen auf die Arbeitsuchenden durchführen wollte. Weiterhin sollte untersucht werden, wie ein Crossover von Ressourcen innerhalb formeller Bindungen funktioniert. Konkret bedeutet das: Wie erwerben Arbeitsuchende Psychologisches Kapital sowohl von persönlichen Ansprechpartnern bzw. Fallmanagern als auch Leistungsmitarbeitenden?

Die Studie begann im Jahr 2017 mit Fragebögen und zwei dreistündigen Workshops im Abstand von 14 Tagen. Ein Teil der Studie[1] zeigte, dass bereits ein dreistündiger Workshop die Werte in den vier Aspekten des Psychologischen Kapitals – Hoffnung, Selbstwirksamkeit, Optimismus und Resilienz – erhöhen kann. Dies wurde erreicht, indem das PERMA-Modell von Martin Seligman im Workshop vorgestellt und von den Teilnehmenden individuell für sich in verschiedenen Übungen angewendet wurde. Die Teilnehmenden erstellten u. a. ein positives Portfolio für eine Emotion und tauschten sich darüber aus, wie sich positive Emotionen im Jobcenter fördern lassen. Das Thema Stärken wurde ebenso behandelt. Die Befragung schon nach dem ersten Workshop ergab eine signifikante Steigerung der Zufriedenheit der Teilnehmenden sowie ihrer Kundenorientierung. In dem zweiten Workshop wurden die Themen Sinn und Zielerreichung vertieft. Eine Übung zur Verbesserung der zwischenmenschlichen Beziehungen wurde ebenfalls in diese drei Stunden integriert.

Die oben genannte umfassende abschließende Studie zeigte, dass Mitarbeitende mit einem hohen PsyCap auch das PsyCap der Kundinnen und Kunden erhöhten. Das bedeutete, dass die Kundinnen und Kunden ebenfalls hoffnungsvoller, selbstwirksamer, widerstandsfähiger und optimistischer in ihrem Leben und hinsichtlich der Beendigung ihrer Arbeitslosigkeit wurden.

Somit überzeugte sowohl die Geschäftsführerin als auch die Träger des Jobcenters vollends der wissenschaftliche Nachweis, dass die Mitarbeiterzufriedenheit (PsyCap) signifikant durch Schulungen gesteigert wird und sich diese ebenso auf die Kundinnen und Kunden positiv auswirkt.

Zudem gewann gegen Studienende gewann Kirsten Liebchen mit ihrem erfolgreichen Projekt »Positive Psychologie im Jobcenter« den »Social Impact 2020«-Preis des Deutschsprachigen Dachverbandes für Positive Psychologie e.V. und damit nicht nur ein Preisgeld für das Jobcenter, sondern auch die stetig steigende Aufmerksamkeit und das Interesse der Geschäftsführerin für ihr Thema. Der Einführung der Positiven Psychologie im gesamten Jobcenter Osnabrück stand damit nichts mehr im Wege.

18.3 Der Weg

Wie ging es nach der Studie weiter? Die Ergebnisse der Studie führten zu intensiven Gesprächen zwischen der Geschäftsführerin, einem externen Psychologen und der internen Trainerin. Die Idee entstand, alle Mitarbeitenden zu schulen, da sich dadurch zwei positive Effekte erzielen lassen: Die Zufriedenheit der Mitarbeitenden kann erhöht werden und dadurch positiv auf die Kundinnen und Kunden wirken. Ein konstruktives Miteinander wird gefördert und erhöht das Wohlbefinden.

Auf Basis des Personalentwicklungskonzeptes wurde beschlossen, dass alle Mitarbeitenden an einem sechstägigen Seminar teilnehmen sollten, in dem die Methoden und Prinzipien der Positiven Psychologie geschult und erlernt werden sollten. Das Hauptziel bestand darin, die Mitarbeiterzufriedenheit zu steigern. Das Konzept wurde in der Trägerversammlung vorgestellt und von den beiden Trägern beschlossen.

Die Schulungen konzeptionierten und führten wir in einem Duo aus interner und externer Trainerin aus. Diese Kombination erwies sich als äußerst erfolgreich: Der neutrale Blick von außen ermöglichte neue Perspektiven. Der interne Blick stellte sicher, dass die Schulungsinhalte praxisnah dicht am betrieblichen Alltag des Jobcenters blieben. Das Curriculum orientierte sich eng am PERMA-Modell von Martin Seligman.

Die Entscheidung der Geschäftsführung, dass zunächst alle Führungskräfte in Positive Leadership geschult werden sollten und im Anschluss alle Mitarbeitenden, überraschte und erschreckte uns zunächst ein wenig. Eine von der Geschäftsführung verordnete Schulung würde normalerweise bei den Mitarbeitenden und Führungskräften auf erheblichen Widerstand stoßen. Dieser Widerstand zeigte sich bereits im ersten Modul unserer ersten Schulung der Führungskräfte.

Während der Anreise zum Seminar hörte eine der Führungskräfte zufällig ein Lied mit der wiederkehrenden Songzeile »Hier will ich nicht sein«. Genau in dem Moment, als er auf den Parkplatz fuhr, ertönte dieser Satz aus dem Radio. Er teilte dies gleich zu Beginn des Seminares mit und sagte gleichzeitig: »Wenn ich schon hier sein muss, dann möchte ich wenigstens etwas lernen!« Genau diese Führungskraft wurde nach der Schulung zu einem Befürworter der Positiven Psychologie im Jobcenter und setzte die erlernten Tools und Techniken konsequent und erfolgreich ein.

Inzwischen sind wir als Trainerteam von der Entscheidung, dass alle Mitarbeitenden die Schulungen besuchen sollen, überzeugt. Sie hat sich als richtig erwiesen, worauf wir weiter unten noch eingehen. Uns war wichtig: Wenn alle teilnehmen müssen, dann auch wirklich alle, auch die Geschäftsführerin selbst. Sie nahm ebenfalls mit großer Offenheit und Neugier teil und setzte im Anschluss sehr viel im Arbeitsalltag um. Das war sicherlich auch einer der Schlüssel zum Erfolg.

Die Schulungen begannen 2020 mit den Führungskräften und wurden für alle Mitarbeitenden des Jobcenters Osnabrück – von den Angestellten bis zur Geschäftsführung – in Theorie und Praxis der Positiven Psychologie durchgeführt. Die Teilnehmenden der einzelnen Schulungen wurden aus allen Bereichen des Jobcenters gemischt, da diese Vielfalt entscheidend für den Prozess ist. Die Teilnehmenden wurden ermutigt, zwischen den beiden Seminarteilen die Methoden und Werkzeuge aus dem ersten Workshop auszuprobieren und sich in sogenannten Lernpartnerschaften zu verabreden, um Erfahrungen auszutauschen. Diese Lernpartnerschaften wurden bewusst bereichsübergreifend gebildet, um die Akzeptanz für die Denkweisen und Arbeitsgewohnheiten anderer Abteilungen zu erhöhen. Während der Corona-Pandemie führten wir die Schulungen mit jeweils acht Personen pro Seminar durch. Inzwischen nehmen 14 Personen pro Gruppe teil. Das Schulungsprogramm erstreckt sich über fünf Jahre, um den personellen Aufwand für die Teams gut handhabbar zu machen. Insgesamt kommen mehr als 150 Trainingstage zusammen.

18.4 Durchführung der Schulungen

Die Führungskräfte waren die ersten, die an den Schulungen teilnahmen. Uns war es wichtig, sie als Vorbilder, Multiplikatoren und Anwendende des Positive Leadership für diesen umfassenden Kulturwandel in unserer Behörde zu gewinnen, damit sie dies an ihre Teams und Mitarbeitenden weitergaben.

Die Schulungsinhalte waren im Wesentlichen identisch mit denen für die Mitarbeitenden. Es wurde lediglich die zusätzliche Perspektive hinzugefügt, wie Führungskräfte das Gelernte auf ihre Teams und Mitarbeitenden anwenden können. Da wir Trainerinnen auch zertifizierte PERMA-Lead-Beraterinnen und zum Teil erfahrene Führungskräftetrainerinnen sind, konnten die Themen und Tools praxisnah für den Führungsalltag miteinfließen.

18.4.1 Adaption der Trainings an Corona

Im Herbst des Jahres 2020 zwang uns die Corona-Pandemie dazu, die Trainings online durchzuführen. Das gestaltete sich aus mehreren Gründen schwierig: Online-Schulungen und die damit verbundene digitalisierte Arbeitsweise waren zu diesem Zeitpunkt noch ungewohnt für die Teilnehmenden. Nicht alle Teilnehmenden verfügten über die erforderlichen technischen Voraussetzungen, sodass wir teilweise ohne Kamera arbeiten mussten oder schwache Internetverbindungen nur verzerrte Kommunikation zuließen.

Die Schulungen zielten aber gerade stark darauf ab, soziale Kontakte und Verbundenheit herzustellen, was im digitalen Format nicht so gut gelang wie in der persönlichen Begegnung. Zudem war, wie oben erwähnt, die Teilnahme am Training verpflichtend, was bei einigen zu Unmut führte. Diese Personen abzuholen und motivierend ins Seminar zu integrieren, war im Online-Setting schwerer zu erreichen als im direkten menschlichen Miteinander. Nach einigen Probeläufen kehrten wir, unter erfolgreicher Einhaltung aller Corona-Schutzmaßnahmen, in den präsenten Seminarraum zurück. Im Frühjahr 2021 begannen die Schulungen in Präsenz für die Mitarbeitenden.

Inzwischen haben weitere Kolleginnen und Kollegen die Ausbildung zum Anwender bzw. Berater der Positiven Psychologie absolviert. Dies ermöglicht es uns, u. a. auch die Mitarbeiterschulungen langfristig intern durchzuführen. Dadurch können neue Mitarbeitende gleich von Beginn an mit der Haltung der »Positiven Unternehmenskultur« im Jobcenter Osnabrück vertraut gemacht werden.

18.4.2 Aufbau, Methodik und Inhalt der Trainings

Die Schulung umfasst zwei Blöcke à drei Tage. Zwischen den Blöcken liegen ca. vier bis acht Wochen, sodass die Teilnehmenden schon Inhalte des ersten Blocks in ihrem Alltag umsetzen können.

Wir starten die Schulungen mit einer Übung namens »Ressourcendusche«. Da die Teilnehmenden normalerweise aus verschiedenen Teams stammen und sich in der Regel wenig bis gar nicht kennen, sollen sie Vermutungen über die Stärken, Werte und Leidenschaften der anderen äußern. Wir starten mit dieser Übung, um den Teilnehmenden zu verdeutlichen, wie gut es sich anfühlt, geschätzt und mit den eigenen Stärken erkannt zu werden. Der Fokus bei der Übung liegt dabei immer auf dem Gegenüber und nicht auf sich selbst, was dazu beiträgt, die andere Person wirklich wahrzunehmen und erstrahlen zu lassen. Wenn jede/r Teilnehmende von 8 bis 14 Personen widergespiegelt bekommt, welche Stärken, Werte oder Leidenschaften sie bei ihm wahrnehmen, fühlt sich das äußerst wertschätzend an. Insbesondere, wenn sich die Teilnehmenden überhaupt nicht oder nicht gut kennen, kann dies eine starke emotionale Reaktion auslösen. Diese erste Runde, in der jede Person – Teilnehmende und Trainerinnen – diese Einschätzungen erhält, ist immer berührend und schön.

In den ersten drei Tagen der Schulungen wird intensiv an der Entwicklung positiver Emotionen gearbeitet. Wir stellen die »broaden-and-build theory« von Barbara Fredrickson vor und besprechen positive Emotionen und ihren Nutzen. Anhand des »Mood Meter« des Yale Center of Emotional Intelligence haben alle die Gelegenheit, ihre Bandbreite von Emotionen zu erweitern und diese besser kennenzulernen. Es ist entscheidend, beispielsweise zwischen Wut und Ärger zu unterscheiden und zu erkennen, wie eine Emotion das Denken beeinflusst. Durch diesen Wahrnehmungsprozess kann ein Teil der Wut bereits aufgelöst werden, und man kann bewusster entscheiden, wie man damit umgehen möchte.

Dies führte nach den Trainings in einigen betrieblichen Situationen dazu, dass Konflikte nicht eskalierten, sondern frühzeitig konstruktiv aufgelöst werden konnten. Kolleginnen und Kollegen berichteten uns auch, dass ihre Führungskräfte nach unseren Seminaren in Konflikten völlig anders reagierten als erwartet. Dann schmunzelten wir innerlich und dachten an die Effektivität dieser Übung. Das »Mood Meter« ist als farbig ausgedrucktes Plakat in vielen Büros zu finden – und nicht nur Führungskräfte nutzen es.

Die Themen Stärken, Mindset (siehe unten) und Beziehungen werden ebenfalls im ersten Modul vorgestellt und im zweiten Modul vertieft. Es ist uns wichtig, die Themen in solchen Lernschleifen über die zwei Module zu erarbeiten, sodass die Teilnehmenden mehrfach die Gelegenheit erhalten, ein Thema wieder wachzurufen, die eigenen Erfahrungen zu reflektieren und das eigene Verständnis und Wissen durch neue Infos zu vertiefen. Wir haben erfahren, dass viele Inhalte und Erfahrungen zwischen den Modulen vergessen wurden. Die Themen wieder wachzurufen, zu vertiefen und in neuen Übungen anzuwenden, trägt zum tiefen Verständnis wesentlich bei. Zwischen den beiden Modulen absolvieren alle Teilnehmenden den VIA-Charakterstärken-Test, der im zweiten Modul ausführlich besprochen wird. Die Arbeit an den eigenen Stärken erleben die Teilnehmenden als persönlich besonders bereichernd.

Am Ende des ersten Moduls laden wir die Teilnehmenden ein, zu dritt oder zu viert Lernpartnerschaften über die verschiedenen Organisationsbereiche hinweg zu bilden. Die Treffen zwischen den Modulen werden sowohl als hilfreich für das vertrauensvolle Miteinander empfunden als auch für die Reflexion der Transferaufgaben, die sich jeder individuell vornehmen kann.

Ein weiterer wichtiger Bestandteil der Schulungen ist, das Mindset zu ändern. Positive Psychologie ist eine Haltung, bei der der Schwerpunkt auf respektvollem und kollegialem Umgang sowie eigenverantwortlichem Verhalten liegt. Forderungen wie »Es müsste dies oder jenes gemacht werden« sollen durch die Frage ersetzt werden: »Was kann ich dazu beitragen, dass dies oder jenes umgesetzt wird?« Wir entwickelten eine kommunikative Übung, bei der die Teilnehmenden ausprobieren, wie sie mit den richtigen Fragen behutsam ein starres Denkmuster lösen können. Schon bei der Übung im Seminar gibt es viele Aha-Momente und immer wieder berichten Personen später, wie sie diese Methode erfolgreich bei der Arbeit anwenden konnten.

Am Ende der sechs Tage können die Teilnehmenden überlegen, wie und wo sie die Positive Psychologie in der Praxis anwenden wollen. Alle überlegen für sich persönlich eine Fragestellung. Diese werden dann in Form einer kollegialen Beratung von allen beantwortet. Die vielfältigen und facettenreichen Ideen und Vorschläge, die das Team zu der jeweiligen Fragestellung sammelt, fangen wir visuell auf einem Flipchart ein und überreichen es abschließend den ›Fallgebern‹. Daraus entstanden immer wieder interessante Projekte, die wir weiter unten vorstellen.

18.4.3 Reaktionen der Teilnehmenden

Am Beginn der Seminarreihe erfuhren wir sehr unterschiedliche Reaktionen bei den Teilnehmenden. Dadurch, dass die Seminare verpflichtend durchgeführt wurden, nahmen natürlich auch jene Menschen teil, die den Prozess am Anfang nicht befürworteten. Wir hatten zu Beginn jedes Seminars mit erheblichem Widerstand durch zumindest einige Personen zu kämpfen, weil diese nicht teilnehmen wollten oder das Thema als Ganzes ablehnten. In den Seminaren wandelte sich die Meinung der meisten jedoch schnell zu einem positiveren Bild. Da der Fokus nun themenbedingt auf dem Positiven lag, auf Optimismus, guten Beziehungen und aktiven Gestaltungsfähigkeiten, öffneten sich auch die meisten ›Kritiker‹ schnell und konnten sowohl für sich, ihre Kunden, ihr Team als auch für das Privatleben etwas mitnehmen. Des Öfteren hörten wir ursprünglich widerwillige Teilnehmende am Ende des ersten oder zweiten Seminartages sagen: »Gut, dass ich gezwungen wurde, ich wäre freiwillig nicht gekommen. Die Inhalte tun aber gut und ich hätte so ein Seminar schon viel früher gebraucht.«

Einige Mitarbeitende kamen voller Begeisterung, weil sie das Thema spannend fanden und für ihre eigene Zufriedenheit und mentale Gesundheit etwas mitnehmen wollten. Wie weiter unten beschrieben, haben sich einige von diesen sehr begeisterten Personen in der Positiven Psychologie weiterentwickelt und neue interne Projekte der Positiven Psychologie ins Leben gerufen.

Die regelmäßig am Ende des sechstägigen Seminars ausgeteilten Feedbackbögen zeigen, dass 70 Prozent der Teilnehmenden begeistert und motiviert aus den Schulungen herausgehen und etwas verändern und umsetzen wollen. Es gibt jedoch auch einige, die mit den Inhalten weniger anfangen können, die Schulungen als uninteressant empfinden oder meinen, sie hätten bereits alles im Griff. Dies war zu erwarten. Leider konnten die Seminare auch nicht verhindern, dass bei einigen Personen weiterhin ein Hang zum Negativen und Schlechtreden existiert. An dieser Herausforderung arbeiten wir noch. Auch bei diesen Menschen war es uns wichtig, sie mit ins Boot zu holen, sie mit Begriffen und Techniken bekannt zu machen, sodass sie informiert wurden und bestimmte Veränderungen einsortieren konnten. Insofern sind wir über die Anordnung der Geschäftsführerin froh, dass alle an den Seminaren teilnehmen sollen.

Eines kam allerdings von Beginn an bei allen Teilnehmenden durchwegs positiv an: das offene und vertrauensvolle Miteinander. Wir versuchen, möglichst in jedem Seminar Menschen aus allen drei Bereichen (Markt & Integration, Leistungsgewährung und Zentrale Dienste), die im Alltag nicht viele Berührungspunkte haben, sowie Menschen aus verschiedenen Teams zusammenzubringen. Damit wollen wir das zweite Seminarziel »... für ein erfolgreicheres Miteinander« fördern – und das ist uns gelungen. Die vertrauensvolle Atmosphäre ermöglicht allen, die unterschiedlichen Bereiche und Sichtweisen kennen und verstehen zu lernen. Es werden bereichs- und teamübergreifend nahe Bande geschmiedet, die es auch im Alltag danach leichter machen, »mal eben« anzurufen und auch fachliche Fragen dadurch schnell beantwortet zu bekommen. Für uns ist es eine Freude, zu sehen, wie schnell die Menschen zusammenwachsen und wie das Beziehungsnetz dadurch wächst.

18.5 Die Veränderungen und Auswirkungen im Miteinander

Seit 2020 hat sich einiges verändert. Die Schulungen haben sowohl zu unmittelbaren Veränderungen und Konsequenzen bei einigen Teilnehmenden als auch zu weiteren Projekten geführt.

18.5.1 Kollegen und Kolleginnen untereinander

Es ist für uns besonders erfreulich, wenn wir hören, wie die Methoden in der Praxis eingesetzt werden. Ein Kollege hatte Bedenken, an einer gemeinsamen Feier während der Pandemie teilzunehmen. Seine Kollegin wandte eine Methode aus dem Seminar an. Dabei begleitete sie ihn durch drei Sichtweisen: zuerst das schlechtestmögliche Ergebnis der Herausforderung zu betrachten, dann den bestmöglichen Verlauf und schließlich den wahrscheinlicheren Ausgang. Dadurch wurde sein Optimismus aktiviert, und er konnte seine Bedenken überwinden. Als er dann dieselbe Übung im Seminar selbst erlernte, musste er lachen. Nun verstand er, was die Kollegin bei ihm angewandt hatte.

Die Seminare führen auch dazu, dass sich immer mehr Mitarbeitende beruflich auf Basis ihrer Stärken weiterentwickeln möchten und aufblühen. Mit dem Wandel zu einer positiveren Behörde und Führungskultur geht einher, dass insbesondere Frauen aktiver, mutiger und zuversichtlicher ihre beruflichen Karrierewege gestalten. Im Jahr 2020 war lediglich ⅓ der Führungskräfte im Jobcenter Osnabrück weiblich – aktuell beträgt der Frauenanteil in allen Führungspositionen kontinuierlich 50 Prozent. Darüber hinaus ist die Nachwuchskräftegewinnung für Führung, z. B. durch die Übernahme einer stellvertretenden Teamleitung, bei beiden Geschlechtern deutlich unproblematischer geworden. Die Mitarbeitenden entscheiden sich sehr bewusst für die Übernahme einer Führungsrolle.

Eine Mitarbeiterin erkannte auch, dass es an der Zeit war, sich einen Traum zu erfüllen, und kündigte ihre Stelle. Sie konnte ihr Potenzial nicht ausschöpfen – auch diese Erkenntnis war wichtig. Eine weitere Teilnehmerin konnte ein Werkzeug verwenden, um einen schwierigen privaten Konflikt zu lösen, was sich ebenfalls positiv auf ihre Zufriedenheit am Arbeitsplatz auswirkte.

18.5.2 Führungskräfte-Kommunikation

Die allgemeinen Mitteilungen der Führungskräfte an die Mitarbeitenden werden nun anhand der drei psychologischen Grundbedürfnisse formuliert: Autonomie, Kompetenz und Verbundenheit. Es wird darauf geachtet, die Autonomie der Mitarbeitenden zu stärken und ihre Kompetenzen zu würdigen. Verbundenheit wird ebenfalls betont, und diese Art der Kommunikation nahm deutlich wahrnehmbar zu. Teamleitungen zeigen und kommunizieren ihren Mitarbeitenden immer häufiger ihre Dankbarkeit. So fand der eine oder andere schon mal eine nette Dankesbotschaft in seinem Schrank im Jobcenter.

18.5.3 Einbeziehung der Stärken in der Führungskräfte-Auswahl

Bei der Auswahl neuer Mitarbeitender, insbesondere von Führungskräften, wird nun der VIA-Charakterstärken-Test ergänzend zum strukturierten Interview verwendet. Die Bewerbenden bringen die Übersicht über ihre Charakterstärken mit zum Vorstellungsgespräch. Dies gewährleistet, dass im Gespräch die Stärken eine wichtige Rolle spielen und sich die Bewerbenden damit auseinandersetzen. Dadurch können sowohl die Einstellenden als auch die Bewerbenden prüfen, ob die persönlichen Charakterstärken zur Tätigkeit und zu den geforderten Kompetenzen bzw. dem Entwicklungspotenzial im Sinne des Positive Leadership passen. Das ermöglicht gute Entscheidungen und langfristige Zufriedenheit auf allen Seiten (Vorgesetzte, Team, Mitarbeitende, Bewerbende und letzten Endes auch kundenseitig). Denn schließlich ist nachgewiesen, dass die Arbeit umso erfüllender erlebt wird, je mehr der eigenen Signaturstärken, also jener fünf Charakterstärken, die uns im Kern persönlich ausmachen, eingesetzt werden.

18.6 Weitere Projekte, die aus den Trainings und weiteren Schritten entstanden

18.6.1 Die Team-Werkzeugkiste

Ein besonderes Highlight ist die Werkzeugkiste. Diese entstand während eines kollegialen Beratungsprozesses am sechsten Seminartag. Eine Führungskraft hatte die Idee, die Positive Psychologie zu festigen, indem die erlernten Tools zur Steigerung der Zufriedenheit symbolisch in einer Werkzeugkiste sichtbar und greifbar gemacht werden. Das Jobcenter ließ für jedes Team Holzkisten anfertigen. Damit die Teammitglieder sich die Werkzeugkiste zu eigen machten, erhielten jeweils einige Vertreter der Teams die Chance, die Kiste in einem zweistündigen kreativen Prozess für sich individuell zu gestalten. Besonders bemerkenswert war, dass jedes Team seine eigenen Stärken in den eigenen Werkzeugkisten darstellen konnte.

In der Werkzeugkiste finden sich Symbole für die Tools, die die Mitarbeitenden in den Schulungen erlernten. So wurde zum Beispiel die Ressourcendusche durch eine Gießkanne symbolisiert. Wird diese von der Teamleitung zu Beginn einer Teambesprechung auf den Tisch gestellt, gibt es eine wohltuende Dusche für alle. Gilt es, ein neues Projekt zu starten oder Ähnliches, kann das Schaumstoffgehirn aus der Werkzeugkiste den Impuls verstärken, sich den Herausforderungen zu stellen und in die Haltung des Growth Mindset zu gehen.

In der Werkzeugkiste gibt es auch ein Starterkabel. Dieses steht symbolisch für die Methode des 3x3 Starterpacks von Elke Katharina Meyer. Jede Person ist eingeladen, sich Folgendes bewusst zu machen:

- 1 bis 3 Aspekte, für die ich heute dankbar bin;
- 1 bis 3 Aspekte, auf die ich mich heute freue;
- 1 bis 3 Dinge, die ich heute konkret tun werde, um diesen Tag schön oder erfolgreich zu gestalten.

Besonders beliebt ist der Jammerlappen. Er erinnert die Teams in humorvoller Weise daran, aus dem Jammern heraus in eine konstruktive Lösungsorientierung zu kommen. Das sind nur einige Beispiele aus der Werkzeugkiste. Die Teams sind angehalten, diese weiterzuentwickeln und weiter zu gestalten, damit sie lebendig bleibt.

18.6.2 Positive Psychologie für Kundinnen und Kunden: Coaching+

Aufgrund der signifikanten Ergebnisse der wissenschaftlichen Forschung zur Übertragung des Psychologischen Kapitals von Mitarbeitenden auf Kundinnen und Kunden entschied die Geschäftsführerin, dass ein eigenes Coaching auf Basis der Positiven Psychologie im Jobcenter Osnabrück erprobt und entwickelt werden sollte. In einer Art Laborraum sollten Mitarbeitende ausprobieren, von welchen Interventionen, Inhalten und Übungen der Positiven Psychologie unsere Kundinnen und Kunden am meisten profitieren. Das Projekt »Coaching+ – Wachsen, Entfalten, Aufblühen« startete Anfang des Jahres 2022 und drei Case Manager wurden zu Berater/-innen für Positive Psychologie ausgebildet. Das Ziel des Projekts bestand darin, die langzeitarbeitslosen Kundinnen und Kunden zu befähigen, mit Bausteinen der Positiven Psychologie über sich hinauszuwachsen. Durch die Steigerung ihrer Selbstwirksamkeit, das Erkennen und Nutzen ihrer Stärken sowie das Wiederfinden von Sinn entwickeln die Kundinnen und Kunden wieder Zuversicht und setzen sich neue erreichbare Ziele. Viele der Coachees nehmen erfolgreich eine sozialversicherungspflichtige Beschäftigung auf und beenden ihre Abhängigkeit von staatlichen Leistungen auf Dauer.

Dieses Projekt gewann 2023 den Preis »Erfolge feiern« der Bundesagentur für Arbeit in der Kategorie Teilhabe und Chancengerechtigkeit am Arbeitsmarkt. Bei einer innovativen Präsentation wurde das Projekt dem Vorstand der Bundesagentur für Arbeit vorgestellt. Die Kolleginnen und Kollegen zeigten eindrucksvoll, wie sie das PERMA-Modell für die Kundinnen und Kunden einsetzen und welche Auswirkungen es auf diese hat. Die Ergebnisse des Projekts waren beeindruckend, und wir hoffen, dass sich weitere Jobcenter für diese Form der Kundenberatung öffnen und den gleichen Weg einschlagen.

18.6.3 PERMA-Lead geht an den Start

Besonders gefreut haben wir uns, als die Geschäftsführerin gegen Ende des Jahres 2022 Kontakt zu Markus Ebner aufnahm, um die Führungskräfte zu stärken und sie professionell dabei zu unterstützen, sich in ihrem Führungsalltag wieder mehr dem Thema Positive Leadership zuzuwenden.

Entgegen den laufenden Schulungen der Mitarbeitenden waren seit der Basisschulung der Führungskräfte bereits mehr als zwei Jahre vergangen. Und immer mehr geschulte Mitarbeitende forderten ein, dass im Führungsverhalten die Positive Psychologie wahrnehmbarer und sichtbarer werden sollte.

Zudem waren während der Corona-Pandemie sowohl Mitarbeitende als auch Führungskräfte stark belastet. Der Lockdown und das damit verbundene Homeoffice hatte bei allen Beteiligten tiefe Spuren hinterlassen: negative Emotionen verunsicherten, die Einschränkung auf »nur notwendige Tätigkeiten«, fehlende persönliche Kontakte zu Kundinnen, Kunden,

Kolleginnen, Kollegen und der eigenen Führungskraft, das Gefühl von Sinnlosigkeit ihrer Arbeit und das reduzierte gemeinsame Erleben von Erfolgen – all dies trug dazu bei, dass das Gefühl der Verbundenheit im Jobcenter nur noch schwach ausgeprägt war.

Die große Frage war: Wo stehen wir als Führungskräfte im Positive Leadership? Hier schien Markus Ebner mit seinem PERMA-Lead das geeignete Modell mit »Diagnostik« entwickelt zu haben. Er stand uns mit Rat und Tat digital zur Seite, um all unsere Fragen zum PERMA-Lead zu beantworten. So wurde im Dezember 2022 ein PERMA-Lead-Profiler durchgeführt. Alle Führungskräfte – selbstverständlich auch die Geschäftsführerin – führten online einen 15-minütigen Test zur Selbsteinschätzung ihres aktuellen Führungsverhaltens durch. Der zeitliche Aufwand, um alle Fragen zu beantworten, war gering.

Auf Basis eines schriftlichen Auswertungsberichtes bekam jede Führungskraft zusätzlich ein individuelles, vertrauliches Auswertungscoaching mit einem der zertifizierten Beraterinnen und Berater des ebner-teams. In dem 90-minütigen Auswertungsgespräch wurde sehr detailliert über individuelle Stärken, Herausforderungen und nächste Schritte gesprochen. Dieses Auswertungscoaching empfanden Führungskräfte als besonders wertschätzend und hilfreich – für alle Beteiligten war schon dies ein großer Gewinn. Zudem wurde der Blick auf das wahrgenommene eigene Führungsverhalten und die eigenen Erwartungen an eine ideale Führungskraft in den PERMA-Säulen geschärft; dies war hilfreich, um sich als Führungskraft zu orientieren und zu verorten.

In den hohen Ergebnissen war deutlich zu sehen, wie sich die Führungskräfte mit den Themen identifizierten und diese lebten. Da schon jede Führungskraft die sechs Tage des Trainings durchlaufen hatte, waren alle mit den fünf Säulen des PERMA-Lead vertraut und hatten diese – in unterschiedlichen Ausprägungen – offensichtlich schon in ihr Führungsverhalten integriert.

Folgendes Feedback von Johannes Seiler, einem Senior-Trainer von ebner-team, hat uns alle besonders gefreut:

»Ich habe selten eine Organisation erlebt, in welcher die Themen Positive Psychologie/Positive Leadership mit einer wunderbaren Selbstverständlichkeit täglich im Alltag angewendet wird.

In meinen Gesprächen konnte ich mich davon überzeugen, dass es bei PP/ Positive Leadership im Jobcenter nicht nur um leere Floskeln handelt, sondern dass es tatsächlich jeden Tag gelebt und erlebt wird.«

Insbesondere fiel uns auf, dass sich die Führungskräfte im Nachgang zum PERMA-Lead-Profiler sehr wahrnehmbar den jeweiligen Säulen des PERMA-Lead zuwandten. Gerade bei der Förderung des individuellen Engagements zeigte sich im Jobcenter, dass sich viele Mitarbeitende mit aktiver Unterstützung ihrer Führungskräfte auf den Weg machten und aufblühten. So wurden 2023 zum Beispiel vier engagierte Mitarbeitende zu zertifizierten Mediatorinnen und Mediatoren ausgebildet und eine Mitarbeiterin arbeitet sich aktuell in das Projektmanagement ein. Die Mitarbeitenden engagieren sich wieder verstärkt: in fachlichen Arbeitsgruppen, mit ihren Ideen und bei Themen für ein gutes Miteinander im Haus.

Als nächster Schritt zur Festigung der Positiven Psychologie und des Positive Leadership im Jobcenter wird für alle Führungskräfte ein 360°-Feedback durchgeführt. Nach dem PERMA-Lead-Profiler wird uns dadurch ein tieferer Blick in unser Führungsverhalten ermöglicht werden, das heißt, wie und ob unsere Mitarbeitenden das Positive Leadership unserer Führungskräfte wahrnehmen. In Vorbereitung wird die Geschäftsführerin mit ihren Bereichsleitungen die PERMA-Lead-Zertifizierung absolvieren. So können die Führungsinstrumente im Sinne des Positive Leadership verbessert und weiterentwickelt werden.

Es ist erfreulich, zu sehen, dass der Prozess zur Veränderung der Einstellung dynamisch bleibt und Offenheit für Veränderungen entsteht.

18.7 Wie geht es weiter? Ausblick

Im Moment erhalten wir im Jobcenter Osnabrück Anfragen von anderen Jobcentern und Agenturen, die wissen möchten, wie wir die Positive Psychologie eingeführt und umgesetzt haben. Das Interesse reicht weit über unser Haus hinaus. Im Jobcenter Osnabrück werden die Tools, Methoden und die Einstellung weiterhin einen festen Platz haben. Die Kolleginnen und Kollegen werden regelmäßig über neue Entwicklungen und Tools im internen Wiki informiert. Dadurch bleibt das Thema lebendig. Außerdem werden darin Best-Practice-Ergebnisse veröffentlicht. Die Themen werden auch in das Betriebliche Gesundheitsmanagement (BGM) einfließen, insbesondere Achtsamkeit und Stressmanagement bieten sich dafür an. Wir hoffen auch, dass der Umgang mit der Werkzeugkiste immer selbstverständlicher wird, was allen Mitarbeitenden, Kundinnen und Kunden zugutekommt.

Eine schöne Entwicklung ist, dass immer mehr Mitarbeitende in ihrer Beratungsarbeit mit Kundinnen und Kunden die Positive Psychologie ausprobieren und anwenden wollen – denn was uns Mitarbeitenden guttut und uns zufrieden macht, kann auch nur hilfreich und unterstützend bei unseren Kunden wirken. Derzeit arbeiten wir gemeinsam im Jobcenter Osnabrück daran, für die Beratungen mit Jugendlichen und jungen Erwachsenen den VIA-Stärkentest einzusetzen. Und unser Beratungsteam für Rehabilitanden und Schwerbehinderte sammelt auch schon Ideen und Tools für ihre anspruchsvolle Beratungsarbeit.

Positive Leadership wird weitergelebt werden. Die Auswirkungen sind spürbar und es lohnt sich, dranzubleiben. Besonders ist natürlich, dass es wirklich Spaß macht, was im Kontext des Berufsfeldes doch nicht selbstverständlich ist, oder?

19 Rudolfinerhaus: Positive Leadership im Krankenhaus: Mit PERMA-Lead die Herausforderungen erfolgreich meistern!

Die Organisation

Die Privatklinik Rudolfinerhaus in Wien betreut seit über 140 Jahren Patientinnen und Patienten in der Tradition der Wiener medizinischen Schule und ist somit ein nicht wegzudenkender Bestandteil des Wiener Gesundheitssystems. Dazu tragen entscheidend die umfassende Ausstattung, die renommierten Fachärztinnen und Fachärzte und das hochqualifizierte Pflegepersonal bei.
Jährlich vertrauen sowohl inländische als auch ausländische Patientinnen und Patienten dem exzellenten Ruf der Rudolfinerhaus Privatklinik. Hochqualifizierte Spitzenärztinnen und -ärzte aus allen Fachrichtungen und modernste medizinische Diagnostik- und Behandlungsmöglichkeiten, kombiniert mit bester Pflege, persönlicher Zuwendung und erholsamer Umgebung: So wird ein Krankenhaus zum Gesundheitshaus.
Hinzu kommen die hauseigene Pflegeausbildung auf Fachhochschulniveau sowie ständige Weiterentwicklungen, die entscheidend dazu beitragen, die Qualität auf höchstem Niveau in der Pflege aufrechtzuerhalten

Die Gastautorin: Elisabeth Leopold

Elisabeth Leopold ist Pflegedirektorin und Geschäftsführerin in der Rudolfinerhaus Privatklinik in Wien und seit vielen Jahren als Führungskraft im Gesundheitswesen tätig. Nach ihrer Ausbildung zur diplomierten Gesundheits- und Krankenpflegerin und einem Master in Pflegemanagement hat sie unterschiedliche Ausbildungen im Bereich Führungskräfteentwicklung, Positive Leadership, systemische Organisationsentwicklung, Supervision sowie ein Masterstudium in Coaching, Personal- und Organisationsentwicklung absolviert. Sie leitet den gesamten Pflegebereich im Rudolfinerhaus und ist somit für über 200 Mitarbeitende verantwortlich. Positive Leadership ist für sie die Basis, um erfolgreiche Führungsarbeit leisten zu können. »Menschlichkeit, Begegnung auf Augenhöhe, Wertschätzung, jede Person in ihrer Individualität anzunehmen, Potenziale zu erkennen und Menschen in ihrer Entwicklung zu begleiten« sind ihr besondere Anliegen. »Der Arbeitsort darf und muss ein Wohlfühlort sein und werden, damit Höchstleistungen erreicht werden können.«

Pflegepersonal an das Unternehmen zu binden und mit Freude im Beruf zu halten – dazu benötigt es neben den erforderlichen Strukturen und Rahmenbedingungen eine menschliche, vertrauensvolle Führungshaltung. Die Mitarbeitenden möchten ihren Führungskräften auf Augenhöhe begegnen, als Individuum gesehen werden, gezielt gefördert werden, mitgestalten können und im Team Freude bei der Arbeit empfinden.

Pflegeberufe sind derzeit vor allem aufgrund der vorherrschenden Rahmenbedingungen, die die Pandemie noch zusätzlich verschärft hat, zu einem Mangelberuf geworden. Das gilt es umzukehren, denn der Pflegeberuf ist ein überaus sinnstiftender Beruf, ein Beruf, der bewegend und herausfordernd ist, der eigenes Engagement fördert und zahlreiche Entwicklungsmöglichkeiten bietet. Aber es benötigt Strukturen, Rahmenbedingungen, die qualitätsvolle Pflege möglich machen, und eine Führungshaltung, die die Menschen mit ihren Stärken, Potenzialen und Bedürfnissen annimmt, sie wertschätzt, in richtigem Maße fordert und fördert und sie in ihrer Entwicklung begleitet.

Wir wollen nicht nur eine Klinik sein, die sich durch optimale Rahmenbedingungen auszeichnet, sondern wir wollen ein Magnet sein für unsere und zukünftige Mitarbeitende. Wir möchten eine Kultur erzeugen, die die noch eher hierarchischen Strukturen aufbricht und neue Wege zulässt – und von diesem Weg, den wir zu gehen begonnen haben, möchte ich Ihnen kurz erzählen.

19.1 Wie unsere Reise begann

Als Pflegedirektorin steht man selbst oftmals vor vielen Herausforderungen: ein Unternehmen wirtschaftlich zu führen und gleichzeitig Rahmenbedingungen zu schaffen, die qualitätsvolle Pflege sicherstellen. Das bedeutet für mich ganz klar, in die Mitarbeitenden zu investieren. Denn Wirtschaftlichkeit und Mitarbeitendenorientierung bedeutet kein Entweder-oder, sondern ohne Mitarbeitendenorientierung wird man langfristig kein erfolgreiches Unternehmen führen können, wie unzählige Studien belegen. Vor allem nicht in der heutigen Zeit, in der der Arbeitgebermarkt zum Arbeitnehmermarkt geworden ist. Der Nachwuchs am Arbeitsmarkt wird rar und umso wichtiger ist es, in Menschen zu investieren! Denn nur, wenn ausreichend motivierte Menschen ihre Arbeit gerne und auch gut machen, wird die erforderliche Qualität möglich sein. Um die Mitarbeitenden an das Unternehmen zu binden, ist die Unternehmenskultur, die Führungskultur ausschlaggebend.

Die meisten Krankenhäuser sind auch heute noch von Hierarchie geprägt – eine klare Hierarchie ist, wenn es um Notsituationen geht, essenziell. Im Alltag hingegen hindert eine zu strikte Hierarchie die Entwicklung und Mitgestaltung und kann dadurch die Frustration bei Mitarbeitenden erhöhen.

Als Führungskraft ist es mir ein Anliegen, dem entgegenzuwirken, und deshalb bin ich ständig auf der Suche nach neuen Ansätzen, neuen wissenschaftlichen Erkenntnissen, mit dem Ziel, die Mitarbeitendenzufriedenheit zu erhöhen und die Mitarbeitenden unter anderem durch menschliche Führung an das Unternehmen zu binden.

Auf meiner Suche bin ich auf das PERMA-Lead-Modell von Markus Ebner gestoßen und wollte mehr wissen. Ich war von Anfang an begeistert von diesem Modell. Wenn die fünf PERMA-Faktoren (positive Emotionen, Engagement, Relationships, Meaning und Accomplishment) uns Menschen zum Aufblühen bringen, dann wollte ich das zuerst bei mir selbst versuchen – ganz nach dem Motto »Nur wer sich selbst gut führt, kann auch andere führen«.

Mein Selbstversuch startete ganz einfach: Ich überlegte mir jeden Morgen für mich selbst: Wie nähre ich heute mein PERMA? Was tue ich für mich, um positive Emotionen zu erzeugen? Wie kann ich heute meine Stärken am besten einsetzen? Was unternehme ich heute, um meine Beziehungen/sozialen Kontakte zu pflegen? Welches Ziel setze ich mir heute? Wie kann ich mich für das Erreichte belohnen?

Für mich war es eine wichtige Erfahrung, das PERMA-Modell noch fernab von meinem Führungsalltag zuerst bei mir selbst auszuprobieren. Und es funktionierte – es machte mir Freude und ich fühlte mich dadurch energiegeladen und bereit für den Tag.

19.2 Step by Step zu Positive Leadership

Dass das PERMA-Modell nicht nur bei uns Führungskräften Wirkung zeigt, sondern auch bei unseren Mitarbeitenden, wenn wir unser Führungsverhalten danach ausrichten, wollte ich in den nächsten Schritten versuchen. Ich überlegte mir, wie ich mein Verhalten als Führungskraft ausrichten kann, um bei meinen Mitarbeitenden das PERMA zu nähren. Ich bemerkte auch hier rasch eine Veränderung und es war an der Zeit, das PERMA-Lead-Modell auf eine breitere Basis zu stellen und im Rudolfinerhaus einzuführen. Folgende Schritte haben mir dabei geholfen:

19.2.1 Erster Schritt: Nach Verbündeten Ausschau halten

Positive Leadership und den PERMA-Lead-Ansatz allein einzuführen, war für mich keine Option, deshalb suchte ich mir vertraute Personen im Unternehmen und teilte das Vorhaben mit ihnen. Wir überlegten gemeinsam, wie wir die ersten Schritte setzen könnten. Für uns war es von Anfang an von großer Bedeutung, die Führungskräfte der mittleren Führungsebene (Stationsleitungen) mit an Bord zu haben.

19.2.2 Zweiter Schritt: Know-how vermitteln

Damit die Führungskräfte ein fundiertes Wissen über Positive Leadership erhielten, schenkten wir ihnen zu Weihnachten das Buch »Positive Leadership. Erfolgreich führen mit PERMA-Lead: die fünf Schlüssel zur High Performance« von Markus Ebner. Neben dem Buch planten wir für die Führungskräfte einen zweitägigen Workshop mit Dr. Ebner. Hier lag der Fokus auf dem PERMA-Lead-Modell und den VIA-Charakterstärken – und unsere Führungskräfte waren davon begeistert. Einige von ihnen schilderten mir: *»Ich hab das Buch zwar nicht gelesen, aber durch den Workshop werde ich es jetzt sicher lesen.«* Auch für die stellvertretenden Führungskräfte wurde eine interne Fortbildung zum Thema positive Leadership veranstaltet.

19.2.3 Dritter Schritt: Erprobung in der Praxis

Nach dem Positive-Leadership-Workshop haben sich alle Teilnehmenden im Rahmen eines gesonderten Workshops gemeinsam überlegt, welche Ideen sie in die Praxis umsetzen möchten. Hierfür wurden die PERMA-Faktoren nach Wichtigkeit im Arbeitsalltag Krankenhaus priorisiert. An erster Stelle standen die positiven Emotionen. Die Führungskräfte überlegten sich für jede Station Initiativen, wie sie bei ihren Mitarbeitenden und im Team die positiven Emotionen stärken könnten. Es wurden zu allen PERMA-Faktoren Ideen gesammelt, die auf einzelnen Stationen umgesetzt wurden, und ganz nach dem Motto »Voneinander lernen« gibt es regelmäßigen Austausch, es werden Ideen voneinander übernommen und auch weiterentwickelt. Für uns war es wichtig, dass diese Ideen in den Teams entstehen und reifen können und nicht von außen aufgezwungen werden.

Ich möchte gerne einige Ideen mit Ihnen teilen:

Positive Emotionen

Morgenübung: Um gut in die neue Woche zu starten, wurde eine fünfminütige Morgenübung entwickelt (kleine Yogaübung, dient auch der Gesundheitsförderung), die jeden Tag nach der Dienstübergabe gemeinsam durchgeführt wird. *»Es wird gelacht und wir starten alle schon gut gelaunt in den Tag«*, schildert eine Mitarbeiterin.

Montagsfrühstück: Jeden Montag bringt eine andere Kollegin ein Frühstück mit und es wird gemeinsam mit der Führungskraft gefrühstückt. Dabei wird die Woche besprochen. *»Das ist sehr nett, weil wir Zeit haben für einen guten Austausch und wir dadurch auch viele Informationen bekommen.«*

Keep-cool-Aktion: An besonders heißen Tagen wird von der Direktion Eis auf die Stationen geliefert, als kleine Erfrischung.

Adventkalender: Es wurde auf vielen Stationen ein Adventkalender von der Führungskraft gestaltet und jeden Tag darf ein Mitarbeitender/eine Mitarbeitende ein »Türchen« öffnen.

Direktionskaffee: Als Onboardingmaßnahme wurde der »Direktionskaffee« eingeführt. Neue Mitarbeitende werden in den ersten Monaten zu einem Kaffee/Tee in die Direktion eingeladen. Bei einem kollegialen Austausch wird die Einarbeitung besprochen, und hier ist Platz und Raum für alles, was neue Mitarbeitende gerade beschäftigt.

Grußkarten: Zu den Geburtstagen von allen Mitarbeitenden werden persönliche, handschriftliche Glückwünsche verfasst und den Mitarbeitenden übergeben.

Engagement (Stärken stärken)

Stärkenorientierte Stellenausschreibung: Bei internen Stellenausschreibungen werden die zu besetzenden Stellen anhand der geforderten Stärken ausgeschrieben.

Abbildung 19.1: Stärkenorientierte Stellenausschreibung

Stärkenorientierte Mitarbeitendengespräche: Es finden einmal jährlich Mitarbeitendengespräche statt, in denen die Stärken gemeinsam reflektiert werden und das Entwicklungspotenzial besprochen wird. Die Ergebnisse dieser Gespräche werden im Talentemeeting erörtert, damit sie in die strategische Ausrichtung der personellen und fachlichen Entwicklung im Gesamthaus einfließen können.

Verbalisierung/Visualisierung der Stärken: Die Stärken der Mitarbeitenden werden immer wieder im Arbeitsalltag bewusst rückgemeldet. Es werden auch Stärkenkärtchen genutzt. Einige Führungskräfte haben sehr kreative Ideen, wie sie die Signaturstärken der Mitarbeitenden kreativ visualisieren (Abb. 19.2).

Abbildung 19.2: Stärkenvisualisierung

Hier ist es wichtig, dass die Führungskräfte sich auch immer wieder mit ihren eigenen Stärken auseinandersetzen und lernen, Stärken regelmäßig zu verbalisieren und auch zu wissen, welche Stärkenvielfalt es gibt. In diesem Zusammenhang war für uns der PERMA-Lead-Workshop sehr hilfreich.

Berücksichtigung der Stärken bei der Bewerbendenauswahl: Damit ein Team gut harmoniert und zusammenarbeiten kann, ist die Auswahl der Teammitglieder von großer Bedeutung. Fast alle Bewerbenden antworten auf die Frage »Was ist Ihnen am Arbeitsplatz am wichtigsten?« mit: »Das Team.« Deshalb ist es uns schon im Bewerbungsprozess wichtig, herauszufinden, welche Stärken der/die Mitarbeitende hat, welche Potenziale und Entwicklungsziele vorhanden sind, damit wir eine optimale Teamzusammensetzung erreichen, die Kreativität und Innovation in den Teams ermöglicht.

Relationship

Teamevents: Um die Beziehungen in den Teams zu stärken, werden Veranstaltungen abseits des Krankenhauses angeboten. Hierfür steht regelmäßig ein Teambudget zur Verfügung, damit man sich auch abseits vom

Stationsalltag kennenlernen kann. Es werden z. B. Radausflüge, eine Führung im Nachtzoo, eine Poolparty u. v. m. veranstaltet. Hierdurch fördern wir den Teamzusammenhalt und das Vertrauen untereinander.

Aktivitäten für Mitarbeitende: Im Krankenhaus wird jährlich ein Sommerfest für alle Mitarbeitenden veranstaltet, außerdem gibt es einen Mitarbeitendenheurigen. Diese Aktivitäten finden mit dem Ziel statt, sich über die Stationen hinaus auch mit anderen Berufsgruppen auszutauschen und sich abseits vom Krankenhausalltag näher kennenzulernen.

Shadowing: Um die Beziehungen unter den Berufsgruppen zu stärken, bieten wir ein »Shadowing« an. Das bedeutet, einer anderen Kollegin/einem anderen Kollegen über die Schulter zu schauen und punktuell in den anderen Arbeitsbereich einzutauchen, damit es hier zu einem besseren Verständnis füreinander kommt.

Meaning (Sinn erleben)

Das Sinn-Erleben ist im Krankenhausalltag sehr stark ausgeprägt und hatte in der Priorisierung für uns nicht die höchste Relevanz. Allerdings achten wir bei jeglicher Kommunikation von Veränderungen und Neuerungen darauf, das Warum zu kommunizieren.

Vor allem Führungskräfte setzen sich vor Veränderungsprozessen deutlich länger damit auseinander als die Mitarbeitenden. Die Planung wurde meist mehrmals durchdacht, angepasst und verändert. Häufig passiert es in der Folge in der Kommunikation, dass das Warum nicht klar kommuniziert wird und die Mitarbeitenden den Sinn und den Grund nicht verstehen und auch nicht eingebunden werden.

Um dem vorzubeugen, achten wir bei Veränderungen ganz konkret darauf, das Warum zu kommunizieren, und erreichen durch kurze Evaluationsschleifen mit den Mitarbeitenden eine hohe Mitbeteiligung und Akzeptanz bei den Mitarbeitenden.

Accomplishment (Erfolge sichtbar machen)

Feedback von Patientinnen und Patienten sichtbar machen: Das positive Feedback von Patientinnen und Patienten wird im Dienstzimmer auf den Whiteboards sichtbar gemacht.

Sonnenblumentag: In einem Arbeitsbereich werden bei erfolgreichem Abschluss von Vorhaben/Projekten Sonnenblumen verteilt und der Weg dorthin wird nochmals reflektiert: »Warum ist uns das gelungen?«

Maßnahmen werden gekübelt: Es werden alle Maßnahmen, die geplant sind, auf einem Whiteboard festgehalten. Nach erfolgreicher Bearbeitung werden diese in einer Glasvase gesammelt. Am Ende des Jahres wird die Vase bei einer kleinen Feier geleert und es werden Highlights des Jahres reflektiert.

Gutes Gelingen: Regelmäßige Besprechungen werden mit der Frage »Was ist mir besonders gut gelungen? Worauf bin ich stolz?« gestartet. Dadurch wird rasch eine positive Stimmung erzeugt, es werden die Erfolge sichtbar und man lernt voneinander durch Best-Practice-Beispiele.

19.2.4 Vierter Schritt: Integration ins Mitarbeitendenorientierungsgespräch (MOG)

Für uns war es wichtig, die PERMA-Lead-Faktoren auch in die bestehenden Mitarbeitendengespräche einzubinden. Im ersten Schritt haben wir das bei den MOGs der Führungskräfte selbst umgesetzt, sodass sie dies selbst erleben, um es dann bei den Mitarbeitenden anwenden zu können.

Wir haben bei den Führungskräften folgende Fragen ins MOG miteingebaut:

- Welche Maßnahmen setzen Sie für Ihre Station, um für positive Emotionen zu sorgen?
- Welche Ideen haben Sie, um die Mitarbeitenden gemäß ihren Stärken einzusetzen und sie in ihrer Potenzialentfaltung zu unterstützen?
- Was für Aktivitäten werden Sie setzen, um für ein positives Teamklima zu sorgen? Welche Teamevents haben Sie geplant?
- Wie machen Sie erreichte Ziele sichtbar und wie feiern Sie mit dem Team Erfolge?

Hier entstehen laufend weitere Ideen und vorhandene Initiativen werden weiterentwickelt.

Nach einem Jahr PERMA-Integration im MOG der Führungskräfte haben wir PERMA für alle Mitarbeitenden ins MOG aufgenommen. Folgende Fragen finden sich dort:

- **Positive Emotionen**
  Was kann ich dazu beitragen, dass in meinem Arbeitsumfeld ein Klima des Wohlbefindens, der Zufriedenheit und der Freude entsteht?

- **Engagement (Stärken stärken)**
  Welche besonderen Fähigkeiten/Stärken bringe ich in mein Team ein?
  Wie kann ich diese ausbauen?
  Bei welchen Aspekten des beruflichen Alltags kann ich von den Stärken meiner Kolleg*innen profitieren?

- **Relationship (förderliche Beziehungen)**
  Was kann ich dazu beitragen, um die Beziehungen im Team zu stärken?
  Wo gibt es Spannungen im Team?
  Wie kann ich mitwirken, um diese aufzulösen oder zu reduzieren?

- **Meaning (Sinn erleben)**
  Welche Aspekte im beruflichen Umfeld lassen mich Sinn und Berufszufriedenheit erleben?
  Wie kann ich diese mit meinen Kolleg*innen teilen?

- **Accomplishment (Erfolge, Ziele sichtbar machen)**
  Wie kann ich Erfolge/erreichte Ziele im Team sichtbar machen?
  Was könnten kleine Zwischenziele bei mir/im Team sein?

19.3 Was uns auf dem Weg geholfen hat

Wir haben unser Vorhaben, Positive Leadership im Unternehmen zu verankern, nicht als Projekt geplant, weil wir flexibel bleiben wollten und uns die Projektstruktur und Projektdokumentation zu starr waren. Deshalb war und ist es nach wie vor von großer Bedeutung, dranzubleiben.

Es braucht einige ›Kümmerer‹, die die Themen immer wieder aufgreifen. Und es braucht einen Rahmen, der Raum für Reflexion zulässt, um die PERMA-Lead-Initiativen gemeinsam zu besprechen, ihre Wirkung zu beobachten und die Möglichkeit zu haben, voneinander zu lernen. Das Schöne daran ist, dass die Theorie ausprobiert und weiterentwickelt wird und dabei die Freude bei allen Beteiligten spürbar ist. Es kommen immer wieder neue Ideen sowohl von Führungskräften als auch von Mitarbeitenden.

Wir haben im Krankenhaus bewusst mit der Berufsgruppe der Pflege gestartet, weil diese für uns überschaubarer in der Umsetzung war und die Führungskräfte hinter dem Vorhaben standen. Ich denke, das ist auch der Schlüssel zum Erfolg. Nur wenn die Führungskräfte bereit sind, Positive Leadership als Führungshaltung zu leben, dann kann es auch gelingen. Außerdem war die Kommunikation von Anfang an wichtig: zu erklären, was hinter dem Ansatz steckt, dass hier nicht die ›Schwächen weggelächelt‹ werden, sondern dass Positive Leadership dazu beiträgt, sich seiner Stärken bewusst zu werden, und dass man sich dafür nicht verbiegen muss.

19.4 Was bisher sichtbar ist: Die Ergebnisse

Ein Kulturwandel braucht Zeit, aber wir haben die ersten Schritte gesetzt und bleiben weiterhin auf unserem Weg.

Was konnten wir bisher (nach einem Jahr Positive Leadership) messen? Die Weiterempfehlungsrate als Arbeitgeber durch die eigenen Mitarbeitenden hat sich verdoppelt und die Fluktuationsrate ist deutlich gesunken.

Die Mitarbeitendenzufriedenheit wird derzeit durch eine Befragung erhoben. Meine subjektive Einschätzung ist, dass durch Positive Leadership mehr Nähe zwischen Führungskräften und Mitarbeitenden entstanden ist und das Vertrauen gewachsen ist. Die Stärkenorientierung hat zu einem Umdenken bei den Führungskräften geführt und es wird dadurch auch deutlich mehr positives Feedback gegeben und gleichzeitig werden die Stärken verbalisiert.

19.5 Was sagt unser Nachwuchs dazu – Stimmen von angehenden Gesundheits- und Krankenpflegerinnen

Durch qualitative Interviews mit Studierenden der Gesundheits- und Krankenpflege, die kurz vor dem Berufseinstieg stehen, wurde das PERMA-Lead-Modell gemeinsam reflektiert.

Wie finden Sie das PERMA-Lead-Modell?

- *»Ich finde, es bringt es eigentlich sehr gut auf den Punkt, was ich mir jetzt persönlich von meiner Stationsleitung erwarten würde.«*
- *»Also ich könnte auf keinen dieser PERMA-Aspekte verzichten.«*
- *»Ich finde, da ist eigentlich alles drinnen, was wichtig ist, damit man sich auch irgendwie wohlfühlt. Weil ich finde, eine Führungsperson sollte sich schon auch darum kümmern, dass man sich wohlfühlt. Und im Modell ist eigentlich alles drinnen, dass das geschehen kann.«*
- *»Ich finde es cool, weil es geht schon in die Richtung, die mir gut gefällt. Oh JA!«*
- *»Das Modell gefällt mir sehr gut. Ich kenne das Modell auch schon, habe davon schon mal gelesen. Es ist auch eine Vermittlung von vielfältigen Dingen, die zusammengefasst und übersichtlich dargestellt werden. […] ich glaube, das führt zu einer guten Stimmung, wenn das tatsächlich alles erfüllt ist oder erfüllt wird.«*
- *»Ich finde eben das Ermöglichen von positiven Emotionen ist eines der wichtigsten Sachen, dass man einfach Spaß an der Arbeit hat. Überhaupt im Pflegeberuf […].«*

Wir bleiben weiterhin dran, gehen Step by Step mit Positive Leadership in die Zukunft und haben Spaß daran!

PERSÖNLICHE NOTIZEN

20 Medical Airport Service GmbH: Verhaltens- und Verhältnisprävention – und mit Positive Leadership auch noch die passende Haltung

Die Organisation

Gestartet 1998 als arbeitsmedizinischer Dienst am Flughafen Frankfurt, ist die Medical Airport Service GmbH (MAS) eine inzwischen bundesweit tätige Unternehmensberatung für körperliche, geistige und soziale Gesundheit am Arbeitsplatz. 400 Mitarbeitende, darunter Ärztinnen, Psychologen, Ernährungswissenschaftlerinnen, Trainer und andere Expertinnen beraten und unterstützen an 14 Standorten Firmenkunden in Sachen Gesundheits- und Arbeitsschutz, von arbeitsmedizinischen Untersuchungen, Gefährdungsbeurteilungen bis hin zu Präventionskonzepten und anderen Beratungs- und Schulungsdienstleistungen. Auch die Schulung von Lehr- und Schulleitungskräften in Sachen Positive Leadership gehört zum Angebotsportfolio der MAS. Im Unternehmen selbst wird seit einigen Jahren intensiv mit dem PERMA-Lead-Profiler gearbeitet und nach Positive Leadership geführt.

Der Gastautor: Christian Thiele

Christian Thiele befasst sich als Trainer, Coach, Speaker, Podcaster und Autor mit Positiver Psychologie und Positive Leadership. Er arbeitet für Kliniken, Behörden, Startups und Konzerne in und außerhalb Deutschlands. Zusätzlich ist er Teil des Trainerteams der Deutschen Gesellschaft für Positive Psychologie, Dozent und Standortleiter im Studiengang »Positive Psychologie und Coaching« der Deutschen Hochschule für Gesundheit und Sport. Er ist Autor zahlreicher Fachbücher.

»Einerseits«, sagt Angelika Felsing, Personalleiterin der Medical Airport Service GmbH (MAS), »haben wir ja irgendwie immer schon Positive Leadership gemacht. Andererseits hat mich die wissenschaftliche Fundierung von PERMA-Lead gleich begeistert!« Das Unternehmen habe mit vielen Ärztinnen, Psychologen etc. einen hohen Akademisierungsgrad, stehe für wissenschaftliche Standards und theoretische Fundierung. »Da hat der PERMA-Lead-Profiler bei uns offene Türen eingerannt«, so Felsing.

Geschäftsführer Thomas Barth, der von sich selbst sagt, er sei durchaus ein Mann der Zahlen, Daten, Fakten, ergänzt: Positive Leadership nach PERMA-Lead als systematischer Ansatz helfe dabei, das Führungsteam hinter einem einheitlichen Mindset zu versammeln. »Wir wollten auch niemandem etwas überstülpen – aber es passt einfach sehr gut zu unserer Führungs- und Arbeitskultur, und wir bekommen auch tolle Feedbacks zu unserem Führungsverhalten.«

Das Unternehmen hat seinen Sitz in einer 40 000-Einwohner-Stadt in Südwestdeutschland, nahe dem Flughafen Frankfurt am Main. Das ist kein Zufall, hat die MAS doch ihre Wurzeln in den flug- und arbeitsmedizinischen Untersuchungen eben dort. Seit rund anderthalb Jahren haben die MAS und ich miteinander zu tun, ich darf das Führungsteam von der Geschäftsführung bis zur Teamleitungsebene auf unterschiedlichen Ebenen und in unterschiedlichen Formaten in Sachen Positive Leadership begleiten: Hier ein Input auf der Führungskräftekonferenz in einem schönen Biohotel; da ein Seminar für die neuen Leader; dort eine Reihe von Breakfast-Calls zu den einzelnen PERMA-Lead-Säulen, mit Breakout-Rooms, digitalen Notizdokumenten und Voting-Tools; mal ein Einzelcoaching, mal eine PERMA-Lead-Profiler-Auswertung, mal die Moderation eines World-Cafés vor dem Führungskräfte-Seifenkistenrennen im Westerwald, kurz nach dem Betriebsausflug mit allen in einen Wasser-Erlebnispark im Tiroler Ötztal. Allein schon daran sieht man, finde ich: Dieses Unternehmen meint es ernst mit positiver Führung!

Ernsthaftigkeit und Leidenschaft, Freude und Engagement, Improvisationstalent und Exzellenz gleichermaßen: So erlebe ich das Führungsteam der MAS. Und da passen Positive Leadership und PERMA-Lead perfekt dazu. Wie heißt es so schön im neuen Brandbook der MAS? Transparente Entscheidungen, Ideen für den Erfolg, unbeschwertes Arbeiten, individuelles Feedback werden da als Leitprinzipien für die Führungskultur aufgeführt. Und die Kernwerte der Marke – natürlich bottom-up aus der MAS-Truppe heraus ausgearbeitet – heißen: Qualität, Freude, Gesundheit, Vertrauen.

Was heißt Positive Leadership für die MAS? Angelika Felsing: »Für mich ist Positive Leadership ein Führungsansatz, der die Stärken der einzelnen Mitarbeitenden im Fokus hat und maßgeblich Einfluss hat auf deren Wohlbefinden und Performance.« An Positive Leadership gemäß dem PERMA-Lead-Modell finde sie so hilfreich, dass es Struktur biete und sehr anschaulich formuliert sei. »Wir haben damit konkrete Anker und Dimensionen, anhand derer die Führungskraft ihr Verhalten ausrichten kann, um das Potenzial und das Aufblühen der Mitarbeitenden zu fördern.«

Wie weit ist denn die MAS schon in Sachen Positive Leadership – in Schulnoten? »Ich vergebe ungern Einser, denn Luft nach oben ist ja immer«, sagt Thomas Barth. Von der Grundlagenarbeit und vom Mindset her würde er der MAS eine Zwei geben. »Damit Positive Leadership in der Belegschaft wirklich ankommt, haben wir noch etwas Weg vor uns«, so der MAS-Geschäftsführer. Auch im Zweierbereich fällt Angelika Felsings Benotung aus: »Das ist solide - aber da geht noch was! Wir sind gut gestartet, aber es wird nie komplett fertig sein«, so die Personalleiterin.

Konkret bin ich auf einer ersten Führungskräftetagung die fünf PERMA-Lead-Säulen mit dem Führungsteam durchgegangen. Ich habe die Führungskräfte zunächst, in einem anonymen Mentimeter-Voting, gefragt, was denn aus ihrer Sicht die aktuellen Herausforderungen an sie als Führende in ihrer Rolle sind. Und habe dann geschildert, inwiefern Positive Leadership nach PERMA-Lead einerseits hilfreich sein kann, um Herausforderungen wie hoher Mitarbeiterfluktuation, Krankenständen, Stressbelastung etc. entgegenzuwirken - wie also das Minus kleiner werden kann. Und wie andererseits auch das Plus vergrößert werden kann, also Kundenzufriedenheit, Umsätze, Resilienz von Führungskräften gesteigert werden können, wenn positiv(er) geführt wird. Dies immer natürlich mit Referenz auf Zahlen, Beispiele, Studienergebnisse.

Hier einige konkrete Beispiele, wie die MAS die fünf PERMA-Lead-Dimensionen lebt:

- In Sachen **positive Emotionen** legt Angelika Felsing Wert auf die freundliche, wertschätzende Ansprache in E-Mails, sie legt den Fokus auf das Gelingende in Meetings mit Check-in-Fragen oder auch schlicht darauf, die Mitarbeitenden zu fragen, was ihnen denn Freude mache: »Alles Dinge, die einem nicht schwerfallen oder Ressourcen kosten!« Grillfest, Mitarbeiterausflug - auch mal weiter weg -, Teamevents: All das ist für die MAS selbstverständlich. Die MAS hat im Intranet einen eigenen Kanal für die Führungskräfte, in dem Hinweise auf Podcastfolgen, Blogposts, Tipps und Hacks zu den einzelnen PERMA-Lead-Säulen veröffentlicht werden. Dort werden auch mögliche hilfreiche Fragen geteilt, mit denen Führungskräfte Interesse, Humor, Dankbarkeit und andere positive Emotionen verstärken können.
- Zum Thema **Engagement und Stärkenorientierung** sagt Thomas Barth: »Für neue Themen und Aufgaben suchen wir möglichst oft Freiwillige. ›Wer hat Lust, sich um dieses oder jenes zu kümmern?‹, und dann die Leute entsprechend zu ermutigen - das ist für uns gelebte

Stärkenkultur!« Als Mittelständler, ergänzt Angelika, sei es der MAS noch möglich, die Organisation um die Personen und ihre Talente herumzubauen. Und dass jedeR einen eigenen Stärkentest gemacht und im Team diskutiert hat, sei selbstverständlich. Als zusätzliches Goodie im Intranet gab es für die MAS-Leader einen Beitrag über Energiespender/innen und -räuber/innen.

- Links und rechts von den Aufgaben miteinander ins Gespräch kommen, nicht nur über die To-dos, Termine und Aufgaben sprechen: »Wir als Führungskräfte wollen immer Raum für Begegnung schaffen«, sagt Thomas Barth. Und damit sind wir bei der dritten PERMA-Lead-Säule, den **positiven sozialen Beziehungen** (Relationships). Gerade in Post-Corona-Zeiten, wo das Homeoffice auch bei der MAS selbstverständlicher geworden ist, sind bei all der Individualität und den Wahlmöglichkeiten der soziale Rahmen und die Stärkung des sozialen Miteinanders wichtige Führungsaufgaben. Dazu gehören Geburtstags- und andere Rituale, gemeinsame dienstliche Reisen oder After-Work-Veranstaltungen. Ein interner PERMA-Lead-Leitfaden trägt auch mögliche Rituale, Routinen und Praktiken zur Förderung eines intensiveren Miteinanders zusammen.
- **Sinn und Bedeutsamkeit** vermitteln – also »Meaning« in der englischen PERMA-Logik: Ist das überhaupt erforderlich bei einem Unternehmen, das sich um Gesundheit und Arbeitsmedizin kümmert? »Na ja, wir sind natürlich schon sehr stolz auf unsere Produkte, Gesundheit ist halt einfach sexy«, findet Angelika Felsing. Dies mache es leicht, Menschen für die Firma zu begeistern. »Nichtsdestotrotz finde ich es immer nützlich und sinnvoll, zu erklären, gerade wenn Führungskräfte Aufgaben verteilen und in die Teams geben, worauf diese eine Aufgabe einzahlt: Was ist das Big Picture dahinter? Warum ist es jetzt notwendig? Wie hängt das zusammen mit unseren strategischen Zielen? Wo wollen wir hin? Und das ist ja richtungsweisend und setzt dann wieder Energie frei, um sagen zu können: ›Mein Beitrag ist wichtig für das große Ganze.‹« Auch Kundenfeedback bekannt machen, bereichsübergreifende Projekte fördern, und immer wieder das Warum und Wozu vermitteln: Alles Möglichkeiten für Führende, um das Sinn-Erleben in der MAS zu stärken. Mit dem Markenbildungsprozess habe die MAS nach 25 Jahren außerdem ihre fundamentalen Werte festgehalten – »und zwar ganz bottom-up, mit Striche-Umfrage unter den Mitarbeitenden«, ergänzt Thomas Barth.

Die Kernwerte Qualität, Freude, Vertrauen und Gesundheit hätten die meiste Zustimmung erhalten. »Und hinter diesen Werten versammelt sich das gesamte Team eigentlich ganz gut.«

- **Fortschritt, Teilfortschritte** erreichen, erlebbar und spürbar machen – das ist die fünfte PERMA-Lead-Säule (das Accomplishment). Dazu zähle, so Thomas Barth, dass Dr. med. Annegret Schumacher, Bernd Engel und er selbst in der Geschäftsführung möglichst viel und möglichst ausführlich Orientierung bieten, was denn die strategischen Ziele seien, wo das Unternehmen in den nächsten drei, fünf Jahren stehen solle. Das herunterzubrechen auf Teilziele, die dann auch im Intranet kommuniziert werden, über sämtliche Standorte hinweg, all dies sei Teil von Accomplishment. Genauso wie öffentliches Lob, Budgets für Teamfeiern oder -essen. Ganz praktisch sieht das dann auch so aus, dass manche Teams freitags mittags virtuell miteinander anstoßen – »und dabei das feiern, was sie alles in der abgelaufenen Woche gerockt haben«, sagt Angelika Felsing. Oder die Vertriebler, die Vertragserfolge mit Glockengeläut feiern – viele kleine Rituale, die das Erleben von Selbstwirksamkeit fördern. Oder dass am Ende der Leadership-Tagung die drei Geschäftsführungen Spalier stehen, den Führungskräften eine gute Heimreise wünschen und dabei kleine Goodie-Bags in die Hand drücken. Ein eigens für sie erstelltes Gratitude Journal mit den 4-Evening-Questions[1] soll den Führungskräften die Wertschätzung für Erreichtes und Geleistetes im Alltag leichter machen.

Als Ergänzung und Vertiefung zur Vorstellung des PERMA-Lead-Konzeptes gegenüber den Führungskräften auf einer Leadership-Konferenz durfte ich das Führungsteam über ein Jahr lang mit sogenannten Positive-Leadership-Breakfast-Calls begleiten: 90-minütige Online-Sessions, immer am Freitagmorgen, in denen wir uns jeweils auf eine der fünf PERMA-Lead-Säulen fokussierten. In einer Mischung aus Wiederholung, Vertiefung und Erweiterung gab es stets Übungen wie etwa: Anleitungen für den Dankbarkeitsbesuch oder den *gratitude letter* in der Veranstaltung zu positiven Emotionen, eine adaptierte Version des Schwartz-Werte-Survey[1] im Call zur Meaning-Säule oder die Tadaaa-Liste, als es um Accomplishment ging – das Sichtbarmachen von Fortschritt und Erfolg.

1 Siehe Kapitel 4.

Daraus hat Angelika Felsing für die MAS ein eigenes Führungs-Kartenset zu den PERMA-Lead-Säulen entwickelt.

Um das Eigen- und Fremdbild der Führungskräfte hinsichtlich ihres Führungsverhaltens zu reflektieren, setzt die MAS auch auf den PERMA-Lead-Profiler. Einerseits durch externe Begleitung, andererseits haben sich auch einige der Führungskräfte selbst zertifizieren lassen, um das Tool noch genauer verstehen, anwenden – und auch nach außen zur Kundschaft tragen zu können.

Dazu zählt auch, dass bildungserfahrene Dozentinnen der MAS das PERMA-Lead-Konzept Kultusministerien in den einzelnen Bundesländern und einzelnen Schulleitungen nahebringen – über Workshops, PERMA-Lead-Profiler-Testungen und über selbst entwickelte Video-Nuggets, die Positive-Leadership-Tools und -Wissen in anwendungstauglichen Portionen vermitteln. Dazu zählen etwa lösungsorientierte Fragetools, mit denen Schulleitungen positive Führung des Lehrerkollegiums erlebbar machen können, Impulse zur Motivation von Mitarbeitenden mit starkem Problemfokus und Tipps für Schulleitungen zum Onboarding neuer Lehrkräfte nach PERMA-Lead-Kriterien.

Damit der Positive-Leadership-Ansatz nach innen weitergelebt wird, hat Angelika Felsing den Onboarding-Prozess für neue Mitarbeitende überarbeitet: Gesprächsleitfäden, die sich an den fünf PERMA-Lead-Säulen orientieren und die Kommunikationshilfen bieten für ein Gespräch nach einer Woche, einem Monat oder drei Monaten Betriebszugehörigkeit. Und die Positive-Leadership-Calls gehen in eine neue Runde, diesmal mit internen Speakern, die sich quasi zu Patinnen und Paten für jeweils eine PERMA-Lead-Säule zur Verfügung stellen und damit die konkrete Verankerung von Positive Leadership im Arbeits- und Führungsalltag sicherstellen helfen.

Haben alle Führungskräfte Positive Leadership unmittelbar mit gleichermaßen großem Hurra angenommen, sind alle sofort gleichermaßen begeistert davon, dass das Führungsteam sich jetzt untereinander und hierarchieübergreifend per Du anredet? Natürlich nicht. Auch haben sich nicht alle Führungskräfte immer die Zeit genommen, bei den Breakfast-Calls dabei zu sein oder die vorgeschlagenen Tandem-Übungen mit einem Lern-Buddy zu machen. »Aber wir wollen die Leute ja auf eine Reise in Richtung Positive Leadership mitnehmen«, betont Thomas Barth.

»Und wer sich zu welchem Zeitpunkt mit welcher Geschwindigkeit und Taktung mit auf die Reise begibt, das halten wir bewusst flexibel.« Auch Angelika Felsing findet die Freiwilligkeit wichtig: »Es ist auch okay, wenn manche Führungskräfte sagen, dass sie erst nach einem Jahr oder gar nicht mitmachen möchten – wir machen hier ein Angebot, eine Entwicklungsbegleitung für die, die wollen.«

Aus meiner Trainer-Erfahrung und -Perspektive halte ich die Freiwilligkeit für sehr richtig und hilfreich. Zumal sich positives Führen nach PERMA-Lead-Logik ja in der Regel von Anfang an sehr viel leichter und lustmachender anfühlen dürfte als, sagen wir mal, OKRs einzuführen oder ähnlich grundsätzlich Sinnvolles und häufig erstmal grundsätzlich Anstrengendes. Gleichzeitig mache ich die Erfahrung, dass Positive Führung bei aller Freiwilligkeit und Leichtigkeit schneller und tiefgreifender in eine Organisation Einzug hält, wenn nicht nur die Teamleitungen Positive-Leadership-Seminare und/oder den PERMA-Lead-Profiler machen dürfen. Es hat mehr Wumms, wenn wie bei der MAS auch die Geschäftsleitungs- oder sonst wie Mitglieder der Top-Management-Ebene von Anfang an buchstäblich mit an Bord sind.

Thomas Barth resümiert: »Entscheidend ist, dass wir Positive Leadership in das tägliche Führungshandeln einbinden können, sodass das einem nicht vorkommt wie ein Riesenberg an Tools und Tätigkeiten. Wenn uns das gelingt, dann kommen wir umso besser damit voran.«

21 International Conference Services: Ein engagiertes Team und eine gemeinsame Vision als Erfolgsrezept

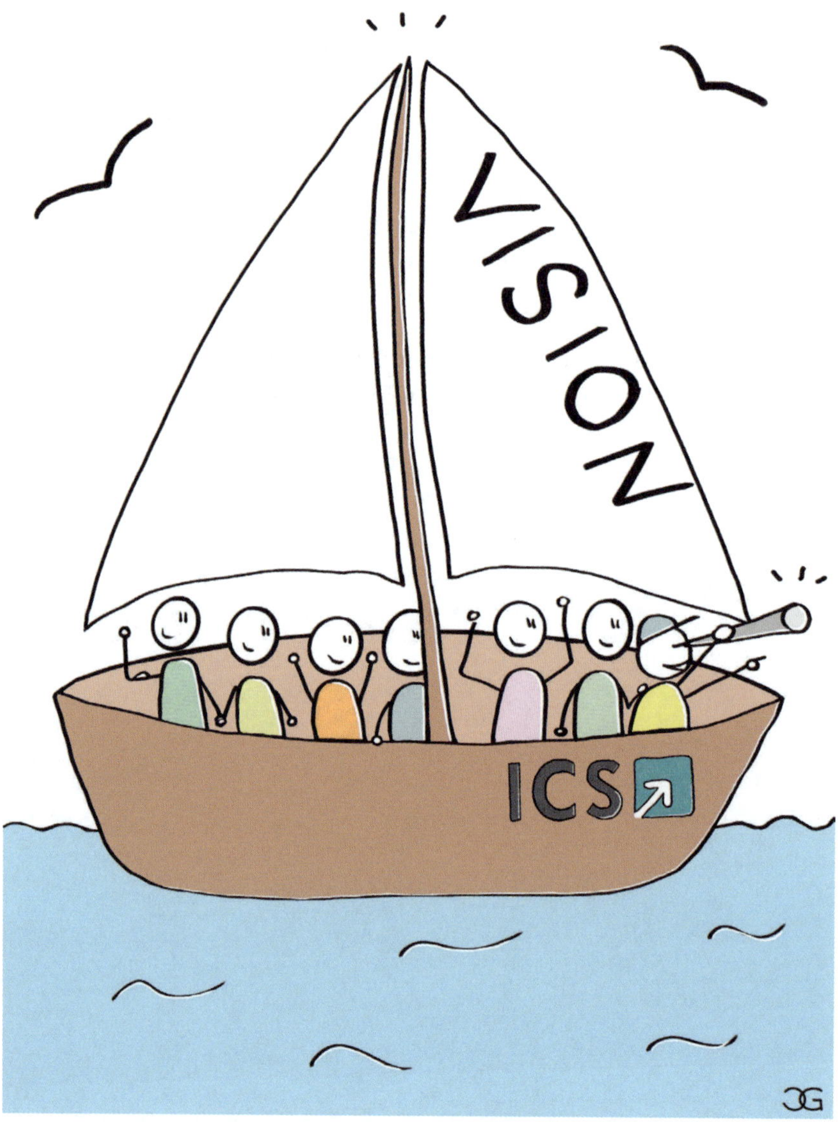

Die Organisation

International Conference Services (Ltd.) ist eine Firma mit Hauptsitz in Vancouver und Büros in Toronto, Denver, Barcelona, Wien, London, Singapur und Tokio. Die Firma ist international tätig und spezialisiert auf drei große Servicebereiche: (1) Das Veranstalten und Organisieren internationaler Kongresse, unter anderem in den Bereichen Medizin, Wissenschaft und Recht. (2) Das Management von internationalen Gesellschaften im Non-Profit-Bereich. (3) Die Koordination und Umsetzung von Online-Fortbildungen und Webinars. ICS hat 80 Mitarbeitende und arbeitete bereits in 39 Ländern. Die Firma ist weltweit angesehen und in den Vorständen der wichtigsten internationalen Gesellschaften vertreten.

Der Gastautor: Mathias Posch

Mathias Posch ist Vorstandsvorsitzender und Leiter der International Conference Services Ltd. und nach erfolgreicher Firmenkonsolidierung derzeit für deren Expansion in Asien zuständig. Er ist als internationaler Experte in der Kongressmanagement-Branche bekannt und gibt weltweit regelmäßig Vorträge auf Kongressen, Seminaren und Fachmessen. Seit 2010 sitzt er im Vorstand des Internationalen Verbandes der Professionellen Kongressorganisatoren (IAPCO) und ist seit 2018 dessen Präsident. Als weltweiter Repräsentant der Branche hat er sich zwei große Ziele gesetzt: eine größere Wertschätzung des intellektuellen Outputs internationaler Kongresse sowie eine qualitätsorientierte Erweiterung in neue, aufstrebende Länder inklusive der Ausbildung der dort ansässigen Fachleute.

Ich war 24 Jahre alt, als ich meine Karriere als Managing Director bei International Conference Services Ltd. in Vancouver begann. Das Team – damals zehn Mitarbeitende – hatte in den drei Jahren zuvor verschiedene Führungskräfte, die alle aus verschiedenen Gründen die Aufgabe nicht bewältigen konnten oder wollten. Zudem war jeder einzelne Mitarbeiter älter und großteils erfahrener als ich. Die Ausgangslage war also nicht optimal.

Bald stellte sich auch heraus, dass die Jahre der Führungslosigkeit und Unsicherheit eine unglaublich negative Stimmung im Team hinterlassen hatten. Dies war nicht nur Tag für Tag im Büro zu spüren, sondern leider auch im Umgang mit Partnern und Kunden und letztlich auch in der Umsetzung unserer Kongresse. Ich erinnere mich noch gut an einen Moment – etwa sechs Monate, nachdem ich begonnen hatte –, in dem ich in einem Kongresshaus in Seoul/Korea stand, beobachtete, wie mein Team agierte, und mir persönlich schwor, innerhalb der nächsten drei Monate meinen

Aufenthalt in Kanada zu beenden. Es waren nicht nur Fehler oder schlechter Service, die bedenklich waren – am meisten schockierte mich der Umgang des Teams miteinander. Es wurde angeklagt, unterstellt, geschrien und geweint. Als der Kongress abgeschlossen war, konnte das halbe Team einander nicht mehr in die Augen schauen. Am Heimflug von Seoul nach Vancouver hatte ich dann etwas Zeit zum Reflektieren und fasste den folgenden Entschluss: »Ich gebe mir ein Jahr, dieses Team und diese Firma auf einen positiven Pfad zu führen. Wenn ich das nicht schaffe, bin ich ungeeignet für meine Position und werde diese Rolle abgeben.«

Die Situation in Seoul hatte ein bereits schlechtes Betriebsklima weiter verschlechtert, und so waren die folgenden Wochen von Gesprächen und Streitschlichtungen geprägt. Die Auftragslage für das Folgejahr war nicht gerade rosig und meine Aktivitäten im Verkauf und die Sorge um einen positiven Cashflow gewährten mir weniger Zeit, mich um die internen Probleme zu kümmern. Es war mir aber klar, dass ein derart schlechtes Betriebsklima die Zukunft der Firma mehr gefährdete als alles andere. Die Aufarbeitung der Probleme in Seoul sowie auf anderen Kongressen, die nicht ganz so gut liefen, wie ich das gerne gesehen hätte, verlief ganz nach dem alten Schema und den gleichen alten Fragen: Was waren die Probleme, was hat zu den Problemen geführt und wie hätten diese verhindert werden können? Eine negative Bilanzierung, die zur schlechten Stimmung im Büro nur weiter beigetragen hatte. Um die ganze Sache noch zu verkomplizieren, musste ich auch dem damals alleinigen Firmeneigentümer Rede und Antwort stehen. Er war Alleineigentümer, aber nicht in den Firmenalltag integriert, was natürlich ein sehr begrenztes Wissen über die täglichen Abläufe und die Probleme zur Folge hatte.

Nach rund sechs Monaten an der Spitze der Firma fand ich mich vor einem Scherbenhaufen, fand aber Antrieb in meiner positiven Grundeinstellung. Ganz nach dem Motto »Der Krieg ist der Vater aller Dinge« stellte sich heraus, dass diese Situation es mir erlaubte, die Firma und das Team so aufzubauen, wie ich mir das vorstellte. Der Firmeneigentümer vertraute mir und bot mir eine Partnerschaft an. Um meinen Willen zu unterstreichen und meine Absichten zu besiegeln, stimmte ich zu, kaufte 10 Prozent Anteile und wurde zum »President« (also dem CEO) befördert. Mit beiden Beinen in der Firma verankert, galt es nun, den Blick nach vorne zu richten und die Situation in den Griff zu bekommen.

Gleich zu Beginn meiner Zeit bei ICS wurde ich einem Businesscoach vorgestellt. Er sollte mir und der ursprünglichen Eigentümerin und Managerin helfen, die Firma geregelt zu übernehmen. Der Coach half als neutraler Vermittler und durch seine Erfahrung mit anderen Firmen. Er hatte eine Sichtweise, die mir manchmal äußerst fremd war, mir letztlich aber immer half, die Dinge objektiv zu beurteilen. Ich wusste, dass er mir in dieser Situation wahnsinnig helfen konnte. Eine Mentorin sagte mir einst: »It's lonely at the top«, und gerade in einer kleinen Firma, wie ICS es damals war, war das absolut der Fall. Wenn man aber größere Hürden zu bewältigen hat, ist professionelle Reflexion unglaublich wichtig und mein Coach war dieser Ansprechpartner für mich. Alle geplanten Maßnahmen sprach ich zuvor mit ihm ab und er hinterfragte sie kritisch und zeigte mir die Lücken in meinem Denken auf. Es war mir damals klar, dass man gerade in einer Position der Verantwortung immer jemanden braucht, der einen kritisch und offen berät, aber einem auch die notwendige Bestätigung und Zuspruch gibt.

21.1 Ein Lösungsansatz

Wir mussten ein Team werden. Das war mit Abstand das Wichtigste. Viele der Maßnahmen, die ich in den folgenden Monaten ergriff, entsprachen durchaus dem Positive-Leadership-Ansatz, obwohl ich davon zu diesem Zeitpunkt nichts wusste. Ich legte einen großen Schwerpunkt auf die Bildung von förderlichen Beziehungen innerhalb des Teams, entsprechend dem Relationship-Faktor des heutigen PERMA-Lead-Modells. Zuerst gab es kleinere Änderungen und Ergänzungen – ein wöchentliches Staff-Meeting, um die Kommunikation zu verbessern. Gemeinsame Abendessen und sporadische Aktivitäten im Büro (Halloween-Dekoration, Geburtstagsfeiern etc.), um den Leuten die Möglichkeit zu geben, sich besser kennenzulernen. Zudem wurde ein Bonus ausgeteilt, der nicht nur auf Leistungen basierte, sondern auch auf persönlichen Errungenschaften wie Teamwork, dem Beitrag zu einem positiven Klima etc.

All diese Maßnahmen waren gut und zeigten kleine Erfolge, um aber wirklich eine neue Ära einzuläuten, brauchte es etwas Größeres, und so hielten wir im Jänner 2018 unseren ersten »Staff-Retreat« ab. Wir sperrten das Büro am Freitag zu und das gesamte Team verbrachte ein Wochenende gemeinsam in einem abgelegenen Wellnesshotel, ca. vier Stunden außerhalb von Vancouver. Das Programm war sorgfältig geplant und hatte mehrere Ziele:

1. Ein positives Klima zu schaffen
2. Das Team zu engagieren und Teamwork zu fördern
3. Gemeinsame Werte herauszufiltern und eine Vision zu formulieren
4. Firmenziele gemeinsam festzulegen
5. Das Erreichte gemeinsam zu feiern

Um dies zu erreichen, gab es mehrere Elemente: zum einen ein Teambuilding-Element, in diesem Fall ein Murder Mistery. Das Team wurde in drei Gruppen aufgeteilt, um ganz im Stil von Sherlock Holmes oder CSI einen ›Mord‹ aufzuklären. Eine lokale Firma stellte diese Aktivität zusammen und verstreute die Hinweise über das ganze Areal des Hotels. Die Teams waren voll engagiert, zeigten gesunden Ehrgeiz und hatten vor allem Spaß. Ein weiteres Element war ein ausführliches, langes Meeting, das ich selbst moderierte. Im ersten Teil des Meetings ging es darum, zu definieren, wer wir als »ICS« sind, eine gemeinsame Vision und Mission zu formulieren sowie unsere Core Values auszuarbeiten. Es war mir wahnsinnig wichtig, dass sich alle Mitarbeitenden als Teil dieser Firma verstanden, und unsere überschaubare Größe erlaubte mir, alle – egal in welcher Position sie arbeiteten – in diesen Prozess miteinzubeziehen. Es ging dabei darum, dass die Mitarbeitenden das große Ganze verstanden, und meine Aufgabe als Führungskraft war, für den dritten Aspekt des PERMA-Lead-Modells zu sorgen, nämlich die erlebte Sinnhaftigkeit aktiv zu fördern. Natürlich war das Meeting gut vorbereitet und ich hatte mir schon zuvor genau Gedanken gemacht, was ich gerne erreichen würde, und die Punkte dementsprechend präsentiert, aber letztlich kam es doch auf den Willen der Mitarbeitenden an, sich mit der Firma zu identifizieren und Werte zu formulieren. Interessanterweise konnte sich das gesamte Team, das vor wenigen Wochen bei fast allem uneinig war, relativ rasch auf unsere Core Values sowie auf Vision und Mission Statement einigen. Als wir den Tag mit einem gemeinsamen Abendessen beendeten, war der erste große Schritt getan.

Am nächsten Tag ging es um unseren Businessplan. Ganz im Sinne eines Everest-Ziels (siehe Kapitel 9.5 meines Buches »Positive Leadership. Mit

PERMA-Lead erfolgreich führen«) machten wir uns daran, unser BHAG »Big Hairy Audacious Goal« zu formulieren. Dieses Ziel sollte zehn Jahre in der Zukunft liegen und dem Team einen Leitfaden sowie ein gemeinsames Ziel geben. Davon ausgehend waren die konkreten Projekte und Prioritäten für das Jahr 2008 festzulegen. Am Ende des Wochenendes hatten wir nicht nur einen vollständig ausgefüllten »One Page Business Plan« vorzuweisen, sondern schafften es auch, jedes einzelne Teammitglied mit einer Zuständigkeit und einem konkreten Ziel, das zum Erreichen der gemeinsamen Vision beitragen würde, zu beauftragen.

Nach dem Retreat bat ich das Team um Feedback - bezüglich des Retreats als Ganzes, der sozialen Momente, des Teambuildings und auch bezüglich des langen Meetings. Zu meiner Überraschung und großen Freude waren gerade das Team-Meeting und das Ausarbeiten des One-Page-Plans beim Team gut angekommen. Und plötzlich wurde mir eines klar: Niemand im Team war zuvor eingebunden worden und daher war es kein Wunder, dass sich kaum einer mit der Firma identifizierte. Das gemeinsame Wochenende und vor allem das Festlegen eines gemeinsamen Plans gaben dem Unternehmen eine komplett neue Chance.

21.2 Der Zug kam in Fahrt

So sehr es kurz nach dem Retreat schien, dass nun alle an einem Strang zogen, wurde doch bald klar, dass eine Person sich trotz ursprünglicher Zustimmung jetzt gegen die Änderungen sträubte. In einem kleinen Team ist das besonders gefährlich, da diese eine Person es schaffen kann, das gesamte Team negativ zu beeinflussen. Es blieb mir also nichts anderes übrig, als ein ernstes Gespräch zu führen, dessen Ausgang komplett offen war. Letztlich waren die Core Values, die das Team gemeinsam formuliert hatte, das Hauptthema des Gespräches, und nachdem sich die Mitarbeiterin nicht dazu durchrang, sich wirklich zu unseren Werten zu bekennen, war klar, dass das Arbeitsverhältnis hier beendet werden musste. In jeder Gemeinschaft - ob das eine persönliche ist oder das Team, mit dem man arbeitet - sind gemeinsame Werte ausschlaggebend für ein erfolgreiches Miteinander. Wenn sich ein Mitglied der Gemeinschaft aber nicht zu diesen Werten bekennen will, macht das ein erfolgreiches Miteinander fast unmöglich.

Das Ausscheiden einer Mitarbeiterin war natürlich ein Rückschlag – letztlich war dieser aber nur von kurzer Dauer. Im Großen und Ganzen führte es zu einer Erleichterung, da sich die Negativität längst auf die anderen Mitarbeitenden auswirkte. Bis zu diesem Zeitpunkt war ich stets überzeugt, dass es schlecht für ein Team sei, wenn ein Mitglied geht (oder gegangen wird). Dieser Fall machte mir aber deutlich, wie wichtig es manchmal sein kann, negative Einflüsse zu minimieren.

Abgesehen von dieser unglücklichen Situation, liefen die Dinge recht gut. Als nächste große Aktion ging es nun darum, der »neuen Firma« mit den neuen Ideen und Werten auch ein neues Gesicht zu geben, und so begannen wir, auch unser Logo und das gesamte Erscheinungsbild zu ändern. Der Prozess zur Logogestaltung war ähnlich kollektiv wie das Erstellen des One-Page-Plans. Weiters beschlossen wir, auch die Website auf unsere Weise zu kreieren, und integrierten unsere Mitarbeitenden in die Fotos auf unserer Website. Sich derart in die Gestaltung unserer Corporate Identity einzubringen sowie sich selbst auf der Website und den Drucksachen wiederzufinden untermauerte nicht nur, wie sehr das Team mit der Firma und ihren Werten übereinstimmte, sondern auch umgekehrt – wie sehr die Identität der Firma u. a. durch ihre Mitarbeitenden definiert wird.

Für die Umsetzung der engagierten Ziele sowie anderer Bereiche, die wir als wichtig empfanden, gründeten wir mehrere Taskforces und jeder Mitarbeiter leitete zumindest eine. In den Staff-Meetings berichteten Taskforces von Fortschritten oder Projekten. Dadurch konnte jeder Mitarbeiter einen konkreten Beitrag zur Firmenentwicklung leisten und wir schafften es, sehr emanzipierte Ziele in viel kürzerer Zeit umzusetzen. All diese Aktionen trugen rasch Früchte, und so konnten wir 2008 unser Service, unsere Gewinnspanne und die Kundenzufriedenheit wesentlich verbessern. All dies half auch dabei, neue Projekte für die Folgejahre an Land zu ziehen und 2008 trotz schlechter Vorzeichen und zahlreicher Zusatzkosten (Logodesign, Retreat, neue Mitarbeitende etc.) mit einem kleinen Profit zu beenden. Im Jänner 2009 gab es dann wieder einen Staff-Retreat mit einem ähnlichen Programm – nur konzentrierten wir uns diesmal auf neue Herausforderungen, wie etwa das Verbessern der Servicekontinuität. Die Maßnahmen, die 2008 eingeführt worden waren, wurden beibehalten und weiterentwickelt. Schließlich schafften wir es, 2009 nicht nur zu wachsen, sondern auch wieder vernünftige Gewinne zu schreiben.

21.3 Zehn Jahre später

Zehn Jahre später ist ICS nun 80 Mitarbeitenden stark. Wir haben Zweigstellen in Toronto, Denver, Wien, London, Barcelona, Singapur und Tokio eröffnet und Kongresse in 39 Ländern organisiert. Zu unseren Kunden zählen die wichtigsten medizinischen und wissenschaftlichen Gesellschaften der Welt, die uns großteils auf Langzeitbasis engagiert haben. Weiters hat unsere Firma, als eine der ersten PCO-Firmen der Welt, einen Onlinemeeting-Zweig geschaffen und nicht nur unsere bestehenden Kunden mit einem innovativen Produkt bedient, sondern auch vollkommen neue Onlinekongresse geschaffen.

Strukturell hat sich auch einiges getan – das Unternehmen wird heute als eine »Partnership« geführt und neben dem ursprünglichen (stillen) Investor und mir haben mittlerweile noch drei weitere verdiente Mitarbeitende Anteile an der Firma erworben. Es ist nicht länger einsam an der Spitze – ein Executive Team von fünf Personen trägt die Verantwortung und trifft alle Entscheidungen für die Organisation, und das meist in voller Übereinstimmung.

Ohne überheblich klingen zu wollen, ICS ist heute eine Firma, auf die ich und das Executive Team (sowie der Rest der Mitarbeitenden) wahnsinnig stolz sind – wir sind profitabel, angesehen und haben ein gutes Betriebsklima. Unsere Vision und unsere Werte sind heute stärker denn je und vereinen ein Team, das mittlerweile über den gesamten Erdball verstreut ist. Wir mögen Büros in aller Welt haben, besonders toll ist aber, dass wir auch die ganze Welt in einem Büro haben – unser Headquarter in Vancouver hat Mitarbeitende aus der ganzen Welt, die insgesamt rund 20 verschiedene Sprachen sprechen. Unser Team ist bunt und verschieden, und gerade das macht uns so stark.

Rückblickend waren es die einzelnen Bausteine von Positive Leadership, die unser Unternehmen gerettet haben. Was vor fast zwölf Jahren im Chaos begann, konnte durch gezieltes positives Management, das Mitarbeitende einbezieht, positive Erfahrungen feiert und gute Leistung belohnt, zu einem Erfolg geführt werden. Zahlreiche Rückschläge verführen manchmal dazu, den eingeschlagenen Weg zu verlassen, doch letztlich war ein konsequentes Beharren auf gemeinsame Werte und ein gemeinsames Ziel ein Rezept zum Erfolg. Persönlich hat dieser Weg auch mich ausgeglichener und glücklicher gemacht. Positive Leadership macht nicht nur die Mitarbeitenden glücklicher und die Firma erfolgreicher, sondern erlaubt es auch der Führungskraft, die täglichen Hürden mit mehr Energie und Optimismus zu bewältigen. Davon bin ich aus eigener Erfahrung zutiefst überzeugt.

21.4 PERMA im ICS-Alltag

Die Entwicklung unserer Firma wäre nicht möglich gewesen, hätten wir nicht eine bestimmte Art des Umgangs miteinander sowie der Einbindung der Mitarbeitenden stets beibehalten. Erst später wurde mir bewusst, wie stark das dem PERMA-Prinzip entspricht, was wir instinktiv und mit Unterstützung einiger Businessbücher in unserer Firma umsetzten. Natürlich haben sich die Methoden dem Firmenwachstum angepasst, das Grundprinzip wurde aber stets beibehalten. Wenn ich heute auf unser Unternehmen blicke, dann finde ich eine Menge gelebtes PERMA, und ich bin mir sicher, dass es die Voraussetzung für unseren überdurchschnittlichen Erfolg ist.

Positive Emotions

Ein positives Betriebsklima beruht auf den positiven Emotionen aller Mitarbeitenden. Wir setzen stark auf dieses Element, durch konstantes Hervorheben großartiger Leistungen. Wir beenden beispielsweise das Staff-Meeting mit einem positiven Programmpunkt, den »Shout-outs« – hier können Mitarbeitende und Management einen (oder mehrere) Mitarbeiter hervorheben, die ihnen in dieser Woche besonders geholfen haben oder etwas für das Team Wichtiges gemacht haben. Neben dem Staff-Meeting werden die positiven Emotionen auch durch zahlreiche Firmenfeiern und kleinere Gesten gestärkt. So bekommt jede/r Mitarbeitenden eine von allen anderen Mitarbeitenden unterschriebene Karte zum Geburtstag sowie zum Arbeitsjubiläum. Zudem darf man sich für den Geburtstag einen zusätzlichen freien Tag nehmen. Es gibt sowohl die sporadischen Pizzapartys, Yogastunden, Good-Will-Aktionen, gemeinsame Spaziergänge etc. als auch die größeren Feiern, wie die Weihnachtsparty, ein jährliches Grillen im Sommer sowie nach wie vor den Staff-Retreat.

Engagement

Engagement wird bei ICS besonders gefördert – konkret in den folgenden zwei Situationen:

Taskforces: Die Taskforces haben sich in den Jahren stark entwickelt, existieren aber immer noch und sind wichtiger Bestandteil der Firmenkultur und -entwicklung. Obwohl in Aufgabe und Mission höchst verschieden (von »CSR« bis hin zu »Neue Trends«), geben sie allesamt den Mitarbeitenden die Möglichkeit, sich aktiv und mit ihren Stärken in die Produkt- und Firmenentwicklung miteinzubringen.

Projektteams und Mentorship: Ein Kongress wird geführt wie ein kleines Unternehmen. Wir geben unseren Mitarbeitenden die Möglichkeit, sich nicht nur um die logistische Umsetzung zu kümmern, sondern sich aktiv einzubringen. Dadurch kommt es auch zu einem größeren Verantwortungsbewusstsein und »Ownership« für jeden einzelnen Kongress. Das Bewusstsein, einen aktiven Beitrag zu einem zugeteilten Projekt leisten zu können, motiviert nicht nur, sondern bringt auch bessere Ergebnisse. Zudem haben wir eine Kultur geschaffen, in der es nicht nur dem Management überlassen ist, sich um neue oder unerfahrenere Mitarbeitende zu kümmern. Jede/r einzelne Mitarbeitende bringt sich ein und kann so seine/ihre Führungsqualitäten testen. Für das Team bedeutet das ein »Aufeinanderschauen«, was den Teamgeist stärkt. Der/die einzelne Mitarbeitende genießt das in ihn/sie gesetzte Vertrauen und fühlt sich involviert, das neue Teammitglied fühlt sich von Anfang an integriert und hat mehrere Ansprechpartner.

Relationships

Das gute Miteinander im Team ist unglaublich wichtig und die angeführten Elemente wirken sich auch alle auf die »Relationships« aus.

Ein spezifisches und wichtiges Element ist aber der tägliche Umgang miteinander und das Verständnis füreinander. Dafür gibt es bei uns einen täglichen »Huddle«, das ist ein 5- bis 10-minütiges Stand-up-Meeting in jedem Department, in dem jeder Mitarbeiter kurz seine Priorität für den Tag sowie allfällige Engpässe anführt. Dies erlaubt den anderen nicht nur, Hilfe anzubieten (oder zu erhalten), sondern erzeugt auch ein Verständnis für den Arbeitstag der anderen Teammitglieder.

Für den Umgang miteinander werden auch gemeinsame Mittags- oder Kaffeepausen gefördert, durch das Gestalten von gemütlichen und einladenden Bereichen im Büro. Dazu gibt es einen Bereich mit Sofas, einen langen Esstisch in der Küche, eine lange Stehbar im Arbeitsbereich, Bean Bags etc. Das Ziel ist, dass sich die Mitarbeitenden im Büro wohlfühlen und es zahlreiche Bereiche gibt, in denen man sich auf gemütliche Art unterhalten kann - sei es über ein Arbeitsthema oder Privates.

Einen besonderen Schwerpunkt haben bei uns gemeinsame soziale Begegnungen bekommen, dabei werden die meisten von den Mitarbeitenden selbst initiiert und organisiert. Die Firma stellt die Mittel zur Verfügung, die Ideen und die Umsetzung kommen aber von den Mitarbeitenden selbst. Es gibt gemeinsames Fußballschauen, ein Ostereiersuchen oder von den Mitarbeitenden geführte Yogastunden im Sitzungsraum. Die Weihnachtsfeier wird jährlich von einem anderen Team als Überraschung organisiert. Einzig den Staff-Retreat haben wir, aufgrund seiner strategischen Wichtigkeit, dem Executive Team zur Organisation überlassen.

Meaning

Der Zweck und tiefere Sinn meiner Arbeit war immer der größte Motivator für mich. Und so versuchte ich stets, das auch meinen Mitarbeitenden zu vermitteln. Auch im Bereich »Meaning« haben wir zwei große Bereiche, die das abdecken:

Unsere **Mission als Firma** ist kurz, aber klar: »Connecting people to change the world«. Wir arbeiten mit internationalen Gesellschaften, die in ihrem jeweiligen Bereich eine positive Veränderung erreichen wollen - sei es in der Krebsforschung, der Weltraumforschung oder in Menschenrechtsbelangen. Unsere Kongresse haben somit große Ziele und bringen Menschen zusammen, die die Fähigkeit haben, diese Ziele zu erreichen. Wenn man sich das vor Augen führt, ist es nicht schwer, Sinn in seiner Arbeit zu finden. Allerdings lässt einen der Alltag der Kongressplanung oder des Gesellschaftsmanagements allzu oft vergessen, worum es wirklich geht. Daher ist es uns ein besonderes Anliegen, das immer wieder hervorzuheben. In »Client Spotlights« im Staff-Meeting berichten Kongressmanager, welche Ziele ihr Kongress und/oder die jeweilige Gesellschaft verfolgt, was schon erreicht wurde und ganz generell worum es eigentlich geht. Wenn möglich, bitten wir auch die jeweiligen Kunden, den Mitarbeitenden einen Überblick zu geben. Dieses »Insider Knowledge« unterstreicht für Mitarbeitende immer wieder, wie wichtig ihr Beitrag ist.

Karitative Projekte: Als Firma war es uns immer wichtig, zurückzugeben, und neben regelmäßigen Spenden an karitative Einrichtungen nahmen wir gemeinsam auch an Charity-Märschen und Hilfsaktionen teil. Vor drei Jahren beschlossen wir, ein größeres »Legacy-Projekt« zu unterstützen. Die CSR-Taskforce begutachtete mehrere Projekte und schließlich wurde ein 100 000 USD teures Projekt, nämlich ein Dorf in Ecuador mit Trinkwasser zu versorgen, zum ICS-Legacy-Projekt erkoren, das es innerhalb von fünf Jahren zu finanzieren gilt. Die Firma steuert 50 Prozent bei, der Rest wird vom Team durch mehrere Fundraising-Aktionen gesammelt – sei dies eine stille Auktion, ein Kaffeestand, eine spezielle Filmvorführung oder was auch immer. Im Grunde geht es darum, dass sich das Team einem Dorf in Ecuador annimmt und sich ein klares Ziel gesetzt hat.

Accomplishment

Das Erreichte muss gefeiert werden. Ein guter Anlass hierzu ist das jährliche Staff-Retreat, bei dem die großen Erfolge herausgehoben und gemeinsam gefeiert werden. Zudem werden die kleinen (und großen) Erfolge auch wöchentlich im Staff-Meeting berichtet und von den Mitarbeitenden beklatscht.

Wie in diesem Buch mehrfach vorgeschlagen, beginnen auch wir unsere wöchentlichen Staff-Meetings mit »positive Stories«: Welche großen Erfolge konnten wir in der letzten Woche verbuchen? Dabei können Mitarbeitende und Management positive Geschichten aus allen Bereichen nennen – ob es das Erreichen eines Marketingziels war, eine persönliche Bestmarke oder ein besonderes Lobes-E-Mail. Das Staff-Meeting positiv und mit Erfolgsstorys zu beginnen, ist fundamental für die Produktivität des Zusammenseins, wie sich herausgestellt hat.

Eine »Personal Accomplishment Wall« in einem zentralen Bereich im Büro ist voll mit Post-its mit kleineren Erfolgen – wie etwa einem neuen Sponsorship-Deal für einen Kongress oder Ähnlichem. Zudem gibt es eine »Brag Wall« in der Küche, auf der Mitarbeitende Lobes-E-Mails von Kunden und anderen Partnern anbringen. Auch finanziell werden Erfolge und besonderer Einsatz entlohnt – ein wichtiger Teil des Gehalts eines

Mitarbeiters ist der jährliche Bonus, dessen Kalkulation aus dem Beitrag zum Team, dem Beitrag zur Firmenentwicklung und natürlich auch aus finanziellen und organisatorischen Erfolgen besteht.

Unsere Mitarbeitenden sind glücklich und der Firma emotional verbunden. Das macht uns nicht nur produktiv und profitabel, sondern auch kundenorientiert. PERMA ist ein logisches Prinzip, eine Firma zu führen, da es auf die grundtiefen Bedürfnisse von Menschen eingeht. Für ICS war das Prinzip des Positive Leadership zuerst die Rettung, dann, was uns am Leben erhielt, und mittlerweile ist es das, was unseren Erfolg maßgeblich ausmacht.

PERSÖNLICHE NOTIZEN

22 Aareal Bank AG: Ein neues Junior-Training-Programm mit viel PERMA

Die Organisation

Die Aareal Bank AG ist ein im MDAX gelistetes internationales Unternehmen mit Hauptsitz in Wiesbaden und ein führender internationaler Anbieter von Finanzierungslösungen und Dienstleistungen, insbesondere in der Immobilienwirtschaft. Ob Bürogebäude, Hotels, Shoppingcenter oder Logistik- und Wohnimmobilien, ob in Nordamerika, Asien oder Europa: Mit maßgeschneiderten und flexiblen Lösungen werden Kunden bei der Finanzierung ihrer internationalen Immobilieninvestitionen unterstützt. Mit modernsten Banking- und Software-Lösungen sowie innovativen digitalen Dienstleistungen ermöglicht sie ihren Kunden ein effizientes und serviceorientiertes Management ihrer Immobilien in Europa. Mit einer Bilanzsumme von knapp 42 Milliarden im Jahr 2017 und 2800 Mitarbeitenden im Konzern, davon knapp 1000 bei der Bank selbst, ist die Gesamtstruktur eher mittelständisch. Seit 2002 ist die Aareal Bank AG an der deutschen Börse notiert.

Die Gastautorin: Patricia Dill

Patricia Dill ist Diplom-Psychologin und Personalexpertin mit 25 Jahren Berufserfahrung in Fach- und Führungsfunktionen verschiedener Personalbereiche der IT- und Bankenbranche. Sie hat sich in Prozessberatung, Systemischer Beratung sowie positiver Konflikt- und Gesundheitsberatung nach Nossrat Peseschkian weitergebildet. An der Hochschule für Applied Sciences in Mainz war sie parallel als Gastdozentin für die Themen Führungskräfte-, Personal- und Organisationsentwicklung tätig. Zuletzt war sie als Führungskraft für die Nachwuchsprogramme der Aareal Bank AG, die Junior Training Programs, für die Auswahl, Betreuung und Personalführung sowie die Programmplanung verantwortlich. Im September 2017 hat sie die nebenberufliche Ausbildung zur Psychologischen Psychotherapeutin mit der Approbation erfolgreich abgeschlossen.

Ich möchte vorwegschicken: Zum Zeitpunkt des Erscheinens dieses Buches bin ich nicht mehr bei der Aareal Bank. Nach 16 turbulenten, inspirierenden, glücklichen und lernintensiven Jahren habe ich als Psychologin parallel zum Beruf als Personalerin – und von meinen Vorgesetzten immer unterstützt – eine Weiterbildung als Psychologische Psychotherapeutin mit der Approbation abgeschlossen und bin nun im Begriff, eine eigene psychotherapeutische Praxis zu eröffnen. Psychologen sind in Personalabteilungen nicht unüblich. Bei der Aareal Bank gab es mit mir drei, alle wurden ursprünglich in der Personalentwicklung eingestellt.

Die Aareal Bank ist ein mittelständisch geprägtes Unternehmen. Bei unter 1000 Mitarbeitenden »kennt man sich«, wenn man ein paar Jahre dort tätig ist. Gleichzeitig ist die Aareal Bank ein Nischenanbieter für internationale

Immobilienfinanzierungen - nichts, womit man sich seit 2008 (Bankenkrise, Immobilienkrise, Eurokrise) hätte öffentlich brüsten können. Doch es gab und gibt dort viele sehr gute Experten und engagierte Menschen, mit denen ich gerne und erfolgreich zusammengearbeitet habe und zum Teil noch immer in Kontakt stehe. Ich habe viel gegenseitige Wertschätzung und Unterstützung erfahren, wenig Konkurrenz und eine sehr wertvolle Kultur der Höflichkeit. Manchmal habe ich auch Unsicherheit in Bezug auf die Zukunft erlebt, und Frust natürlich auch. Ich halte das für unumgänglich, wenn Menschen etwas wollen und sich für ihre Ziele engagieren. Frust kann auch als etwas Wertvolles interpretiert werden: Er zeigt uns, dass wir ein Ideal haben und bereit sind, dafür etwas zu tun und uns zu engagieren. Dass in einer Organisation - egal, welcher Größe - andere Interessen den eigenen entgegenstehen und uns dann behindern, liegt in der Natur der Sache. Dann gilt es, eigene Interessen mit denen des Arbeitgebers abzugleichen, Kompromisse zu schließen und neue Wege zu erschließen. Hierfür gab es immer Sparringspartner und Raum.

22.1 Die Junior Training Programes

Die Junior Training Programes - kurz JTPs - wurden 2014 ins Leben gerufen. Wir hatten eine Lücke im Altersbaum festgestellt und wollten Nachwuchs ausbilden und langfristig für die Bank halten. Frühere Programme waren obsolet und für einige Jahre bewusst ausgesetzt worden. Das alleinige Ausbilden - und anschließende »Gehenlassen« - war nie eine Option der Aareal Bank. Die Themen und Aufgaben waren sehr komplex, sodass wir in der Ausbildung erste Grundsteine legten und dann Optionen für weitere Karrierewege und Entwicklung innerhalb des Unternehmens schaffen wollten.

Als die Aareal Bank wieder in die Ausbildung einstieg und mich als Ausbildungsleiterin einsetzte, war dies eine wunderbare Chance, Maßnahmen umzusetzen, die ich mir in meiner eigenen Ausbildung gewünscht hätte und für die es mittlerweile einen Namen (und passende Werkzeuge) gibt: »Positive Leadership«. Dieser Ansatz folgt den Prinzipien der Positiven Psychologie und beruht auf Wachstum, Beschleunigung, Unterstützung und Wertschätzung statt auf Druck, Bestrafung und Anpassung. Besonders die fünf Bereiche des PERMA-Modells, die in diesem Buch ausführlich beschrieben werden, sind ein wahrer Fundus für diesen positiven Führungsstil.

In einer abteilungsübergreifenden Arbeitsgruppe entschieden wir, welche Ausbildungen wir künftig anbieten. Die Entscheidungen beruhten auf einer Statistik, die uns sagte, in welchen Bereichen in den folgenden Jahren mit vermehrten Austritten in den Ruhestand und daher mit Nachwuchsbedarf zu rechnen sein werde; dazu gehörten vor allem die IT und einige Stabsbereiche wie Organisation und Regulation.

Wenn man so auf der grünen Wiese startet, stellt sich die Frage: Wo fängt man eigentlich an? Wir entschieden uns zunächst dafür, keine klassische Bankausbildung anzubieten. Warum? Weil sich die Banken in den letzten Jahren so stark verändert hatten, dass es den »klassischen Banker« im Unternehmen gar nicht mehr gab. Bei den »Welcome Workshops«, in denen die neuen Mitarbeitenden willkommen geheißen werden, waren bereits zwei Drittel »Nichtbanker«. Wir entschieden, duale Studenten einzustellen für Wirtschaftsinformatik und BWL und außerdem Kaufleute für Büromanagement mit der Option, diese später im Studium zu unterstützen. Später kamen berufsintegrierte BWL-Studenten dazu und einzelne Studenten, die während ihres Masterstudiums ein Traineeprogramm durchliefen. So entstand die Gruppe der »Junior Training Programes«, die im Folgenden kurz JTP genannt wird.

Es galt, die richtigen Personen auszuwählen, sie mit dem Unternehmen und der Organisation vertraut zu machen, Ausbildungspläne zu erstellen, Ausbildungsbetreuer in den Bereichen zu finden, neben fachlichen auch persönliche und organisatorische Kompetenzen zu vermitteln, Kooperationen mit Hochschulen und der Industrie- und Handelskammer (IHK) herzustellen, das Programm im Haus bekannt zu machen, die Gruppe durch Aktionen zusammenzuschweißen und eine Bindung an das Haus herzustellen. Die Ziele waren insoweit klar, aber der Weg dorthin war noch relativ offen und das sollte er auch bleiben, um den Azubis und Studenten die Möglichkeit zu geben, mitzugestalten, und nicht von Anfang an starre Vorgaben zu machen, sondern die Möglichkeit zu schaffen, Neues auszuprobieren und aus den eigenen Erfahrungen zu lernen. Was gut funktioniert, wird weitergemacht, was nicht funktioniert, wird angepasst oder fallen gelassen. Unterstützung, Feedback und konkrete Planungshilfen fand ich in der Planungsgruppe, unter meinen Personal- und Führungskollegen und auf einigen Kongressen zum Thema »Positive Psychologie«, auf denen ich mit anderen Psychologen und Führungskräften sehr inspirierende Gespräche führte.

22.2 Highlights im Ausbildungsprogramm

Im Folgenden werde ich die Highlights des Ausbildungsprogramms beschreiben und diese mit P, E, R, M und A markieren, um kenntlich zu machen, auf welche PERMA-Aspekte sie sich im Wesentlichen beziehen:

22.2.1 Recruiting (P)

Zur Feststellung des Könnens wurden Tests zum logischen und kombinatorischen Denkvermögen und zur Arbeitsgeschwindigkeit und -genauigkeit durchgeführt. Im Interview wurde der Fokus auf Interessen und Motivation gelegt und darauf, ob eine Fähigkeit zum Belohnungsaufschub bestand, also die Bereitschaft, Unannehmlichkeiten auszuhalten oder kleinere Erfolge zugunsten eines größeren Ziels zurückzustellen. Erst nach erfolgreichem Test wurden die Interviews mit den Fachbereichen durchgeführt. Der starke Fokus auf Testergebnisse wurde von manchem Bewerber als ungerecht empfunden und mag sicher den einen oder anderen Betafehler verursacht haben, also eine falsche Entscheidung zuungunsten des Bewerbers. Gleichzeitig brachten alle erfolgreichen Bewerber ein gewisses Stolzgefühl über das Bestehen der Tests mit, was die Kohäsion stärkte, den Zusammenhalt in der Gruppe und auch die Bindung zum Unternehmen.

Zu den Terminen wurden auch Vertreter der Ausbildungsgruppe - also Auszubildende und Studenten - eingeladen, um Fragen zu beantworten und die Bewerber kennenzulernen. In kurzen Besprechungen nach den Terminen bat ich um Feedback, sodass sie lernen konnten, ihre Eindrücke in konkretem Feedback zu formulieren, und um deutlich zu machen, dass ihre Einschätzungen relevant waren.

22.2.2 Ausbildungsplanung (E, M)

Da die Ausbildungsgänge in dieser Form noch nicht durchgeführt worden waren, gab es zu Beginn lediglich Meilensteine und grobe Ziele in der Planung der einzelnen Stationen. Durch regelmäßige Gespräche mit den beteiligten Auszubildenden und Studenten wurde die Konzeption dann weiter verfeinert und im Detail geplant. So konnte erreicht werden, dass jeder Auszubildende seine Stärken und Interessen einbringen konnte. In regelmäßigen, meist monatlichen Gesprächen wurden die Entwicklungsfortschritte mit den Ausbildern und den Auszubildenden besprochen und immer wieder Anpassungen vorgenommen. Dadurch hatte jeder der Beteiligten ein Mitspracherecht und Raum für eigene Entscheidungen - und damit ein Erleben von Selbstwirksamkeit. Nicht immer entsprachen die Wünsche der Studenten und Azubis auch den Bedarfen der Organisation, dann haben wir (Ausbildungsleitung und Ausbilder) uns bemüht, die Hintergründe aufzuzeigen sowie Alternativen und deren Konsequenzen zu erläutern.

Es entstand schließlich eine Gruppe von zehn Personen, die an unterschiedlichen Ausbildungen teilnahmen und unterschiedliche Fächer studierten. Sie hielten sich eigentlich nie zusammen im Haus auf, da sie zu unterschiedlichen Phasen an der Uni oder in der Berufsschule waren. Dennoch gelang es uns, gemeinsame Aktionen zu planen und durchzuführen, die die Gruppe immer wieder zusammenbrachten und dazu führten, dass sich alle näher kennenlernten. Als Teamentwicklungsmaßnahme verbrachten wir z. B. einen Nachmittag im Wald und lernten von einem Wildniscoach, wie man die Umgebung interpretiert, welche Dinge man wahrnehmen kann, die beim oberflächlichen Betrachten gar nicht auffallen, und auf wie viele unterschiedliche Arten sich ein Feuer machen lässt. Das mag auf den ersten Blick vielleicht nicht viel mit Ausbildung zu tun haben, doch es brachte uns zusammen und schärfte die Aufmerksamkeit für Zusammenhänge, die nicht immer auf den ersten Blick sichtbar sind, was ja in Unternehmen auch immer wieder der Fall ist. Die Gruppe hatte das Bedürfnis, des Öfteren zusammenzukommen, und plante danach auch andere gemeinsame Unternehmungen - außerhalb der Arbeitszeit und auch auf eigene Kosten –, z. B. Lasertag, Rätselraum oder einfach mal abends gemeinsam auszugehen.

Gemeinsame Projekte innerhalb der Bank führten die Gruppe ebenfalls immer wieder zusammen. In diesen Projekten übernahmen immer andere Mitglieder der Ausbildungsgruppe die Leitung und Planung (A) und konnten so ihre persönlichen Kompetenzen erproben und in weitere Aspekte der Organisation tiefer einsteigen.

22.2.3 Barcamp (P, R, A)

Das JTP-Team bereitete ein allerersten AUSBILDUNGS-BARCAMP zu Ausbildungsthemen im Unternehmen vor und führte es durch. Ein Barcamp ist ein innovatives Veranstaltungsformat, bei dem zu einem vorher bestimmten Thema interessierte Menschen zusammenkommen. Jeder Teilnehmer kann ein Thema oder eine Frage mitbringen und vorschlagen. Die Teilnehmenden ordnen sich dann den Themen zu und bearbeiten sie in Workshops von ca. 1,5 Stunden. Die Ergebnisse dieser Workshops werden kurz präsentiert und in einer neuen Runde können sie weiterbearbeitet werden oder es können neue Fragen angegangen werden. Interessen und Angebote der Teilnehmenden bestimmen die Inhalte. Dieses sehr freie und kreative Workshopformat macht Riesenspaß, ist aber auch anstrengend, weil man ja nicht weiß, was kommt, und sich immer wieder neu auf die Inhalte einstellen muss.

Zwei Studenten übernahmen die Verantwortung für die Projektleitung und kümmerten sich eigenständig um die Planung und Vorbereitung. Das Barcamp war ein völlig neues Format in der Organisation und eine gute Gelegenheit, die Theorie der Projektleitung einmal in der Praxis umzusetzen und zu erleben. Es meldeten sich 50 Mitarbeitende an, teilweise aus Neugier, teilweise aus Überzeugung, und es konnten viele verschiedene Themen besprochen und angegangen werden: Projekte, in denen sich Bereiche und Abteilungen stärker vernetzten, das Ausprobieren neuer und kreativer Arbeitsmethoden und von Social Media. Seither hat die Aareal Bank einen Instagram Account »Aareal Career«, der für Employer Branding und Recruiting verwendet wird und regelmäßig von den Nachwuchskräften der Bank genutzt wird.

22.2.4 Wiesbaden engagiert (P, E, M)

Ein sehr besonderes Projekt war die Mitwirkung bei der kommunalen Veranstaltung »Wiesbaden engagiert«, bei der Teams sich ein gemeinnütziges Projekt aussuchen konnten und dieses an einem selbst gewählten Termin gemeinsam durchführten. Einer der Studenten ging nach Feierabend zur Projektbörse und wählte ein Thema aus, das er den anderen vorstellte und das großen Anklang fand: die Durchführung eines Bewerbungstrainings für Jugendliche in einer vom Land unterstützten Maßnahme mit dem Ziel, einen Ausbildungsplatz zu finden. In der Vorbereitung auf den Termin wurden kommunikative Themen wie »Gesprächsführung« und »Feedback geben« in Form eines Workshops vermittelt und diese konnten im Projekt gleich angewandt und erprobt werden. Es wurde dasselbe Bewerberverfahren durchgeführt, das die Auszubildenden und Studenten selbst durchlaufen hatten: ein Intelligenztest, ein Konzentrationstest, ein Logiktest und ein Bewerbergespräch. Die JTP-Teilnehmenden bekamen die Lebensläufe und bereiteten die Gespräche vor, die sie dann auch selbst durchführten. Anschließend gaben sie den Jugendlichen ein Feedback. Das Feedback, das dann von den Jugendlichen kam, war sensationell und die Gruppe spürte dabei deutlich, dass sie etwas zu geben hatte, und war extrem stolz auf ihren Beitrag. Als ›Zuckerl‹ wurden wir zum Abschlussfest des Projekts eingeladen, zu dem alle teilnehmenden Teams – zum Grillen und gemeinsamen Feiern – eingeladen wurden und bei dem der Bürgermeister sich persönlich bedankte.

22.2.5 Stehungen (R, M)

Die Gruppe untereinander zu vernetzen gelang durch verschiedene Maßnahmen: Es gab z. B. einen festen, aber offenen Lunchtermin in der Kantine, an dem alle Auszubildenden und Studenten teilnehmen konnten. Schnell wurden hierzu auch Praktikanten und Werkstudenten eingeladen und integriert, sodass es nicht nur soziale Vernetzung, sondern gleichzeitig auch einen professionellen Austausch gab.

Eine mehr formelle Vernetzung in der Organisation konnten wir durch die Einführung sogenannter »Stehungen« erreichen. Im Gegensatz zu klassischen »Sitzungen« werden hier Zusammentreffen im Stehen durchgeführt, die dadurch eine natürliche Zeitbegrenzung von ungefähr 30 Minuten haben. Die ersten Stehungen wurden noch von mir organisiert und terminiert. Sie fanden zunächst mit Managern zentraler Einheiten statt, mit dem Ziel, die recht komplexe Organisation im Haus persönlicher und dadurch begreifbar zu machen. So lernten alle durch die Begegnung mit den Managern und den persönlichen Kontakt etwas über deren Aufgaben und damit über die Organisationsstruktur sowie die Aufgaben des jeweiligen Bereiches. Schnell äußerten die Studenten ihre Wünsche und Vorschläge, wen sie noch interviewen wollten, und auf der gemeinsamen Kommunikationsplattform wurde eine Planungsliste eingestellt, in die jeder seine Ideen eintragen konnte. Die gewünschten Interviews bzw. Interviewpartner wurden dann auch von den jeweiligen Einbringern selbst geplant, organisiert und moderiert. Jeder der Manager berichtete auch gerne von eigenen Erfahrungen und gab dem Team Ratschläge für Karrierewege mit. Es war schön, zu erleben, mit wie viel Freude und Engagement diese Stehungen auch von Seiten der eingeladenen Personen durchgeführt wurden, inklusive vieler Bereichsleiter und aller Vorstände.

22.2.6 *Erarbeitung einer Präsentation für einen Vorstand (P, M)*

Es wurde z. B. eine Präsentation für einen der Vorstände vorbereitet, der bei der IHK seinen Lebenslauf und die Ausbildung bei der Bank präsentieren sollte und sich Fragen von Schülern zum Unternehmen stellen lassen musste. Jeder Einzelne der JTP-Teilnehmenden arbeitete an der Präsentation mit und konnte seine Inhalte beitragen.

22.2.7 *Mentoring (R, M)*

Ein Mentoringprogramm stand ursprünglich nicht auf der Agenda für die Ausbildung. Doch einer der Studenten kam mit der Idee auf mich zu und ich griff diese gerne auf. Nachdem wir die Ziele und Rahmenbedingungen auf einer Seite visualisiert hatten, wurden für alle Teilnehmenden Mentoren gefunden, die sich einen Mentor wünschten. Die Kombination der Mentoren und Mentees wurde für die Studenten entschieden, um sehr gezielt außerhalb der bevorzugten eigenen Blickwinkel neue Perspektiven in der Organisation, aber auch in Bezug auf Persönlichkeiten und Stärken herzustellen. Oft waren die Studenten anfangs über meine Vorschläge überrascht, aber nach den ersten Gesprächen hochzufrieden. Während die Kombination und Auswahl »zentral« entschieden wurden, war klar festgelegt, dass bereits die erste Kontaktaufnahme und auch die weitere terminliche Gestaltung des Mentorings allein in der Verantwortung der Programmteilnehmenden lagen. Natürlich war ein Grundgedanke, dass erfahrene Kollegen ihr Wissen weitergeben konnten. Einen jungen Menschen zu betreuen und ihn zu beraten machte den Mentoren bewusst, wie viel Erfahrung und Wissen sie hatten, und vermittelte ihnen gleichzeitig, dass sie damit einen wichtigen Beitrag zur Zukunft des Unternehmens lieferten. Jeder der Kollegen, die ich ansprach, freute sich und brachte sich sehr engagiert ein, sodass nicht nur Verbindungen im Unternehmen geschaffen wurden, sondern auch bei den Mentoren positive Gefühle wie Stolz auf die eigene Kompetenz und Freude daran entstanden. So konnten wir das Programm um einen weiteren Aspekt in der Rubrik »Relationship« ergänzen.

22.2.8 *Blicke über den Tellerrand (E, A)*

Als gemeinsame Unternehmungen und mit dem Fokus auf eine Außensicht ermutigte ich die Auszubildenden oder Studenten, an externen Veranstaltungen teilzunehmen. Als ich z. B. eine Einladung zu einem Ausbildungstag in Frankfurt bekam, bei dem sich mehrere Unternehmen und auch Vertreter der Handwerkskammern präsentierten, fuhren wir in einer größeren Gruppe hin und diskutierten anschließend die Aussagen und mögliche Implikationen.

Einmal fand die #FUN FFM (Fuckup Nights Frankfurt) statt, ein Abend, an dem mehrere Unternehmer über ihre Rückschläge berichteten und darüber, was sie daraus gelernt hatten. Über die eigenen Entscheidungen nachzudenken, Rückschläge in Kauf zu nehmen und daraus zu lernen, halte ich für wesentliche Voraussetzungen von Erfolg und ich wollte diese Fertigkeiten auf diese Weise vorstellen. Fast alle Studenten nahmen an einem oder zwei Tagen an Veranstaltungen der Startup SAFARI teil und schauten sich neue Geschäftsideen und Erfahrungen mit Startups an. Dies war mir in einer Zeit zunehmender Digitalisierung und der Forderung nach mehr »Entrepreneurship« im Unternehmen besonders wichtig. Alle, die dabei waren, nahmen viele neue Gedanken und Inspirationen mit. In eine ganz andere Kultur oder andere Geschäftswelten zu blicken ist bei solchen Veranstaltungen auch keine Preisfrage. Die Tickets kosteten lediglich zwischen € 5,- und 30,- und der zeitliche Aufwand war es ganz sicher wert.

22.2.9 Lessons Learned (P, M, A)

Nach unseren Projekten fanden wir uns selbst in Stehungen zusammen, trugen gemeinsam zusammen und reflektierten:

Was lief gut? Was haben wir erreicht? Was hat uns überrascht? Was haben wir gelernt? Wie sind wir mit Problemen umgegangen? Wer hat welche Stärken gezeigt? Was könnte man noch verfeinern? Was wollen wir fürs nächste Mal festhalten?

Es war mir dabei wichtig, die Beiträge der Einzelnen konkret zu benennen, zu würdigen und damit zu bestärken und zu verankern. Sich gegenseitig zu loben und dann aus der Erfahrung neue Ideen zu entwickeln, macht nicht nur Spaß, sondern zeigt die eigenen Fortschritte auf und motiviert für das nächste Projekt.

22.3 Nachbetrachtung und Kritik

Anfangs gab es auch einige Bereiche, die der Ausbildung skeptisch gegenüberstanden, weil sie sich kaum vorstellen konnten, diese zusätzliche Aufgabe noch in ihren engen Zeitplänen unterzubringen. Argumente gegen die Zeitinvestition in die Ausbildung waren, dass die Themen zu komplex seien, die Ausbildung bis zum produktiven Beitrag zu lange dauere, es keine Kapazitäten für die Betreuung gebe oder die Themen zu vertraulich seien. Dies haben wir aufgenommen und berücksichtigt und in diesen Bereichen zunächst keine Auszubildenden oder Studenten platziert. Doch im Laufe der Zeit gewann das Programm durch die Projekte und auch durch die Berichte der teilnehmenden Bereiche an Bekanntheit und an Ansehen, sodass auch diese Bereiche ihre Bedenken ablegen konnten und sich schließlich aktiv an der Ausbildung beteiligten.

Gelegentlich kam es zu Konflikten und Vertreter der Abteilungen, in denen gerade Praxiseinsätze stattfanden, wandten sich an mich. Manchmal waren die Auszubildenden zu wenig am Arbeitsplatz und kommunizierten zu wenig, wohin sie gingen und womit sie sich beschäftigten. Manchmal wurden Arbeitsergebnisse bemängelt, Verhalten oder die Art der Kommunikation. In solchen Situationen brachte ich die Betroffenen schnell zusammen, um die Themen miteinander zu besprechen und Lösungen zu finden. So konnten sich die Beteiligten unterschiedliche Standpunkte anschauen und lernen, wie man auch solche Probleme lösen kann. Mein Ansatz hier war es, Probleme zu lösen, solange sie klein sind, und möglichst schnell alles auf den Tisch zu bringen, damit unterschiedliche Sichtweisen verstanden werden können.

Natürlich kam es auch zu Frustrationserlebnissen in der Gruppe, wenn Themen in der Umsetzung zu lange dauerten, einzelne Vertreter der Organisation den Nachwuchs als »Hiwi« oder »Stift« bezeichneten oder aus Zeitgründen die fachliche Betreuung litt. Dies konnte ich in Einzelgesprächen thematisieren und nutzen, um Wissen über Hintergründe und Verständnis für unterschiedliche Haltungen und Meinungen zu vermitteln. Oft konnten in diesen Gesprächen auch alternative Sichtweisen oder Vorgehensweisen aufgezeigt und damit die Perspektiven erweitert werden.

Als Führungskraft des Programms wurde ich gelegentlich dafür kritisiert, die JTP-Teilnehmende mit den Projekten zu oft aus den Abteilungen zu ziehen und damit ihr Lernen zu behindern. Auch habe ich gehört, dass ich zu viel Verantwortung delegiere, indem ich die Projekte lediglich supervidiere, nicht aber selbst steuere. Im Nachhinein jedoch zeigte sich, dass dadurch die Kompetenzen der Einzelnen viel schneller ausgeprägt wurden und die Aktionen besser verankert wurden – also unabhängig von mir als Führungskraft weiterhin stattfinden.

Ich hätte sicherlich noch mehr auf die individuellen Stärken eingehen können. Eine Stärkenanalyse, wie sie z. B. in Kapitel 6 meines Buches »Positive Leadership. Mit PERMA-Lead erfolgreich führen« beschrieben wird, führte ich nicht durch. Obwohl ich immer Angebote für individuelle Gespräche und Coaching machte, nutzten nur wenige dies und ich hätte darauf bestehen können, diese als festen Bestandteil zu etablieren. Die Stärken hätte man gezielter nutzen und damit festigen können.

Immer wieder wurde vorgeschlagen, die Einstellungstests online durchzuführen und dadurch die Vorauswahl effizienter zu gestalten und zu vereinfachen. Auch hätte man die Ausbildungspläne standardisieren und Zeit für die individuelle Planung sparen können. Gegen die Durchführung von Onlinetests spricht, dass hier nicht gleich zu Beginn eine persönliche Beziehung hergestellt wird, die meines Erachtens eine wesentliche Voraussetzung für die gesamte Zusammenarbeit ist. Gegen eine Standardisierung habe ich immer mit den unterschiedlichen Interessenlagen sowohl der Studenten wie auch der Organisation argumentiert. Ein Ausbildungsplan, bei dem man selbst mitwirken kann, ist viel motivierender für den Auszubildenden als einer, der einem vorgesetzt wird.

Vieles in den JTP hat sich erst auf dem Weg entwickelt. Die Gelegenheiten für die beschriebenen Maßnahmen haben sich ergeben und wir haben sie genutzt. Es zeigte sich z. B. auch, dass weitere Ausbildungs- und Studiengänge gebraucht werden, sodass die Planung hier entsprechend angepasst wurde. »Die Planung ersetzt den Zufall durch den Irrtum«, so ein bekanntes Sprichwort, und das ist völlig in Ordnung. Ich fand es immer wichtig, flexibel zu bleiben, bei diesen zusätzlichen Bedarfen aber auch immer die Verantwortung der Bereiche für die spätere Platzierung – sprich: Festanstellung nach der Ausbildung – einzuholen.

Sich mit Kritik auseinanderzusetzen und Lösungen zu finden, sich immer wieder am Ziel auszurichten und regulierende Maßnahmen einzuleiten ist meines Erachtens »normale« Führungsarbeit. Dies alles parallel zu meiner Rolle in der Personalbetreuung im Auge zu behalten war nicht immer einfach, aber immer das, was ich unbedingt wollte. Dass das Programm nun weiter ausgebaut werden soll und noch mehr Auszubildende und Studenten daran teilnehmen sollen, zeigt, dass die Einführung gut gelaufen ist und eine solide Basis für weitere Entwicklungen bietet.

Insgesamt betrachtet, wurde mit dem Programm sehr viel Neues im Unternehmen ausprobiert und eingeführt. Davon haben nicht nur die JTP-Teilnehmenden, sondern auch viele weitere Mitarbeitende profitiert, die bei den Maßnahmen eine neue kreative Kultur und neue Herangehensweisen kennengelernt haben. Ich bin sehr froh, die Chance bekommen zu haben, dieses Programm zu gestalten und so viele PERMA-Aspekte darin zur Wirkung kommen zu lassen.

Auf jeden einzelnen Auszubildenden und Studenten bin ich sehr stolz und ich hoffe, an ihrer weiteren Entwicklung auch künftig Anteil haben zu können.

22.4 Was die Teilnehmenden dazu sagen

Zum Schluss noch einige Stimmen aus der Ausbildungsgruppe:

»Vieles von dem, was wir letztlich umgesetzt haben, hat man uns wahrscheinlich anfangs gar nicht richtig zugetraut. Umso mehr haben wir im Nachhinein – im positiven Sinne – Aufsehen erregt. Dabei war es meistens das ›Einfach mal machen!‹ und der Drang, Dinge auszuprobieren, der zum einen zu der stets positiven Resonanz uns gegenüber geführt und uns zum anderen als Gruppe jedes Mal enger zusammengeschweißt hat.«
Erik, berufsintegrierter BWL-Student

»Durch das JTP habe ich viel Neues lernen können. Außerdem habe ich viele nette Menschen kennengelernt und mich weitergebildet. Ich schätze diese Zeit sehr!«
Shenen, Auszubildende Kauffrau für Büromanagement

»In unserem JTP-Team hast du als Führungskraft genau die richtige Mischung getroffen. Du warst jederzeit da als unsere Teamleiterin, die uns koordiniert, Anliegen durchboxt und unseren Karrierewerdegang in den (für einige) ersten Schritten überwacht. Gleichzeitig warst du aber immer Mensch und gute Freundin, die den Teamspirit stärkt, uns hat zusammenwachsen lassen und immer den Rücken gestärkt hat. Vor allem hast du uns gezeigt, immer wieder offen für Neues zu sein, alles zu hinterfragen, wie man diskutiert und sich einbringen kann.«
Linus, Auszubildender Kaufmann für Büromanagement

»Als angehende Wirtschaftspsychologin habe ich ein 4-monatiges Praktikum in der Personalabteilung, genauer als Personalbetreuerin, absolviert. Ein Großteil meiner Aufgabe war unter anderem die Unterstützung der JTPs. Hier konnte ich hautnah miterleben, was es heißt, Mitarbeitende zu motivieren und gezielt auf individuelle Persönlichkeiten einzugehen, um

das Beste rausholen zu können. Ebenso konnte ich den gesamten Einstellungsprozess miterleben, durfte an den Vorstellungsgesprächen teilhaben und psychologische Tests durchführen.
Darüber hinaus durfte ich auch die andere Seite miterleben. Das bedeutet, dass mir Verantwortung und ein großes Vertrauen entgegengebracht wurde, mich persönlich zu entwickeln und selbstständig an Problemen/Herausforderungen zu wachsen. In manchen Momenten mag man sich überfordert oder thematisch nicht ausreichend qualifiziert fühlen, neue Aufgaben anzugehen. Jedoch kann ich mit großer Überzeugung sagen, dass ›ins kalte Wasser geschmissen zu werden‹ ausschließlich positive Auswirkungen auf meine Entwicklung hatte. Abschließend möchte ich noch anmerken, dass ich den Ansatz und die Durchführung des Junior Training Program sehr positiv wahrgenommen habe und eine große Chance bezüglich der künftigen Karrieren und Persönlichkeitsentwicklungen der Teilnehmer sehe.«
Marit, Praktikantin JTP

PERSÖNLICHE NOTIZEN

23 CEC European Managers: Warum von Führungskräften in Europa gerade jetzt Positive Leadership gefordert ist

Die Organisation

CEC European Managers (kurz CEC, Confédération Européenne des Cadres) ist ein Sozialpartner, der europaweit ungefähr eine Million Führungskräfte vertritt, die jeweils nationalen Dachverbänden und Berufsverbänden angehören. Seit Ende der 1980er-Jahre trägt die CEC mit ihrem Sitz in Brüssel erheblich zum Integrationsprozess der EU bei. CEC European Managers gehört zu den sechs von der EU-Kommission anerkannten, branchenübergreifenden Sozialpartnern.

Der Gastautor: Ludger Ramme

Ludger Ramme ist seit 2015 amtierender Präsident der CEC European Managers in Brüssel. Bereits seit 1993 ist er für die ULA – United Leaders Association tätig, der Vereinigung von Führungskräfteverbänden der deutschen Wirtschaft, deren Hauptgeschäftsführer er heute ist. Seit 2018 vertritt er die ULA im Beirat des Pensionssicherungsvereins der deutschen Wirtschaft. Durch seine Tätigkeit vertritt er rund 60 000 Führungskräfte in Deutschland und rund eine Million aus 15 Ländern in Europa.

Positive Leadership gilt als der ›Shooting Star‹ unter den Führungsmodellen. Das universelle Konzept dieses Ansatzes macht ihn aber nicht nur im Unternehmen, sondern in vielen weiteren Bereichen zu einer beachtlichen Methode, um Prozesse, in denen der Faktor Mensch eine große Rolle spielt, erfolgreicher zu gestalten. Dazu zählen Familiensituationen, Schulen, Gemeinden, Vereine und Verbände, aber auch große politische Herausforderungen.

Ein Führungsansatz, der gezielt auf jene Faktoren einwirkt, die nachweislich für eine Potenzialentfaltung und das Aufblühen von Menschen relevant sind, kann auch die Europäische Union (EU) aus der Krise führen. Somit umfasst mein Beitrag die Betrachtung des PERMA-Lead-Führungsmodells unter dem Aspekt einer von Krisen bedrohten Europäischen Union.

23.1 Die EU in einer herausfordernden Phase

Bis weit in das neue Jahrtausend hinein galt die EU als das Musterbeispiel für ein Frieden stiftendes, erfolgreiches und hochattraktives Gesellschaftsmodell, welches die Lehren aus zwei verheerenden Weltkriegen gezogen hatte. Mit dem Versprechen von Frieden und wachsendem Wohlstand für alle erreichten die Politiker in vielen Ländern die Unterstützung der Völker. Bis auf 28 Mitgliedstaaten mit rund 500 Millionen Einwohnern wuchs die EU. Dann jedoch, etwa ab 2005, trat zunehmend »Katerstimmung« ein, denn die Versprechen bzw. Verheißungen scheiterten zunehmend aufgrund verschiedener Faktoren, sie überlebten den Realitätscheck nicht. Diese negativen Faktoren waren mannigfaltig. Im Hintergrund wirkte am Ende doch wieder ein zäher Egoismus in vielen Ländern, durch den jeder versuchte, mehr aus der EU herauszuholen, als in das gemeinsame Projekt zu investieren.

Zu den schädlichen Faktoren zählte auch die übereilte Einführung einer gemeinsamen Währung für einen Teil der Mitgliedstaaten. Sie verfügten trotz abweichender Beteuerung nicht alle über eine konvergente Wirtschaftskraft. Der gemeinsamen Währung wurde zudem keine gemeinsame Finanzpolitik an die Seite gestellt. Aufgrund des raschen Rückgangs von Zinsen für einige Mitgliedstaaten kam es stattdessen zu einer erheblichen Neuverschuldung für überwiegend konsumtive Ausgaben. Zu den stattdessen notwendigen Investitionen in Infrastruktur und Produktivität kam es dagegen nicht. Als dann die sogenannte »US-Subprime-Krise« im Jahr 2008 das Weltfinanzsystem unter Stress stellte, mussten diese Länder enorme Summen für die Refinanzierung ihrer Schulden aufwenden und gleichzeitig ihre Banken retten. Dies ging teilweise nur mit externen Hilfen seitens der EU und des IWF, die allerdings im Gegenzug harte Sparmaßnahmen verordneten. Dies wiederum verstärkte die Arbeitslosigkeit und in der Folge wurde die EU für den zurückgehenden Lebensstandard von der Bevölkerung verantwortlich gemacht.

Das Image der EU fing ernsthaft an, ins ›Negative‹ zu drehen. Parallel zur Eurokrise kam es auch zu weiteren Enttäuschungen. So hatten die südosteuropäischen jungen Mitgliedstaaten bisher Europa als Einrichtung wahrgenommen, die Geld in diese schwache Region lenkte. Im Zuge der Krise wurden diese Mittel teils in andere Länder umgelenkt und erstmalig wurden die jungen Demokratien mit der Tatsache konfrontiert, selbst einen nennenswerten Beitrag zur EU leisten zu müssen. Spätestens im Jahr 2015 wurde die Schlagseite der EU offensichtlich, als es nicht gelang, eine einheitliche Flüchtlingspolitik durchzuhalten. Seitdem spricht man von der EU in der Krise. Das Erstarken rechtslastiger Parteien und ein regelrechtes Europa-Bashing waren die Folge. Man hat inzwischen den

Eindruck, dass die Politiker, überfordert von der Komplexität der Probleme, sich ratlos in die nationalen Arenen zurückgezogen haben. Entweder werden lauthals EU-kritische Parolen geboten, oder es herrscht großes Schweigen.

Und genau an dieser Stelle stellt sich die Frage, ob und welche Verantwortung Führungskräfte in Wirtschaft und Politik eigentlich für die Lösung dieser bedrohlichen europäischen Krise tragen. Und wenn ja, dann schließt sich die Frage an, mit welchen Führungsinstrumenten das Schiff Europa wieder auf einen guten Kurs gebracht werden kann. Meine These ist, dass Positive Leadership als Beitrag des Stakeholders Wirtschaft der EU wieder zum Erfolg verhelfen kann.

Aber fragen wir uns zunächst einmal, warum die Wirtschaft, die Unternehmen eigene Verantwortung für eine bessere Zukunft der Europäischen Union übernehmen sollten. Die Antwort liegt eigentlich auf der Hand: Schließlich haben gerade die Unternehmen und vor allem Großunternehmen in besonderer Weise von der Öffnung der Märkte, von einem Wirtschaftsraum mit 500 Millionen Kunden, von Zollfreiheit, von den Vereinbarungen der EU im globalen Handel und von der Freizügigkeit von Gütern, Dienstleistungen und Personen profitiert. Daraus kann man durchaus eine Verantwortung ableiten, in Zeiten der Bedrohung besondere Anstrengungen für den Erhalt der EU zu unternehmen. Noch dazu haben die Unternehmen ohne eine florierende EU existenzielle Risiken vor sich.

Ein Blick zurück in die Geschichte der Machtergreifung der Nationalsozialisten nach 1933 mahnt ergänzend die Entscheider in den Wirtschaftsunternehmen, sich der Verantwortung für den Erhalt der demokratischen Werte, für welche die EU wie kein anderer Wirtschaftsraum auf dieser Welt steht, zu stellen. Damit meine ich die Eigentümer und die angestellten Führungskräfte in gleicher Weise.

23.2 PERMA-Lead – ein Schlüssel für eine positive Zukunft der EU?

Wenn die Führungskräfte in Europa ihre Verantwortung ergreifen und sich die positive Zukunft der EU zum eigenen Anliegen machen, indem sie eine positive Führungsrolle übernehmen, so können sie die politische Entwicklung durchaus mit den fünf Ansätzen des PERMA-Lead-Modells positiv beeinflussen:

P – Positive Emotionen fördern

Die Bürger müssen wieder mehr positive Emotionen mit der EU verbinden können. Kurz gesagt: Die EU soll wieder Spaß machen und Zuversicht ausstrahlen! Sie soll wieder zur Verheißung für eine in ökologischer, ökonomischer und sozialer Hinsicht gute Zukunft auf unserem Kontinent werden. Unternehmer und Führungskräfte können ihren Mitarbeitenden erläutern, wie lange die Zusammenarbeit der Mitgliedstaaten bereits den Frieden sichert und dadurch den Wohlstand bewahrt. Sie können aufzeigen, wie viele Geschäfte ohne den Rahmen der EU der Firma entgehen würden. Die Medien sollten ihrer Verantwortung gerecht werden und die Berichterstattung über die EU nicht einseitig auf Skandale und Versäumnisse ausrichten, sondern auch die vielen kleinen Erfolge der EU auf ganz verschiedenen Ebenen zur Kenntnis bringen.

E – Engagement

Europa geht uns alle an. Wir alle sind Teil des Projekts Europa. Mit dieser Haltung gibt eine europäische Führungskraft den Ton an. Die Vorteile des Binnenmarktes und des rechtlichen Rahmens in der EU sind nicht vom Himmel gefallen. Gleichwohl denken viele Menschen, dies sei alles selbstverständlich. Ein wesentliches Kriterium von Engagement ist die Stärkenorientierung. Unternehmer und Führungskräfte können somit dazu bereits am Arbeitsplatz das Potenzial und den Mehrwert der Geschäftstätigkeit mit den EU-Partnern herausstellen. Eine Stärke, die oft übersehen wird, weil sie so selbstverständlich ist. Führungskräfte können durch eigenes Engagement für das europäische Projekt zum Vorbild werden und die Mitarbeitenden im Unternehmen, aber auch ihr eigenes soziales Umfeld mitnehmen und dazu inspirieren, selbst aktiv zu werden. Wenn man bedenkt, dass es in Europa mindestens 15 Millionen mittlere und höhere Führungskräfte gibt, dann ist es gerade diese Bevölkerungsgruppe, die aufgrund ihrer Bildung, ihrer Sprachkenntnisse und ihrer Mobilität Überzeugungsarbeit für ein stärkenorientiertes Engagement in der EU leisten kann.

R – Relationships: Tragfähige Beziehungen vertiefen

Am Anfang aller Bemühungen nach dem Zweiten Weltkrieg stand der persönliche Kontakt. Die geschundenen Völker wollten durch eine friedliche Zusammenarbeit die jahrhundertealten Konfliktlinien entschärfen. Visionäre eines friedlichen Europas setzten sich durch und nahmen miteinander Kontakt auf. Indem vertrauensvolle und tragfähige persönliche Beziehungen auf allen Ebenen geschaffen wurden, konnte es gelingen, Streit zu vermeiden und fortan Lösungen am Verhandlungstisch statt auf den Schlachtfeldern zu finden. Auch die verschiedenen Verbände der Führungskräfte fanden sich bereits 1951 unter dem Dach der CEC European Managers zusammen. Diese Konzentration auf persönliche Beziehungen wird aus gutem Grund von den Führungskräften wieder in den Mittelpunkt der Tätigkeiten gerückt werden. Die digitalen Technologien geraten nämlich genau hier an ihre Grenzen. Nichts ersetzt ein persönliches Gespräch, einen Scherz zur rechten Zeit, einen Händedruck oder ein verständnisvolles Lächeln. Der Mensch ist und bleibt ein emotionales Wesen, welches auf Respekt, Freundlichkeit, Höflichkeit und Barmherzigkeit reagiert. (Wie viel Porzellan man durch Ignoranz dieser Zusammenhänge zerschlagen kann, macht uns gerade der Präsident einer Supermacht eindringlich klar.) Führung im Sinne von Menschlichkeit und Zuwendung wird im digitalen Zeitalter zum Wettbewerbsfaktor. In Kapitel 7 meines Buches »Positive Leadership. Mit PERMA-Lead erfolgreich führen« wird ausführlich dargestellt, welche Relevanz wertschätzende Beziehungen haben. Daher sollten Führungskräfte ihre Mitarbeitenden ermutigen, an Austauschprogrammen teilzunehmen.

M – Meaning: Den Sinn der EU vermitteln

Den Bevölkerungen der EU-Mitgliedstaaten sind häufig viele Zusammenhänge überhaupt nicht klar, zum Beispiel, wie sehr wir die EU in unser tägliches Leben integriert haben. In den Schulen kommt die Vermittlung des Potenzials der EU viel zu kurz. »The reason why«, wie Markus Ebner in diesem Buch beschreibt, ist aber ein grundlegender Aspekt für Akzeptanz und Motivation. So würde z. B. die Vielfalt der Warensortimente in den Supermärkten dramatisch verringert werden, wenn die Lebensmittel nicht mehr aus den Angeboten aller Länder schöpfen könnten. Reisen oder Studienaufenthalte wären mit viel mehr Aufwand und Bürokratie verbunden. Daher muss hier seitens des Staates mehr in die Sinnvermittlung investiert werden. Ein gemeinsamer europäischer Feiertag oder z. B. ein Bildungsgutschein für alle EU-Arbeitnehmer wären mögliche Initiativen. Auch der bereits zur Sprache gebrachte kostenlose Interrail-Pass für junge Erwachsene gehört zu bedenkenswerten Initiativen.

A – Accomplishment: Das Erreichte sichtbar machen und würdigen

Schließlich ist es eine Herausforderung für jede Führungskraft, die sich im eigenen und auch im Interesse ihres Unternehmens für den Fortbestand der EU engagiert, die Schritte auf dem Weg zu einer reformierten und insgesamt stärker auf Zusammenarbeit ausgerichteten EU zu würdigen und sich mit den Erfolgen zu befassen. Positive Entwicklungen und Trends müssen stärker hervorgehoben und gelobt werden. Das Erreichte sollte als gemeinsame Leistung von allen wahrgenommen werden.

Es gibt bereits erste Protagonisten unter Europas Politikern, die einen positiven Weg in die Zukunft der EU vorgeben. Vor allen anderen sticht hier der junge französische Präsident Emanuel Macron heraus. Macron ist zwar kein expliziter Vertreter von Positive Leadership. Bemerkenswert ist allerdings, dass seine Herangehensweise durchaus Elemente von PERMA-Lead in sich birgt: Als ihm im Frühjahr 2018 der Karlspreis in Aachen verliehen wurde, skizzierte er in seiner Dankesrede seine Vorstellungen für die Zukunft der EU und fasste folgende vier tragende Gedanken seines Appells an die Europäer zusammen:

»Ne soyons pas faibles. Choisissons. Let us not be weak. Let us make a choice.

Ne soyons pas divisés. Unissons-nous. Let us not be divided. Let us be united.

N'ayons pas peur. Osons faire. Let us not be afraid. Let us be courageous.

N'attendons pas. Agissons maintenant. Let us not wait. Let us act now.«

Er vermittelte mit diesen einfachen und klaren Sätzen: positive Emotionen, Engagement, Sinn und Wertschätzung für das Projekt »Europäische Union«. In diesem Zusammenhang war auch sein Schlusswort bemerkenswert:

»Wir werden in Europa immer Dolmetscher benötigen, wir werden immer auf Ausdrücke stoßen, die man nicht richtig übersetzen kann, und es wird immer Missverständnisse geben.«

Ich verstehe Macron so, dass er uns mit dieser Referenz an die menschliche Unvollkommenheit in Erinnerung ruft, dass wir niemals an den Punkt gelangen, wo alles perfekt sein wird, aber im Sinne des PERMA-Lead-Ansatzes ist trotz unserer Unvollkommenheit jeder Schritt nach vorn ein Grund für Anerkennung und weitere Zuversicht auf dem Weg.

Positive Leadership als Führungsverständnis in Europa ist daher in der Lage, auch die Herausforderung einer »EU in der Krise« günstig zu beeinflussen. Ihre Methodik und die Klarheit ihrer Botschaften werden in allen Teilen Europas verstanden. Der Lerneffekt besteht auch darin, dass es im Prozess eines europäischen Zusammenwachsens Phasen geben kann, in denen nicht immer sofort eine Win-win-Situation offensichtlich wird. Daher müssen wir Europäer bereit sein, zeitweise mehr in dieses Projekt zu investieren, als wir unmittelbar herausbekommen.

24 SOS-Kinderdorf International: Positive Leadership im Non-Profit-Bereich

Die Organisation

SOS-Kinderdorf International ist eine unabhängige, nichtstaatliche soziale Entwicklungsorganisation für Kinder und der Dachverband aller nationalen Kinderdorf-Vereine, die in über 134 Ländern und Territorien der Welt bestehen. Am Hauptsitz des Generalsekretariats, der sich in Innsbruck (Österreich) befindet, sind dieMitarbeitenden hauptsächlich mit Koordination und Qualitätssicherung betraut und in der Abteilung »Institutional Partnership Development« speziell mit der Unterstützung der Mitgliedsvereine, die um Projektförderungen für Aktionen im Bereich der Entwicklungszusammenarbeit ansuchen und diese implementieren.

Die Gastautorin: Katharina Randolf

Katharina Randolf hat schon während des Studiums der Bildungswissenschaften an der Universität Wien durch ihre berufliche Tätigkeit beim Österreichischen Roten Kreuz den Weg in den NGO-Sektor eingeschlagen und großen Gefallen am Arbeiten mit Menschen und im internationalen Umfeld gefunden. Seit 2010 ist sie für SOS-Kinderdorf International tätig. Sie ist Teamleiterin der Abteilung »Institutional Partnership Development« (IPD).

Der nachfolgende Beitrag erzählt, wie unser Team am Hauptsitz von SOS-Kinderdorf International mit dem PERMA-Konzept in Berührung kam und von da an seinen Alltag, dadurch inspiriert, positiver gestalten konnte.

Wie man sich vorstellen kann, verlangt die Arbeit in einer so großen und vielschichtigen Organisation wie SOS-Kinderdorf International mit ihrem weltweiten Ausmaß und dem selbst auferlegten Mandat, dafür zu sorgen, dass Kinder in liebevollem Umfeld aufwachsen können, viel. Sei es das Aufwachsen in der eigenen biologischen Herkunftsfamilie oder auch in sogenannter »family-like alternative care«, also in einer SOS-Familie, weil die eigene Herkunftsfamilie derzeit nicht oder nicht mehr in der Lage ist, der Kindesentwicklung gedeihliche Rahmenbedingungen zur Verfügung zu stellen. In einer solchen Organisation also, wo man sich quasi dem Leben und Glück so vieler Kinder verschrieben hat, wird dem Individuum einiges abverlangt. Und befindet man sich zusätzlich in einem komplexen, interdisziplinären Arbeitsfeld wie dem unseren, in dem man herausfordernden Geber-Anforderungen und strikten Deadlines unterworfen ist, bedeutet dies, großem Performance-, aber ebenso durchaus emotionalem Druck ausgesetzt zu sein.

Im Jahr 2016 durfte ich – nach etwas mehr als fünf Jahren Organisationszugehörigkeit und noch längerer Tätigkeit im Bereich öffentlicher Projektfinanzierungen – die Rolle der Teamleitung übernehmen. Seither habe ich dem Thema »Team-Building und Resilienz« – nicht zuletzt aufgrund persönlicher Erfahrungen, die mir die Wichtigkeit von Resilienz gezeigt haben – immer eine große Bedeutung eingeräumt und versucht, bewusst Gelegenheiten zu schaffen, in denen wir, die Teammitglieder, einander als Menschen und Kollegen begegnen können – und nicht bloß als Arbeitskräfte, die am gleichen Prozess beteiligt sind und der gleichen Strategie zuarbeiten.

In unserem Umgang miteinander versuche ich ein Klima zu schaffen, in dem wir einander auf Augenhöhe begegnen, egal, wer wie lange »dabei« ist. Ich selbst habe nach außen natürlich andere Verpflichtungen und Verantwortungen als meine Kolleginnen, aber innerhalb des Teams sehe ich mich quasi als »Primus inter Pares«. Mein Ziel war immer, dass wir einander als Menschen wahrnehmen, mit allem, was wir in die Arbeit einbringen, seien das Stärken und Talente oder auch individuelle, liebenswerte Eigenheiten der Einzelnen oder auch durchaus einmal schlechte oder schwierige Situationen, in denen wir uns finden. Man kann also insgesamt durchaus behaupten, dass wir bereits vor unserer Begegnung mit dem PERMA-Konzept im Team ein starkes Miteinander und eine positive Grundeinstellung hatten.

24.1 Durch Zufall zum PERMA-Modell gekommen

Unser Abteilungsleiter hatte dann das Glück, als Teilnehmer mit einem Vollstipendium zum Ashoka Visionary Program zugelassen zu werden, in dem die Teilnehmenden unter anderem mit dem aus der Positiven Psychologie stammenden PERMA-Konzept in Berührung kamen.

Weil es ihm gut gefallen und auch gutgetan hatte, wollte er dem Team ebenfalls die Möglichkeit geben, dieses Konzept kennenzulernen, und so wurde ein Tag mit einer zertifizierten Trainerin organisiert, die uns in wenigen Stunden das Konzept rund um das PERMA-Modell nahebrachte. (Die detaillierten Erläuterungen zum PERMA-Modell finden Sie im Buch »Positive Leadership. Mit PERMA-Lead erfolgreich führen«.)

Was an diesem Tag zu beobachten und auch zu spüren war, fällt mir schwer in Worte zu fassen. Grundsätzlich würde ich sagen, dass wir alle in unserem Team tendenziell eher ›kopflastig‹ funktionieren, zumal unser Arbeitsfeld auch allemal einen kognitiven Fokus verlangt. Mit neuen Theorien und Konzepten freunden wir uns nicht leichtfertig an, sondern sind alle (manche mehr und manche weniger) eher kritische Hinterfrager. Mit den Übungen und Inhalten, die wir im Seminar erlebten, konnten wir uns allerdings alle sofort anfreunden und erlebten sie als angenehm, bereichernd, befreiend, echt, an die Seele anschmiegsam ... kurz gesagt, der Tag hat uns allen sehr gutgetan und ist uns allen in sehr positiver Erinnerung geblieben.

24.2 Konkrete Maßnahmen, die seither in unser Arbeitsleben Eingang fanden

Wir machen uns das Wissen, dass Körper und Geist untrennbar verbunden sind, mit einem kleinen lustigen Trick zunutze: Wenn etwas grade ganz zum Heulen oder Aufregen ist, klemmen wir einen Stift zwischen den Zähnen ein. Das führt automatisch zu einer Mimik, die einem Lächeln gleicht, und soweit wir wissen, ist es sogar belegt, dass sich selbst ein rein körperliches Lächeln positiv auf Körper und Geist auswirkt. Obendrein ist das »Lächeln mit Stift« natürlich bei uns zum Running Gag geworden, und wenn eine von uns einen Stift zwischen die Zähne klemmt, folgen ohnehin allgemeines Lachen und gute Laune. Ich schätze, diesen Insider-Witz und unseren speziellen Humor muss man wohl kennen, um unseren Spaß dabei so ganz nachvollziehen zu können ...

Was wir darüber hinaus im Team seither umgesetzt haben, ist zum Beispiel, dass wir in unserem wöchentlich stattfindenden Jour fixe zu Beginn immer die Möglichkeit zu einem positiven Wochenrückblick schaffen. Ich sage deshalb »die Möglichkeit«, weil es mir sehr wichtig erscheint, das als Einladung zu formulieren und zu verstehen, als Einladung an jede einzelne Kollegin, kurz in sich zu gehen und nachzuspüren, was sich alles gut angefühlt hat, was gelungen ist, was gut gegangen ist, sei es im beruflichen oder auch im privaten Bereich. Die Einladung beinhaltet auch, dieses positive Gefühl bzw. die Erinnerung daran auszusprechen und miteinander zu teilen.

Mittels aktiv-konstruktiven Zuhörens (siehe Kapitel 6) können wir versuchen, gemeinsam dieses Gefühl noch einmal zu erleben und zu zelebrieren, was die angenehmen ›Spuren an der Seele‹, die ein positives Gefühl hinterlässt, noch verstärkt.

Mir war es aus zwei Gründen wichtig, diese Eröffnung von unserem wöchentlichen Meeting als Einladung zu verstehen: Erstens, weil alles, was zu einer Routine wird, leicht den Beigeschmack von lästiger Pflicht bekommt, und ich wollte vermeiden, dass mit der Zeit eine Pflichtübung entsteht, in der jedes Teammitglied meint, krampfhaft mit etwas Positivem kommen zu müssen, und letztlich irgendetwas angeführt wird, damit die Pflichtübung absolviert ist, das aber gar nicht als so positiv empfunden wurde. Mir scheint, das würde das große Potenzial dieser ›Übung‹ verfehlen. Der zweite Grund, weshalb meiner Ansicht nach im beruflichen Kontext die Frage nach den positiven Gefühlen oder Erlebnissen der vergangenen Woche auf freiwilliger Basis zu stellen ist, ist einfach der, dass diese positiven Gefühle oder Ereignisse ja durchaus im privaten Bereich beheimatet sein können und damit eventuell nicht als zum Erzählen im Büro geeignet empfunden werden. Erst recht nicht auf Anweisung der Führungskraft. In jedem Fall gilt natürlich immer die Einladung zum Nachdenken und wir lassen einige Momente Zeit dafür, aber man behält vielleicht die Geschichte hinter dem positiven Gefühl aus dem privaten Kontext lieber für sich und genießt das Gefühl für sich selbst ein zweites Mal.

Dankbarkeit und Wertschätzung ausdrücken: In unserer Organisation ist es standardmäßig üblich, dass wir jährliche Zielvereinbarungsgespräche führen, in denen zwischen Mitarbeiter/-in und Führungskraft die Performance im abgelaufenen Jahr beleuchtet und erörtert wird sowie Ziele und Weiterbildungsmaßnahmen für das folgende Arbeitsjahr vereinbart werden. Dieser Prozess wird von der Personalentwicklungsabteilung überblickt und diese stellt auch entsprechende Formulare zur Gesprächsdokumentation zur Verfügung. Ich nütze diese Gelegenheit sehr gerne, mich bei den Kolleginnen ›offiziell‹ und auch schriftlich zu bedanken. Natürlich danken wir einander öfter auch in weniger formellen Situationen und haben grundsätzlich einen sehr wertschätzenden Kommunikationsstil untereinander, aber ich finde, eine offizielle, schriftliche Form des Dankes ist vielleicht noch einmal etwas Erfreuliches, auf das man stolz sein kann. Nachdem wir im letzten Jahr vor lauter Arbeit unser alljährliches Weihnachtswichteln einvernehmlich ausfallen lassen mussten, habe ich für jeden dennoch symbolisch ein schönes Notizbuch besorgt und es beim Mitarbeitendengespräch – versehen mit einigen persönlichen und von Herzen kommenden Dankesworten – an die jeweilige Kollegin übergeben. Dankbarkeit und Anerkennung im beruflichen Kontext sind sicherlich Gefühle, die ganz stark zur Motivation beitragen können.

Von meinem vorigen Arbeitgeber habe ich übrigens eine sehr schöne Praxis mitgenommen, die ich dort als Mitarbeiterin genießen durfte: das »Appreciation-Budget«, ein kleiner Betrag im Teambudget, den Führungskräfte pro Mitarbeiter/-in und Jahr widmen, um Dankbarkeit und Wertschätzung auszudrücken. Dieser kleine Budgetposten ermöglicht es mir, meine Kolleginnen zum Mitarbeitendengespräch jeweils zu einem Arbeitsessen einzuladen. Es gelten dabei natürlich die normalen internen Vorgaben und Limits für Dienstessen, aber ich habe erlebt, welchen Unterschied es macht, sich für das Feedback- und Zielvereinbarungsgespräch aus den Büroräumlichkeiten zurückzuziehen, sich unter vier Augen an einen von der Mitarbeiterin gewählten Ort zu begeben und sich fern von Telefon und Computer ganz dem offenen Gespräch widmen zu können. Im Rahmen des Gesprächs erwähne ich, dass dieser besondere Gesprächsrahmen und die Einladung auch ein kleiner Dank der Organisation für die gute Arbeit im vergangenen Jahr sind. Derlei kleine Gesten des Dankes vermögen eine große Wirkung auf Motivation, Loyalität und Leistungsbereitschaft zu haben. Es handelt sich dabei also keineswegs um Geschenke, sondern eher um eine Investition, für die ein gewisser Return erwartbar ist.

Eine kleine, aber tolle Übung, die wir aus dem PERMA-Workshop mitgenommen haben, sind die »Miniurlaube«, die jeder für sich persönlich einplant, sozusagen als Erholung und Pflege der eigenen Ressourcen zwischendurch. Ich schätze, das ist etwas, das viele Menschen ohnehin intuitiv machen. Sei es, dass man den Blick für ein bis zwei Minuten aus dem Fenster schweifen lässt und sich an Schönem erfreut oder zum Beispiel eine Kaffeepause einlegt (was beides gut mit den arbeitsmedizinisch empfohlenen Bildschirmpausen einhergeht).

Ein weiterer kleiner und einfacher Schritt zu mehr Glücksempfinden ist machbar durch »Acts of Kindness« (im Deutschen bekannt als Wahlspruch »Jeden Tag eine gute Tat«, der auch durch die Pfadfinder verbreitet wird). Ich würde sagen, auch das haben wir vor dem PERMA-Workshop durchaus schon untereinander praktiziert, aber sich diese kleinen Freundlichkeiten und deren Wirkung noch bewusster zu machen, war zweifellos ein neuer Schritt für uns.

Ein meines Erachtens neben den positiven Gefühlen auch sehr wichtiges Thema sind die Charakterstärken. Als Vorbereitung auf den PERMA-Workshop wurden wir alle gebeten, unser Charakterstärkenprofil zu erstellen, indem wir den VIA-Stärkentest machten (siehe Kapitel 6 meines Buches »Positive Leadership. Mit PERMA-Lead erfolgreich führen«). Ich halte auch diese Stärkenprofile für eine äußerst wertvolle Ressource für die Teamentwicklung und Mitarbeitendenentwicklung. Sie helfen, vorhandene Stärken zu erkennen und Potenziale entsprechend zu nutzen und im Team einzusetzen, aber auch zu erkennen, in welchen Bereichen Kolleginnen und Kollegen vielleicht einzelne Stärken noch weiterentwickeln können.

In mir selbst hat der PERMA-Workshop noch sehr intensiv nachgehallt und mich auf einer persönlichen und professionellen Ebene sehr stark angesprochen. So ist in mir der Wunsch aufgekommen, mich mit der Positiven Psychologie zu beschäftigen und mehr darüber in Erfahrung zu bringen.

Nachdem ich derzeit einen Lehrgang in Positiver Psychologie absolvieren darf, in dem wir auch viele praktische Übungen erlernen, schwebt mir vor, mich meinen Kolleginnen jedenfalls als »Coach« anzubieten und mit ihnen an ihren Stärken zu arbeiten, wenn sie das möchten.

Im Zusammenhang mit den Charakterstärken ist mir eine Sache, die mir sowohl im PERMA-Workshop als auch im Lehrgang der Positiven Psychologie begegnet ist, besonders in Erinnerung geblieben und ich konnte sie auch schon öfter verwenden: die »Elevation Cards«. Es fällt auf, wenn jemand eine seiner Charakterstärken nützt und nach außen kehrt. Dieser ist vielleicht geradezu bekannt dafür, z. B. sehr liebevoll zu sein oder sehr kreativ. Wenn ein anderer, der diese Charakterstärke gerne bei ihm beobachtet, diese anspricht, lobt, herauskehrt, wertschätzt, dann kommt es zu einem sogenannten »Elevation-Effekt«. Beide erleben ein positives Gefühl: derjenige, dessen Charakterstärke positiv aufgefallen ist, und derjenige, der dies anspricht und wertschätzt. Um eben dieses »Ansprechen und Wertschätzen« zu erleichtern, verwendet man die Elevation Cards, die bunt und im Scheckkartenformat, versehen mit der Stärke und mit einigen persönlichen Worten des Absenders, demjenigen, der die Stärke gezeigt hat, heimlich und anonym oder auch höchstpersönlich zugesteckt werden. Bisher habe ich mit dem Verteilen, aber auch dem Erhalten von Elevation Cards immer sehr positive Erfahrungen gemacht. Balsam für die Seele quasi. Ich kann daher nur empfehlen, eine kleine Anzahl davon in Büros vorrätig zu haben oder sonst irgendwie das Ansprechen von Charakterstärken zu institutionalisieren.

Dies sind einige praktische Beispiele dafür, was wir im Team seit dem PERMA-Workshop verändert haben, die mir gut greifbar erscheinen. Das Feedback, das ich seither von den Kolleginnen bekomme, aber das wir als Team auch »von außen« bekommen, ist absolut positiv. Es scheint, dass es auffällt, wie aufeinander eingespielt und leistungsstark unser Team ist. Generell muss ich sagen, dass ich schon vor meiner ersten Berührung mit PERMA und Positiver Psychologie einen positiv bestärkenden und partizipativen Führungsstil verfolgt habe, der – wenn möglich – eher auf das Miteinander, die kollektive Weisheit setzt als auf Entscheidungen einer einzelnen Führungskraft. Ich habe mich auch im Rahmen einer kurzen Ausbildung in »Art of Hosting« mit partizipativer Prozessgestaltung und Moderation auseinandergesetzt und die Methoden daraus haben bei meinen Kolleginnen auch sehr großen Anklang gefunden und werden gerne von uns angewandt.

Um noch mehr von derartigen Konzepten – seien es handlungsanleitende oder innere Haltungen betreffende Konzepte – in unseren Arbeitsalltag einfließen zu lassen, unterstütze ich Weiterbildungen meiner Kolleginnen in diese Richtung auch sehr gerne. Wir haben bemerkt, dass derartige Methoden auch für die Planung und Moderation großer internationaler Netzwerke breiten Anklang finden und wir mit valideren Ergebnissen aus Entscheidungsprozessen gehen.

Auf lange Sicht ist natürlich eine Änderung der gesamten Organisationskultur in Richtung Positive and Participatory Leadership sehr wünschenswert und meiner Ansicht nach auch der Nachhaltigkeit des Unternehmenserfolges unbedingt zuträglich. Gerade dieses Buch fasst ja eine Menge an wissenschaftlichen Beweisen zusammen, dass ressourcen- und stärkenorientierte Führung den Mitarbeitenden (aber auch den Führungskräften) guttut und so zu geringeren Fehlzeiten (etwa durch Krankenstand) und Mitarbeitendenfluktuation, hingegen umgekehrt zu höherer Leistungsbereitschaft und -fähigkeit führt.

Ich schätze, ich kann sagen, dass die ersten Schritte, die unsere kleine Abteilung betreffen, seitens unserer Organisation durchaus unterstützt und gefördert wurden und ich nicht zuletzt demzufolge die Gesamtorganisation auf einem guten Weg sehe hin zu modernen Führungsstilen und -methoden. In unserer Organisation wird gerade ein Curriculum für eine ganz neue Führungskräfteausbildung erarbeitet, die ebenfalls bereits auf Elemente von Positive Leadership baut.

PERSÖNLICHE NOTIZEN

25 T-Systems Multimedia Solutions GmbH: PERMA-Lead auf vielen Ebenen

Die Organisation

Die T-Systems Multimedia Solutions GmbH begleitet Großkonzerne und mittelständische Unternehmen bei der digitalen Transformation. Das Unternehmen ist eine hundertprozentige Tochter der T-Systems International GmbH und zählt wie seine Muttergesellschaft zum Konzern Deutsche Telekom.
Der Digitaldienstleister realisiert individuelle, technologieunabhängige Lösungen für Kunden aus unterschiedlichen Branchen und zeigt sowohl mit Beratungs- als auch Technikkompetenz neue Wege und Geschäftsmodelle in den Bereichen Industrie 4.0, Customer Journey, New Work sowie digitale Zuverlässigkeit. Der Digitaldienstleister bietet ein dynamisches Web- und Applikationsmanagement und sorgt mit dem ersten zertifizierten Prüflabor der Internet- und Multimediabranche für höchste Softwarequalität, Barrierefreiheit und IT-Sicherheit.
T-Systems Multimedia Solutions beschäftigt 1900 Mitarbeitende an sieben Standorten.
Ausgezeichnet wurde T-Systems Multimedia Solutions mehrfach mit dem »Social Business Leader«-Award der Experton Group sowie dem iF Design Award und gehört 2017 zu den Gewinnern des »Outstanding Security Performance«-Awards. Zudem wurde das Unternehmen mehrmals, zuletzt 2018, als einer von Deutschlands besten Arbeitgebern mit dem »Great Place to Work«-Award gekürt sowie als Bester Berater 2018 vom Wirtschaftsmagazin »brand eins« ausgezeichnet.

Die Gastautorinnen: Susan Mothes, Anja Schunk, Carina Röllig, Christiane Körner & Berit Jungmann

Susan Mothes ist seit 2013 im Unternehmen für betriebliches Gesundheitsmanagement zuständig. Sie vertritt die Auffassung, dass ihr Bereich nicht bei Augenuntersuchungen beginnen und mit Zumba-Kursen enden sollte. Die intensive Beschäftigung mit Aspekten der Positiven Psychologie ist ihr Antrieb, die Unternehmenskultur zu beeinflussen, um vor allem auch die psychosoziale Gesundheit der Kolleginnen und Kollegen zu stärken.

Anja Schunk ist seit 2009 bei der T-Systems Multimedia Solutions GmbH tätig. Nach vier Jahren in der Personalentwicklung widmet sie sich der dualen Ausbildung und vielen Themen des internen und externen Personalmarketings. Seit zwölf Jahren spielt sie Improvisationstheater und kann von dort viele positive Sichtweisen und kreative Methoden in den (Arbeits-)Alltag mitnehmen.

Carina Röllig hat schon während ihres Studiums der Kommunikationspsychologie den Fokus darauf gelegt, den Menschen als Ganzes zu sehen und diesen zu fördern und zu begleiten. Ihre ersten Erfahrungen in der Personalentwicklung hat sie zunächst bei der Continental Reifen Deutschland GmbH gemacht, seit 2013 ist sie für die T-Systems Multimedia Solutions als HR Specialist Personalentwicklung tätig.

Christiane Körner ist seit 2011 im Bereich Personal beschäftigt. Bereits während ihrer Ausbildung zur Versicherungskauffrau und später im BWL-Studium waren ihr die Arbeit mit unterschiedlichen Menschen und der Blick auf die Stärken jedes Einzelnen sehr wichtig.

Berit Jungmann ist seit 2005 bei der T-Systems Multimedia Solutions GmbH tätig. Sie ist zuständig für Business Development, Strategie und Change-Management. Besondere Interessen liegen auf agilem und interdisziplinärem Arbeiten (z. B. DevOps, E-Learning) und dem neuen Trend der »digitalen Zuverlässigkeit«. Sie ist promovierte Wirtschaftsinformatikerin.

25.1 Dein Arbeitstag ist das, was du daraus machst – Positive Psychologie@MMS

Alles fing damit an, dass 2014 die Möglichkeit bestand, eine Weiterbildung mit Inhalten der Positiven Psychologie im Arbeitskontext zu absolvieren. Die Ausbildung gliedert sich in sechs Themenkomplexe, die sich im PERMA-Modell wiederfinden: Haltung und Bedeutsamkeit (Meaning), Stärkenorientierung (stärkenorientierter Führungsstil), wertschätzende Partnerschaften (Relationships) sowie Emotionen (Positive Emotions) und Energiemanagement.

Bereits während der Ausbildung haben wir begonnen, uns Gedanken zu machen, wie wir Ansätze daraus unkompliziert und kurzfristig in unser Unternehmen bringen könnten. Eine erste Idee war, bei unserer großen Jahresauftaktveranstaltung – dem Jahres-Kick-off mit rund 1500 Teilnehmenden – Dankeskarten auszulegen, die sich Kolleginnen und Kollegen als Zeichen gegenseitiger Wertschätzung schreiben können. Die Resonanz hat uns überrascht. Wir konnten zu diesem ersten Event über 600 Karten einsammeln und den Empfängern an den Arbeitsplatz stellen – ein schöner Start in den Arbeitstag. Diese Karten sind inzwischen fester Bestandteil unserer Firmenevents geworden und liegen auch bei uns im Unternehmen aus, sodass sie jederzeit genutzt werden können.

Ein weiteres Anliegen war es, tiefergreifendes Wissen, vorerst zu den Themen »Haltung« und »Stärkenorientierung«, zu vermitteln. So haben wir unser unternehmensinternes Barcamp, ein offenes Tagungsformat mit vielen gleichzeitig stattfindenden Workshops, deren Inhalte und Ablauf von den Mitarbeitenden entwickelt und gestaltet werden, für erste interaktive Workshops genutzt. Jeder Workshop war bis auf den letzten Platz besucht und im Nachgang erhielten wir Anfragen von Mitarbeitenden und Führungskräften, die gern mehr darüber wissen wollten und ob wir etwas für ihr gesamtes Team anbieten könnten.

So kam es, dass wir im Dezember 2016 unseren ersten Workshop mit dem Titel »Dein Arbeitstag ist das, was du daraus machst« halten konnten. Es nahmen rund 20 Führungskräfte aus einem Bereich, darunter auch ein Mitglied der Geschäftsleitung, daran teil. Zielstellung des ersten Workshopabschnittes war, die Führungskräfte durch theoretischen Input und praktische Übungen an das Thema »Haltung« heranzuführen. Folgende Fragestellungen standen dabei im Fokus: Wie entsteht eigentlich Zufriedenheit? Und wie wird deutlich, dass jeder selbst für diese Zufriedenheit aktiv werden muss?

Im zweiten Workshopabschnitt ging es um die Reflektion der eigenen Stärken und um deren Wahrnehmung durch die Kolleginnen und Kollegen. Ein ausführliches positives Feedback zur Person zu geben und dabei auf die individuellen Talente und Stärken einzugehen, das war recht ungewohnt – wie auch diese positive Resonanz zur eigenen Person anzunehmen. Am Ende konnten wir das Team mit lächelnden Gesichtern und einem veränderten Wir-Gefühl verabschieden.

Dies war der Startschuss für unsere Graswurzel-Initiative. Das heißt, es gab keinen Management-Auftrag, sondern das Interesse kam aus der Belegschaft. Wir erhielten viele Anfragen zu weiteren Teamworkshops, um das Thema weiter im Haus zu platzieren. In zwei Jahren hielten wir nur durch Mundpropaganda 20 Ganz- oder Halbtagesworkshops mit Teams zwischen 12 und 60 Kolleginnen und Kollegen.

Über positive Dinge zu reflektieren, sich mit sich selbst, den eigenen Bedürfnissen, aber auch Talenten und Stärken zu beschäftigen, empfanden die meisten Teilnehmenden als sehr wertvoll. Diese erste Hürde war also gemeistert. Wie konnte es weitergehen? Unsere große Herausforderung war und ist, den Themen einen Namen und ein »prozessuales Zuhause« innerhalb der Organisation zu geben. Es ist nicht nur eine Schulung, kein Produkt, nicht nur ein Impuls und auch keine Präsentation für einen wöchentlichen Status-Call.

Es ist ein Mindset (siehe Kapitel 9 meines Buches »Positive Leadership. Mit PERMA-Lead erfolgreich führen«) und kann damit Teil einer Unternehmenskultur werden und sein. Und das passierte dann auch. Das Thema »Stärkenorientierung« wurde inhaltlicher Fokus für unser Führungskräfte-Offsite, zu dem wir Herrn Dr. Ebner für die Keynote gewinnen konnten. Weiterhin wurde das Thema in unser Führungskräfte-Entwicklungsprogramm »Boxenstopp Führung« aufgenommen.

Parallel dazu haben wir mit verschiedenen kleineren Aktionen dazu beigetragen, dass das Thema immer wieder ins Gedächtnis gerufen wird. So haben wir beispielsweise zum Weltglückstag überall im Unternehmen kleine Post-its verteilt, mit Texten wie beispielsweise: »Wann hast du das letzte Mal etwas zum ersten Mal gemacht?« Und so wird es auch weitergehen: verschiedene Workshops in Teams, kleine Aktionen, Challenges sowie die Verzahnung mit bereits bestehenden HR-Instrumenten (z. B. Mitarbeitendengespräch).

Eine unserer größten Herausforderungen war die Frage, wie wir auch unser Management für unsere Ideen begeistern könnten. Es ist schwer bis fast unmöglich, all diese Inhalte in einer kurzen Präsentation mit vielen Leistungskennzahlen (KPIs) aufzubereiten.

Umso mehr sind wir dankbar, dass wir das Vertrauen haben, Dinge einfach auszuprobieren, ohne detailliertes Konzept, Drei-Jahres-Plan und Soundingboard, aber dafür mit viel Leidenschaft, Engagement und Freude – Attribute, die die Positive Psychologie stützen.

25.2 Job Crafting

»Alles, was von uns gefordert wird, ist,
uns zu kennen und zu schauen,
ob (man) in einer guten Umgebung (ist).«
ECKART VON HIRSCHHAUSEN

Seit Anfang 2018 führen wir im Unternehmen regelmäßige Job-Crafting-Workshops durch. Dies sind Workshops, die sich mit den Stärken der Mitarbeitenden beschäftigen und schauen, inwieweit die aktuellen Tätigkeiten zu den Stärken passen oder was zukünftig innerhalb der Aufgaben des/der Mitarbeitenden angepasst werden kann. Gemäß dem Zitat von Eckart von Hirschhausen: »Stärken zu stärken ist so viel sinnvoller, als an seinen Schwächen herumzudoktern.«

Der Ansatz kommt aus unserem 2017 ins Leben gerufenen Führungskräfteprogramm »Boxenstopp Führung«, welches auch einige Themen in Richtung stärkenorientierter Führung beinhaltet. Innerhalb des Programms hat eine Pilotgruppe aus acht Führungskräften selbst ein Job

Crafting durchgeführt. Die Führungskräfte waren so begeistert, dass das Thema zum Selbstläufer wurde. Eine Führungskraft setzte gleich mit ihrem Team einen Job-Crafting-Workshop um und brachte so einen Stein ins Rollen – die Mitarbeitenden erzählten anderen davon, der Ruf nach mehr Workshops wurde laut. Es ergaben sich durch die Workshops Tandems zu bestimmten Themen, Aufgabenrotationen oder neue Aufgaben für einzelne Mitarbeitende. Aktuell werden aufgrund der hohen Nachfrage immer mehr Mitarbeitende bei uns im Unternehmen befähigt, Job-Crafting-Workshops durchzuführen. Voraussetzung für die Workshop-Teilnahme ist es, seine Hauptstärken zu kennen. Dafür nutzen wir den Clifton StrengthsFinder (siehe Kapitel 6 meines Buches »Positive Leadership. Mit PERMA-Lead erfolgreich führen«).

Der Workshop besteht aus einem Mix aus individueller Auseinandersetzung mit den eigenen Stärken und kollektivem Austausch, um Anregungen und Denkanstöße zu bekommen. Die Teilnehmenden beschäftigen sich zunächst ausführlich mit ihren eigenen Stärken und schauen, in welchen Situationen die Stärken zum Tragen kommen. Was ist der Kern dessen, was sie gerne tun? Wie fühlen sie sich dabei? Nachfolgend listet jede/r Teilnehmende die Haupttätigkeiten seiner Arbeit auf und ordnet diese, wo es möglich ist, den Stärken zu. Nachdem der Ist-Zustand ausführlich analysiert wurde, geht es darum, Ideen für die Zukunft zu entwickeln: *Welche Stärke würde man gern noch intensiver nutzen? Welche Kompetenzen würde man gern noch weiterentwickeln? Mit welchen Menschen würde man sich gern noch stärker verbinden? Wie kann man die Tätigkeiten ohne Stärkenbezug möglicherweise verändern oder umverteilen?* Am Ende des Workshops stellt jede/r Teilnehmende sein/ihr »CraftBoard« den anderen vor und hat die Möglichkeit, zu einigen Fragen noch Anregungen aus der Gesamtgruppe zu erhalten. Sinnvoll ist es, wenn die jeweilige Führungskraft auch an dem Workshop teilnimmt. Einerseits erhält die Führungskraft so wertvolle Einblicke in die Fähigkeiten der Mitarbeitenden, auf der anderen Seite kann sie einen wichtigen Beitrag leisten, dass Ideen tatsächlich umgesetzt werden können. Es liegt an jedem selbst, inwieweit das Erarbeitete tatsächlich zu Veränderungen führt. Für viele hat schon das Bewusstmachen der eigenen Stärken eine Veränderung bewirkt. Andere nutzen einen persönlichen Actionplan mit Zielen für die nächsten sechs Wochen. Für andere bleibt aus dem Workshop nur ein positives Gefühl zurück. Daher haben wir nun Follow-up-Workshops eingeführt, in deren Rahmen wir uns mit dem Teilnehmendenkreis zwei Monate nach dem Workshop nochmal zusammensetzen und schauen, was umgesetzt worden ist und wo gegebenenfalls Grenzen in der Umsetzung liegen.

Zukünftig sind weitere Workshops zu dem Thema angedacht, die zusätzlich zur bisherigen individuellen Ebene stärker auf der Teamebene ansetzen. *Wo haben wir als Team Stärkencluster? Was fehlt uns als Team? Mit wem müssen wir uns daher verbinden? Wen sollten wir zukünftig ins Team holen?* Für uns ist der Mehrwert der Job-Crafting-Workshops nicht nur, dass sich jeder Teilnehmer intensiv mit seinen Stärken auseinandersetzt und bestenfalls seine Tätigkeiten entsprechend anpasst und damit motivierter und zufriedener ist. Sondern auch, dass es durch den Austausch untereinander, die kollegiale Beratung und die Beschäftigung mit etwas Positivem auch einen ganz automatischen Teambuilding-Effekt hat. Somit beeinflussen die Workshops alle fünf PERMA-Lead-Faktoren positiv.

25.3 Quartalsbewertung: Von der ungeliebten Kennzahlenbewertung zum akzeptierten Führungsinstrument

»Positive Leadership« beschreibt einen positiven und stärkenorientierten Führungsstil, der für die Mitarbeitenden eine Grundlage schafft, sich persönlich einzubringen und weiterzuentwickeln. Was haben jedoch Strategie-Reviews mit PERMA zu tun? Zugegebenermaßen ist der Bezug nicht sofort offensichtlich und erkennbar. Aber auch regelmäßige Strategiebewertungen kann man so aufbereiten und nutzen, dass sie individuelles Engagement fördern, Sinn in der Arbeit vermitteln und positive Emotionen ermöglichen.

In unserem Unternehmen werden für jede Führungsebene am Anfang des Jahres Ziele definiert, die entsprechend der Balanced-Scorecard(BSC)-Logik Kennzahlen aus Finanz-, Kunden-/Markt-, Prozess- und Potenzialsicht enthalten. Die in der BSC beschriebenen Kennzahlen wurden in der Vergangenheit durch die obersten Führungsebenen beschlossen und durch diesen Personenkreis einem quartalsweisen Review unterzogen. Eine Einbeziehung der untersten Führungsebene, die die größte Nähe zu den Mitarbeitenden hat, war nicht gegeben. Es fand also kein Abgleich statt, wie diese Führungsebene die Situation einschätzt und worauf im nächsten Quartal ein besonderer Fokus gelegt werden sollte.

Es entstand in einem Bereich die Idee, das abstrakte Thema »BSC-Reviews« weiterzuentwickeln: von der praxisfernen, kennzahlenbasierten Bewertung des Bereiches zur Etablierung eines Instrumentes, das gemeinsam in der Zielebewertung angewandt wird und eine einheitliche Basis für alle Führungskräfte schafft. Nachdem das Commitment der Führungskräfte zu diesem Ansatz abgeholt worden war, wurde es 2017 pilotiert und nach erfolgreicher Pilotphase wird es seitdem als quartalsweises Instrument genutzt. Ziele sind eine bessere Beteiligung der Führungskräfte bei der Strategiebewertung und -kommunikation sowie Unterstützung, worauf in der eigenen Bereichskommunikation zu achten ist. Durch die Umgestaltung der Reviews schaffen wir eine Beteiligung, die eine positive Grundstimmung erzeugt, mehr Lösungen generiert, ein besseres Verständnis schafft und das ganze Organisationsklima des Bereiches verändert.

Im Folgenden wird die Balanced Scorecard mit dem PERMA-Lead-Modell verknüpft:

Positive Emotions (P)

Ziel:	Positive Rückmeldungen dienen als starker Motivator.
Umsetzung:	Mündliche Auswertung des Reviews durch den Bereichsleiter und anschließende Intranet-Kommunikation mit emotionalen Highlights in Bildern (»Welche Highlights konnten Kolleginnen und Kollegen aus meinem Team zum Gesamterfolg beitragen?«)

Engagement (E)

Ziel:	Stärkenorientierte Arbeitsverteilung
Umsetzung:	»Was kann ich als Führungskraft tun, damit meine Kolleginnen und Kollegen im nächsten Quartal besser ihre Stärken einbringen können?«

Relationships (R)

Ziel:	Wertschätzender Umgang im Team
Umsetzung:	»Wie kann ich den wertschätzenden Umgang im Team fördern?«

Meaning (M)	
Ziel:	Sinn in der Arbeit vermitteln
Umsetzung:	Auswertung des Reviews mit Beantwortung der Frage »Welchen Beitrag leiste ich/leistet mein Team für das Gesamtunternehmen?« Nachvollziehbare Mitarbeitendenkommunikation: »Warum wurden bestimmte strategische Entscheidungen getroffen?«

Accomplishment (A)	
Ziel:	Erreichtes sichtbar machen
Umsetzung:	Regelmäßig über erreichte Ziele reflektieren, um Stärken zu erkennen

PERSÖNLICHE NOTIZEN

26 dm drogerie markt GmbH: {miteinander} vorbildlich wirken

Die Organisation

Die dm-drogerie markt GmbH & Co. KG ist ein deutscher Drogeriekonzern. Mit rund 3500 Filialen und 59 000 Mitarbeitenden ist dm der größte Drogeriekonzern in Europa. Das Unternehmen eröffnete im Jahr 1976 die erste Filiale in Österreich. Der heutige Firmensitz in Wals bei Salzburg ist Dreh- und Angelpunkt in Österreich sowie für die Expansion in die sogenannten »verbundenen Länder« in Mittel- und Südosteuropa. Insgesamt beschäftigt dm in Österreich mehr als 6800 Menschen in seinen 389 Filialen, den 172 dm friseur- und 111 dm kosmetikstudios sowie in der Teilkonzernzentrale in Wals bei Salzburg und im Verteilzentrum in Enns. Vorbildlich im Umfeld wirken zu wollen ist ein Vorsatz, der bei dm nach innen und nach außen gleichermaßen gilt: für das dm Menschenbild in Bezug auf Kunden und Mitarbeiter, für die Art und Weise, wie das Miteinander innerhalb der Wirtschaftsgemeinschaft und zu Partnern gelebt wird und besonders auch für die Frage, wie sich dm als Teil der Gesellschaft vor Ort engagieren möchte. Nach eigenen Angaben räumt der Unternehmensgründer Götz Werner dem Arbeitsklima einen höheren Stellenwert ein als dem Profit.

Die Gastautorinnen: Sara Brandauer & Marcella Mair

Sara Brandauer ist studierte Politologin und seit 2016 für das strategische Feld CSR und die interne Kommunikation bei dm drogerie markt Österreich verantwortlich. Als Teil der Fachjury im öffentlichen Bewerbungsprozess und Projektleiterin der {miteinander}-Initiative war sie von Beginn an in grundlegende Planungen eingebunden und hat maßgeblich zu deren bundesweitem Erfolg beigetragen. Ihre Erfahrungen und Stärken hinsichtlich Marketing und PR konnte sie besonders in den Bereichen Organisation, Koordination sowie Medienarbeit zum Ausdruck bringen.

Marcella Mair ist studierte Germanistin und seit 2016 als externe Beraterin der Agentur movea marketing für interne Kommunikation sowie Öffentlichkeitsarbeit rund um das Ressort »Mitarbeiter« bei dm drogerie markt in Österreich zuständig. Als Mitglied des Organisationsteams der bundesweit erfolgreichen dm CSR-Kampagne {miteinander} konnte sie viele ehrenamtliche Projekte mit Know-how und tatkräftiger Unterstützung bei der Erreichung ihrer Ziele begleiten.

26.1 Ein ganz besonderes Geburtstagsjahr

Anlässlich des 40-jährigen Jubiläums von dm drogerie markt in Österreich haben wir 2016 die bis heute mehrfach ausgezeichnete Initiative {miteinander} umgesetzt: 40 soziale, kulturelle und ökologische Gemeinschaftsprojekte mit lokalem Bezug wurden mit insgesamt 630 000 Euro unterstützt – um damit gemeinsam die Welt vor unserer Haustür ein Stück besser zu machen.

Neben der finanziellen Unterstützung durch das Unternehmen machte vor allem das {miteinander} der Mitarbeitenden und Kunden diese stolze Summe möglich: Durch den Verkauf von 95 000 {miteinander}-Stofftaschen und mehr als 100 Aktionen in den Filialen und Einrichtungen wurden Gelder für die Projekte generiert. Ob in Form von rund 50 Metern Kuchenbuffets, bei 32 Flohmärkten, durch 2088 gelaufene Kilometer bei einem Wohltätigkeitslauf oder 2500 verkaufte Kugeln Eis für den guten Zweck: Unzählige dm Mitarbeitende engagierten sich tatkräftig für ihre Herzensprojekte. Begleitet wurden die Ereignisse unter anderem auch online, auf einer eigens kreierten Plattform, die täglich aktualisiert wurde: Rund 270 Blogbeiträge erzählen von den vielfältigen Aktivitäten. Hier kamen nicht nur Kollegen regelmäßig zu Wort, sondern auch all jene, denen das Engagement zugutekam. Der hohe Betrag, der am Ende zusammenkam, war eine Gemeinschaftsleistung. Er setzte sich zusammen aus den Geldern, die die Mitarbeitenden bei ihren Aktionen sammeln konnten, den Spenden von externen dm Partnern, die sich an der Kampagne beteiligen wollten, und schließlich auch aus den Mitteln, die das Unternehmen selbst aus dem CSR-Budget zur Verfügung stellte.

So beachtlich die Zahlen auch sind, noch viel bedeutender für uns waren und sind die zahlreichen begeisterten Menschen, die einzigartigen Begegnungen, die sonst wohl nie stattgefunden hätten, die neuen Kontakte, die geknüpft wurden, die unzähligen positiven Rückmeldungen von Kunden, Partnern und Mitarbeitenden. Wir blicken auf ein ganz besonderes Erfolgsjahr zurück, das uns alle geprägt hat und bis jetzt nachwirkt.

26.2 Eine Idee nimmt Form an

Ein runder Geburtstag ist etwas Besonderes. Freunde und Familie erwarten meist Großes von einem. Ein Fest mit Speis und Trank. Ein Beisammensein, das Eindruck macht und in Erinnerung bleibt. Bei Firmen verhält es sich nicht anders. Viele nutzen ihre Jubiläen, um die Kunden mit attraktiven Rabatt- oder Gutscheinaktionen in ihre Filialen zu bringen. Beworben werden diese Feierangebote ganzseitig in Tageszeitungen oder mit kurzen Spots im Fernsehen. Kostenpflichtig. Redaktionell folgt dann meist nur ein kurzer Hinweis in wenigen Zeilen auf aktuelle Umsätze und Mitarbeitendenzahlen.

Als sich unser 40. Geburtstag näherte, saßen wir in großer Runde zusammen und überlegten, wie das dm Jubiläumsjahr aussehen könnte. Denn eines war uns von Beginn an klar: Wir wollten anders feiern. Nachhaltig. Aber trotzdem gebührend. So wurde die erste Idee zu einem rauschenden Fest gleich am Anfang wieder verworfen. Ja, wir wollten Geld aus dem Unternehmen in die Hand nehmen. Aber: Wir wollten damit etwas Sinnvolles bewirken und den Mitarbeitenden die Möglichkeit geben, sich freiwillig zu beteiligen. Ganz individuell – nach ihren Stärken und Leidenschaften.

Unter der Zielsetzung, als Gemeinschaft vorbildlich im Umfeld wirken zu wollen, bezieht sich die dm Philosophie insbesondere auf Aspekte des Kerngeschäfts von dm als Händler und Dienstleister: Grundhaltungen und Versprechen gegenüber den Kunden, wie sie im Dauerpreisversprechen, in den Serviceleistungen oder auch im zwischenmenschlichen Kontakt in den Filialen und Studios sichtbar werden.

Wir blickten also zunächst zurück, um zu erkennen, wie wir unsere Kunden in den letzten 40 Jahren inspiriert hatten: Welche Aktionen sind gut angekommen? Womit haben wir Freude bereitet? Wir fragten uns außerdem, was dm ausmachte: Sind es die für dm tätigen Menschen, die nicht nur mit-arbeiten, sondern auch mit-gestalten? Die ökologischen Aspekte im Sortiment? Ist es die gesellschaftliche Verantwortung, die wir tragen? Dass wir auf die Bedürfnisse und Wünsche der Kunden eingehen und diese veredeln? Oder ist es nicht vielmehr all das zusammen, was uns leitet?

dm trägt dafür Sorge, dass jeder die Möglichkeit bekommt, seinen Beitrag zum großen Ganzen zu leisten, um einerseits voneinander lernen zu können und sich andererseits dabei selbst zu entfalten. Wir kamen also schnell zu dem Entschluss, dass wir die Sache nicht allein angehen möchten, sondern {miteinander}. Denn damit wir uns als Wirtschaftsgemeinschaft weiterentwickeln können, braucht es neben Mitgestaltern aus Filialen, Studios, der Zentrale und dem Verteilzentrum auch zuverlässige Partner und Kunden, die sich wohlfühlen. Somit stand für uns fest, dass auch diese Teil unserer Initiative sein sollten.

40 Jahre dm in Österreich. Für jedes einzelne Jahr wollten wir uns bedanken, indem wir der Gesellschaft etwas zurückgeben. Dort helfen, wo Hilfe am dringendsten benötigt wird. Mit der Geburtstagsaktion wagten wir

erstmals den Versuch, nicht aus einem kleinen Projektteam alles vorzugeben und abzuwickeln. Stattdessen luden wir alle Mitarbeitenden, Kunden und Partner ein, Ideen und Projekte einzureichen.

Es wurde eine Plattform eingerichtet, auf der jeder Vorschläge einbringen konnte. Insgesamt 407 nachhaltig soziale, kulturelle und ökologische Projekte mit lokalem bzw. regionalem Bezug zu dm Standorten wurden eingereicht. Zwei Juryrunden, bestehend aus allen dm Mitarbeitenden sowie einer Fachjury mit langjährigen dm Kooperationspartnern – wie Caritas oder Naturschutzbund –, kürten anschließend die finalen Siegerprojekte.

26.3 Die aufregende Umsetzung

»Machen wir jetzt unser Zuhause zu einem besseren Ort« – das war unser Motto. {miteinander} ein Zeichen für mehr Nachbarschaftlichkeit setzen. Doch jeder Anfang ist schwer. Die größte Herausforderung war dabei sicherlich die Organisation: Schließlich wollte sich der größte Teil der 6760 Mitarbeitenden und sogar 99 der dm Partner in irgendeiner Form an der Initiative beteiligen. Wir gründeten eine kleine Steuerungsgruppe, teilten die 40 Projekte nach Regionen auf und acht Kollegen aus dem Gebietsmanagement übernahmen die übergreifende Koordination. Für jedes einzelne Projekt suchten diese schließlich einen dm Ansprechpartner vor Ort, der sich um den Kontakt zur Einrichtung – den regelmäßigen Austausch – kümmern sollte. Das Besondere daran: Binnen kürzester Zeit fanden sich Freiwillige für jedes einzelne der Siegerprojekte! Obwohl diese Funktion einen deutlichen Mehraufwand zur primären Arbeit bedeutete, meldeten sich von der Drogistin über die Filialleiterin bis zum Gebietsmanager Menschen aus unterschiedlichen Bereichen aus dem Unternehmen. Im Fokus stand dabei der zweite Faktor des PERMA-Lead-Modells, das Engagement. (Nähere Erklärungen zu diesem Modell finden Sie in »Positive Leadership. Mit PERMA-Lead erfolgreich führen«.) Bei der {miteinander}-Initiative konnten individuelle Stärken ausgelebt werden. Das wurde klar kommuniziert und war demnach die ideale Möglichkeit für jeden, der es wollte, optimal herausgefordert zu werden.

Ob Kinderhospiz, Frauenhaus oder Wildtierhilfe: Die inhaltliche Bandbreite der eingereichten Projekte war groß, weswegen der nächste Schritt keine Hürde darstellte. Die fast 400 dm Filialen wurden dazu aufgerufen, sich selbstständig einem der 40 Projekte zuzuteilen. Je nach persönlichen Vorlieben und/oder Nähe zum Projekt einigten sich die jeweiligen Filialleiter zusammen mit ihren Mitarbeitenden auf ein Projekt. Manche der Siegerprojekte hatten zum Beispiel 15 Filialen, die sich mit geschlossener Mannschaft engagierten, andere wiederum nur drei. Die Zahl spielte für uns keine Rolle, wichtig war uns, dass die Unterstützer voll und ganz hinter ihrer Wahl standen – hinter ihrem Herzensprojekt, das sie selbst gewählt hatten und bei dem sie ihre Leidenschaft einbringen konnten.

An dieser Stelle kam der Meaning-Faktor des PERMA-Lead-Modells für uns entscheidend zum Tragen. Dadurch, dass die Projekte frei gewählt werden konnten, lernten unsere Mitarbeitenden die große Bandbreite der Themen kennen, die dm finanziell unterstützt. Es wurde eine Art Mehrwert geschaffen. Denn mit ihrer Arbeit konnten die Mitarbeitenden sich im Rahmen der Kampagne selbst verwirklichen, indem sie gemeinnützig tätig wurden, d. h. über den Tellerrand hinausblickten. Man hatte das gemeinsame Ziel, die Welt ein kleines Stückchen besser zu machen. Und jeder einzelne konnte seinen Beitrag dazu leisten. Ob das nun die Kosmetikerin war, die kostenlos ein Mädchen im Rollstuhl schminkte, oder die Drogistin in Ausbildung, die Eis vor der Filiale ausgab, um Geld zu sammeln.

Was folgte, wurde nach und nach zum Selbstläufer. Die Steuerungsgruppe entwarf einen Ideenpool, wie die Unterstützung aussehen könnte. Die Koordinatoren gaben diese an ihre lokalen Ansprechpartner weiter. Jene griffen einzelne Ideen auf, entwickelten sie weiter oder setzten mit eigenen Vorschlägen neue Akzente. Ob Kuchenbuffet, Eisverkauf, Flohmarkt, Tombola oder dm Bio-Verkostung – in den darauffolgenden Monaten war bei dm immer etwas los! Aber nicht nur in den Filialen wurde Geld gesammelt, auch außerhalb waren die dm Mitarbeitenden laufend im Einsatz.

Um das Hilde-Umdasch-Haus zu unterstützen, veranstaltete dm beispielsweise einen öffentlichen Benefizlauf in Amstetten. 300 Teilnehmende starteten für den guten Zweck, darunter auch die dm Geschäftsführer Martin Engelmann, Andreas Haidinger und Hubert Krabichler. Seite an Seite mit ihren Kollegen und anderen Hobbysportlern liefen sie, damit Kinder und Jugendliche mit einer lebensverkürzenden Diagnose in wohnlicher Atmosphäre gepflegt und deren Familien entlastet werden können. Das Event war derart erfolgreich, dass es im Folgejahr sogar wiederholt wurde.

26.4 Höhepunkte einer gemeinsamen Reise

Fast ein ganzes Jahr fanden laufend Aktionen statt, um Geld für die Einrichtungen und ihre vielfältigen Wünsche zu sammeln. Von Naturworkshops für Kinder aus einkommensschwachen Familien über eine neue Ausrüstung für das Stockschützenteam der Special Olympics bis hin zum liebevoll angelegten Demenzgarten für Senioren – alle Projekte konnten letztlich mit unserer Hilfe und der unserer Partner, die sich finanziell beteiligten, realisiert werden.

Das Highlight der Zusammenarbeit waren sicherlich die jeweiligen Scheckübergaben. Über die Monate war man mit den Menschen der Einrichtungen zusammengewachsen, hatte sich oft ausgetauscht und sich gemeinsam über jeden einzelnen gesammelten Euro gefreut. Kein Wunder also, dass das Verkünden der erreichten Endsumme stets mit Emotionen verbunden war.

Besonders herzlich war beispielsweise eine Zusammenkunft in der Steiermark. Zur Scheckübergabe an die Down-Syndrom-Einrichtung »Beniva« und den Verein »Sportbündel« wurde in Leoben kurzerhand eine Grillparty samt lustigen Wettbewerben und Preisverleihung veranstaltet. Während Gebietsmanagerin Michaela Schinnerl-Schlaffer moderierend durch den Abend führte, wurden die Gäste von Kolleginnen aus den umliegenden Filialen bewirtet. Für musikalischen Hochgenuss auf der Ziehharmonika sorgte Augustin Maitz, ein langjähriger Manager im Ressort »Mitarbeiter« bei dm.

Auch beim Verein »Rolling Home« in Salzburg gab es Freudentränen. Sieben Mädchen im Rollstuhl durften ein »elternfreies« Wochenende zur Stärkung der Selbstständigkeit verbringen, konnten einen Tag lang nach Lust und Laune bei dm shoppen und sich anschließend von den Kolleginnen im dm kosmetikstudio professionell schminken und stylen lassen.

Unvergessen bleibt außerdem das Green Belt Camp 2016, bei dem engagierte Naturliebhaber eine Woche lang die Möglichkeit hatten, an der Pflege der Feuchtwiesen entlang der Maltsch, die über 26 Kilometer lang die Staatsgrenze zwischen Österreich und Tschechien bildet, mitzuwirken und einen Sensenkurs zu absolvieren. Vom Lehrling über die Studioleiterin bis hin zum Geschäftsführer – mehrere dm Mitarbeitende nahmen sich die Zeit, um den Lebensraum für seltene und gefährdete Tier- und Pflanzenarten zu erhalten.

Es gab unzählige besondere Momente. Prägend waren aber vor allem die zahlreichen positiven Rückmeldungen. Nicht nur aus den Medien und von unseren Partnern, sondern auch intern. {miteinander} hatten wir die Gelegenheit, Eigeninitiative zu zeigen und Großes zu erreichen. Das Jubiläumsjahr hat uns gezeigt, dass wir - getreu unserem Leitbild - »als Gemeinschaft vorbildlich in unserem Umfeld wirken« können. Wir sind stolz darauf, dass wir die Welt vor unserer Haustür ein kleines Stückchen besser gemacht haben.

Wie positiv die Kampagne in den eigenen Reihen ankam, merkte man nicht zuletzt an den Beiträgen, die für die Mitarbeitendenzeitung eingeschickt wurden: Unzählige Mitarbeitende übermittelten Fotos von den veranstalteten Flohmärkten, schilderten ihre Erfahrungen beim Kuchenbuffet und bedankten sich in rührenden Beiträgen für die Chance, sich im Rahmen ihres Berufs sozial engagieren zu können. Bei der Scheckübergabe an die Wildtierhilfe weinte nicht nur die dortige Leiterin, auch dem Filialteam stand das Wasser in den Augen. Es wurden neue Freundschaften geschlossen und dauerhafte Verbindungen geschaffen. Am LKH Graz engagieren sich einige unserer Mitarbeitenden selbst heute noch privat und verkürzen die Wartezeit von Patienten durch Zuhören und Austausch. Die {miteinander}-Initiative hat uns alle eindeutig zusammengeschweißt, egal, wo wir arbeiten - ob im Vertrieb, dem Verteilzentrum oder in der Zentrale.

Meaning im Sinne von »Bedeutung schaffen« ist für dm ein wesentlicher Bestandteil der Unternehmensphilosophie rund um die Mitarbeitendenführung und wird - wie man anhand der Initiative gesehen hat - unglaublich geschätzt. Dieses Beispiel zeigt klar, wie die Sinnhaftigkeit, die Mitarbeitende erleben, auch über den eigentlichen Zweck eines Unternehmens hinaus erweitert werden kann: indem die Ressourcen, die das Unternehmen und seine Mitarbeitenden haben, in einen größeren gesellschaftlichen Kontext gestellt werden. Eine Haltung, die sich wiederum auf die Unternehmenskultur und somit auf das Verhalten der Mitarbeitenden innerhalb der Teams signifikant positiv auswirkt.

26.5 Die Zeit danach

Um ein Resümee zu ziehen, wurde nach der letzten Scheckübergabe ein Meeting mit allen Kollegen aus der Steuerungs- und Koordinationsgruppe angesetzt: ein gemeinsamer Rückblick, eine Bewertung der Maßnahmen und ein Fazit für die Zukunft. Hier sind wir am Faktor Accomplishment des PERMA-Modells angelangt: das Würdigen und Feiern der gemeinsam erreichten Ziele. Nicht nur die Steuerungs- und Koordinationsgruppe erfuhr enorme Wertschätzung. Ein Dank wurde an alle beteiligten dm-Mitarbeitenden ausgesprochen – in Mailings, in der Mitarbeitendenzeitung und in der Mitarbeitenden-App. Weil die gesteckten Ziele erreicht wurden, war der Stolz groß und wurde daher entsprechend gewürdigt. Eine Win-win-Situation für alle: für die sozialen Projekte, die Geld bekamen. Für alle Kollegen, die über sich selbst hinauswuchsen. Und nicht zuletzt für dm als Unternehmen, das einen Mehrwert für seine Mitarbeitenden schaffen konnte.

Das Einbinden der dm Mitarbeitenden – mit all ihren Stärken und Potenzialen – ist für uns heute wie damals von zentraler Bedeutung und wird gefördert. Denn Beruf kann mehr sein als eine bloße Erwerbsquelle, nämlich ein sinnstiftender Teil des Lebens.

Als kleines Dankeschön wurde eine Jubiläumsbroschüre für alle Beteiligten produziert. Das mit Berichten, vielen Fotos und Zitaten ausgeschmückte Buch bekam jede/r Mitarbeitende, Kooperationspartner und Projektverantwortliche zur Erinnerung an die gemeinsame Zeit zugeschickt.

Es ist nicht die erste dm Erfolgsgeschichte, die mit der {miteinander}-Initiative geschrieben wurde – aber doch eine, die lange in Erinnerung bleiben wird, weil sie besonders stark nachwirkt. Viele Projekte, die dm im Rahmen des Jubiläumsjahres umgesetzt hat, werden auch heute noch auf Initiative der Mitwirkenden fortgeführt. Mehrere unserer verbundenen Länder haben die Idee bereits übernommen und ebenfalls erfolgreich umgesetzt.

Ob PR Report Award in Berlin, österreichischer PR Staatspreis, Salzburger Wirtschaftspreis oder Business-Award bei der Down-Syndrom-Benefizgala – auch von außen war und ist die Anerkennung immer noch hoch. Wir entschlossen uns in weiterer Folge dazu, diesen Weg weiterzugehen, und überlegten uns für Weihnachten eine Art »Spin-off«. Im Rahmen der dm{miteinander}-Weihnachtsaktion 2017 übergaben dm Mitarbeitende rund 20 000 Weihnachtspackerl an soziale Einrichtungen im ganzen Land. Diese waren nicht nur mit dm Produkten gefüllt, sondern enthielten auch jeweils eine besondere Überraschung: Die Kollegen ergänzten alle Geschenkboxen mit Gebasteltem. Selbstgemachtes Badesalz, handgestrickte Mützen, Armbänder, bemalte Taschen und vieles mehr fand sich in den Boxen. Alle individuellen Geschenke entstanden in gemeinsamen Bastelstunden. Das Aktivwerden und das Besuchen der Einrichtungen wurden von den Mitarbeitenden als äußerst bereichernd empfunden und führte auch innerhalb der Teams zu positiven Entwicklungen. Bei dm werden regelmäßig Workshops angeboten, die auf eine Sensibilisierung rund um das Thema »Behinderung« abzielen. Die {miteinander}-Initiative mit all ihren Projekten, in denen unsere Mitarbeitenden zum Teil mit Menschen mit Behinderung zu tun hatten, unterstützte diese Sensibilisierung enorm und wirkt positiv bis in die Teams hinein.

Soziales Engagement bewegt. Wir legen Wert darauf, immer wieder einen Blick über den eigenen Tellerrand hinaus zu werfen. Daher werden auch künftig Themen und Anliegen gewählt, die uns und unseren Kunden besonders nahestehen. Deswegen haben dm Mitarbeitende auch die Möglichkeit, einen zusätzlichen Urlaubstag – den »mehr vom leben tag« – zu nehmen, um sich für gute Zwecke zu engagieren. Und deshalb gibt es seit 2009 die dm babybeihilfe, in deren Rahmen sozial benachteiligte Familien mit Windeln versorgt werden.

Die {miteinander}-Initiative wird inhaltlich definitiv noch lange weitergetragen – weil wir durch sie einen wertvollen Beitrag für das gesellschaftliche Zusammenleben leisten und dies durch jeden einzelnen Mitarbeiter unmittelbar gelebt werden kann.

Alle Infos rund um die {miteinander}-Initiative sowie Verantwortung bei dm drogerie markt finden Sie unter: www.dm-miteinander.at

27 Beratergruppe Neuwaldegg: SINNvolle Führungsentwicklung – Wenn der Glaube Teil der Organisationskultur ist

Die Organisation

Die Beratergruppe Neuwaldegg ist eine international agierende systemische Unternehmensberatung mit Sitz in Wien. Seit 1980 gestalten die Expertinnen und Experten maßgeschneiderte Veränderungsprozesse mit Themen wie Change-Management, Leadership, Strategie & Innovation, Unternehmenssteuerung sowie Diagnose & Evaluation. Der Kundenkreis reicht von Familienunternehmen und Hidden Champions über Weltkonzerne bis zu großen NPOs. Das Unternehmen forscht in verschiedensten Innovation LABs, die Entwicklung neuer Konzepte bzw. Instrumente fließt in die praktische Arbeit ein und wird in unterschiedlichen Medien publiziert. Im Rahmen von Weiterbildungsprogrammen und Veranstaltungen wird dieses Wissen in Kombination mit jahrzehntelanger Erfahrung weitergegeben.

Die Gastautorin: Elisabeth Dudak

Elisabeth Dudak gehört seit 2008 zum Team der Beratergruppe Neuwaldegg und begleitet Unternehmen in herausfordernden Veränderungs- und Entwicklungsprozessen. Als Arbeits- und Organisationspsychologin beschäftigt sie sich in der Beratung, im Training, im Coaching und in der Forschung mit der Wechselwirkung von Individuen und Organisationen. Der Fokus liegt dabei auf sinnvoller Unternehmenssteuerung und -führung, Selbstorganisation, agilen Strukturen und Prozessen sowie Unternehmenskultur mit dem anspruchsvollen Ziel, vorhandenes Potenzial für Einzelpersonen als auch das gesamte Unternehmen bestmöglich zu entfalten.

Vor einigen Jahren wurde die Beratergruppe Neuwaldegg im Rahmen einer öffentlichen Ausschreibung eingeladen, ein maßgeschneidertes Konzept zur Entwicklung neuer Führungskräfte zu erarbeiten. Spannend an dieser Anfrage war, dass es sich um einen Orden handelte, dessen Führungsverantwortung in immer stärkerem Ausmaß nicht mehr durch die Ordensmitglieder erfolgt, sondern durch weltliche Mitarbeitende. Die Frage, die sich uns damals stellte, war, wie es im Rahmen eines Lehrgangs zur Führungskräfteentwicklung gelingen kann, die Vorstellung des Ordens von guter Führung bestmöglich zu vermitteln und zu verankern. In die PERMA-Lead-Logik übersetzt, ging es in diesem Kundenprojekt insbesondere um den mittleren Faktor, den Faktor Meaning, der durch die Unternehmensführung zum Ausdruck gebracht werden sollte. Im Zuge des Prozesses wurde aus einer alltäglichen Kundenanfrage eine Herzensangelegenheit – ein besonderes Projekt für einen außergewöhnlichen Kunden, der die Stärkenorientierung im Sinne seines Unternehmenszwecks »Gutes tun und es gut tun« als seine Berufung sieht.

Der weltweit tägige Bettelorden der Barmherzigen Brüder betreibt Einrichtungen des Gesundheits- und Sozialwesens. Die Arbeit des Ordens zielt darauf ab, hilfsbedürftigen Menschen, unabhängig von Geschlecht, Alter, Religion, Herkunft, Kultur oder sozialem Stand, professionelle medizinische und pflegerische Betreuung zukommen zu lassen. Dafür arbeitet der Orden mit staatlichen Gesundheitsbehörden, wie beispielsweise dem Gesundheits- und Sozialministerium sowie unterschiedlichsten Diensten und Einrichtungen auf Regional- und Kommunalebene, zusammen und ist damit Teil des öffentlichen Gesundheitsnetzes.

Die österreichische Ordensprovinz, der auch die Einrichtungen des Ordens in Ungarn, Tschechien und der Slowakei angehören, wurde 1605 in Feldsberg nördlich der österreichisch-tschechischen Grenze gegründet. Insgesamt werden in Österreich heute sieben Krankenhäuser, zwei Alten- und Pflegeheime sowie sonstige Einrichtungen an insgesamt 14 unterschiedlichen Standorten betrieben. Gemeinsam mit den hier ansässigen Ordensbrüdern sorgen über 7200 Mitarbeitende für eine professionelle Versorgung der Patientinnen und Patienten, Bewohnerinnen und Bewohner, Klientinnen und Klienten sowie Gäste. Jährlich werden dabei rund 700 000 Menschen in einer der Einrichtungen des Ordens stationär oder ambulant versorgt oder betreut.

27.1 Das »Meaning« der Organisation verstehen

Um das Anliegen bzw. das dahinterliegende Grundbedürfnis der Kundenanfrage besser zu verstehen, bedarf es weit mehr, als sich mit den Zahlen, Daten und Fakten der Organisation zu beschäftigen. Aus diesem Grund führten wir im ersten Schritt eine systemische Organisationsdiagnose durch. Ziel war es, dem »Purpose« – also dem »Seinszweck« – des Unternehmens auf den Grund zu gehen. »Was ist der höhere Sinn des Ordens bzw. der Einrichtungen?« »Welchen einzigartigen Beitrag leisten die Barmherzigen Brüder?« Und: »Wie genau drückt sich dieser in der Führung aus?« So wie unser Kunde Anamnesegespräche mit Patientinnen und Patienten, Bewohnerinnen und Bewohnern bzw. Klientinnen und Klienten führt, sprachen wir in mehreren Einrichtungen mit verschiedensten Personen bzw. Fachgruppen, um das Meaning und die Unternehmenskultur, also den Herz- und Pulsschlag der Organisation, zu erfassen und andererseits den Unternehmensalltag und dessen spezifische An- und Herausforderungen an die Unternehmensführung kennenzulernen.

Im Rahmen der Gespräche sind wir sehr bald auf den Ordensgründer, den Heiligen Johannes von Gott (1495–1550), gestoßen, der den fundamentalen Grundwert der Barmherzigen Brüder begründete: die Hospitalität. Der Begriff leitet sich vom lateinischen Wort »hospitalitas« ab und kann als uneingeschränkte, fachlich kompetente und christliche Gastfreundschaft übersetzt werden. Um den Mitarbeitenden Beispiele gelebter Hospitalität zu geben, wurden im Jahr 2012 auf Basis der Ordenswerte die folgenden Führungsgrundsätze erarbeitet, die natürlich auch für unser Projekt relevant waren:

- **Qualität:** fachliche Dimension
  Wir fördern kontinuierliche Verbesserungen und ermöglichen Weiterentwicklungen.
  Wir sorgen für transparente Betriebsabläufe und setzen herausfordernde sowie erreichbare Ziele.
- **Verantwortung:** ethische Dimension
  Wir nehmen unsere Fürsorgeverantwortung gegenüber unseren Mitarbeitenden wahr.
  Wir verwenden die verfügbaren Ressourcen verantwortungsbewusst, nachhaltig und wirtschaftlich.
- **Respekt:** soziale Dimension
  Wir gehen respektvoll und wertschätzend miteinander um.
  Wir binden unsere Mitarbeitenden in Entscheidungsprozesse ein und sorgen für einen entsprechenden Kommunikationsfluss in beide Richtungen.
- **Spiritualität:** religiöse Dimension
  Wir sind den Leitaussagen und Prinzipien des Ordens der Barmherzigen Brüder verpflichtet und handeln auf Basis der Werte des Ordens.
  Wir tragen die christliche Identität unserer Einrichtungen mit und sind tolerant gegenüber anderen Weltanschauungen.

Meiner Erfahrung nach finden sich die ersten drei Begriffe – Qualität, Verantwortung und Respekt – in vielen Führungsleitbildern bzw. -linien wieder. Der Unternehmenswert »Spiritualität« erscheint mir als besonders in diesem Quartett und als außergewöhnlich im Beratungskontext. Spannend ist dabei, dass Spiritualität eine der 24 VIA-Stärken ist (siehe

Kapitel 6), die als eine relevante Tugend bzw. Stärke in der Positiven Psychologie definiert wird. (Eine detailliere Beschreibung der VIA-Stärken finden Sie in »Positive Leadership. Mit PERMA-Lead erfolgreich führen«.) Menschen mit religiösen Überzeugungen verleihen ihrem Dasein und Tun Bedeutung, indem sie an einen höheren Sinn und Zweck glauben. Das zu leben, wovon Frau bzw. Mann zutiefst überzeugt ist, macht glücklich und zufrieden, so die Annahme der Forschung. Diese wissenschaftlichen Erkenntnisse haben mir die Mitarbeitenden der Barmherzigen Brüder in vielen Gesprächen auch aus ihrem praktischen Erleben bestätigt. Im Zuge meiner »learning journeys« haben mich das Verständnis und die Umsetzung der Werte im Unternehmensalltag sehr berührt. In den »Lebenswelten Steiermark« der Barmherzigen Brüder in Kainbach bei Graz beeindruckte mich beispielsweise der Umgang mit pflegebedürftigen, intellektuell, psychisch und mehrfach beeinträchtigten Menschen zutiefst. Dieser war nicht auf die jeweiligen Defizite der Bewohnerinnen und Bewohner gerichtet, im Vordergrund stand der Mensch mit seinen Stärken und auf diesen aufbauend wurden Behandlungs- und Unterstützungskonzepte erarbeitet und umgesetzt. Genau das, was die Positive Psychologie propagiert, wurde für mich in gelebter Form sichtbar. Mein Eindruck war, dass trotz der körperlichen und psychischen Anstrengungen, welche die Arbeit mit sich bringt, Leichtigkeit, Herzlichkeit und Humor an der Tagesordnung stehen, und das ist alles andere als eine Selbstverständlichkeit. Die Barmherzigen Brüder sind für mich ein hervorragendes Beispiel einer »purpose driven organization«, also einer sinnorientierten Organisation. Die starke Ausrichtung des Unternehmens an ihrem Seinszweck, dem Purpose, und dessen Werten ist eine nährende Ressource, die dem Orden das Überleben als auch Wachstum über Jahrhunderte sicherte.

Um insbesondere Führungskräften, die neu mit einer Führungsaufgabe in der Organisation betraut wurden, die Erwartungshaltung des Ordens hinsichtlich der Erfüllung der angeführten Führungsgrundsätze näherzubringen, wurden für den Lehrgang folgende Ziele gesetzt:

- Förderung einer auf den Ordenswerten basierenden Führungskultur
- Praxisnahe Vermittlung und Förderung eines gemeinsamen Führungsverständnisses, basierend auf den Werten und den Grundsätzen der Barmherzigen Brüder

- Aufbau von Führungswissen und Weiterentwicklung persönlicher Führungskompetenzen
- Stärkung der Führungsqualität durch Persönlichkeitsentwicklung
- Ermöglichung von professionsübergreifendem Austausch und Netzwerkbildung
- Aufbau und Stärkung der multiprofessionellen Zusammenarbeit
- Erleben von »Hospitalität« im gesamten Lehrgang

27.2 PERMA-Lead als Leitplanken des Lehrgangs zur Führungskräfteentwicklung

Ausgehend von den vorab definierten Zielen der Führungsentwicklung und den Ergebnissen der systemischen Kulturanalyse entwarfen wir einen für die Organisation maßgeschneiderten Lehrgang. Im Rahmen der Planung, die in enger Abstimmung mit dem Personalverantwortlichen bei den Barmherzigen Brüdern erfolgte, wurde das Augenmerk besonders auf die Ordenswerte als auch auf die passende zeitliche, soziale, inhaltliche und räumliche Gestaltung gelegt.

Beispielsweise wurde die Gruppengröße pro Durchgang bewusst auf 20 Personen beschränkt und es wurde darauf geachtet, dass die Zusammensetzung der Gruppen einen guten Querschnitt der Organisation repräsentierte, sich also aus Führungskräften unterschiedlicher Professionen zusammensetzte. Dies ermöglichte ein tieferes Verständnis füreinander, förderte den fachübergreifenden Austausch sowie die Netzwerkbildung und ermöglichte ein von- und miteinander Lernen.

Um ein optimales und ausgewogenes Eingehen auf die multiprofessionelle Zusammensetzung der Gruppe zu ermöglichen, wurde jedes Modul von zwei erfahrenen Trainerinnen bzw. Trainern geleitet, wobei eine/r, für die Fach- und die/der andere für die Methodenexpertise verantwortlich war.

In Bezug auf die Durchführung entschieden wir uns gemeinsam mit den Barmherzigen Brüdern für eine Modulstruktur, die den Lehrgang in mehrere zeitlich versetzte Präsenzeinheiten aufteilte und jeweils ein inhaltliches Spezialgebiet der Führung behandelte. Beispielsweise fokussierte ein Modul auf die Besonderheiten der teamorientierten Führung, während sich ein anderes Modul mit ethischen Fragestellungen oder den Prinzipien und Werkzeugen der »Lean Health Care«-Strategie des Ordens auseinandersetzte.

Ein thematischer Schwerpunkt, der sich als roter Faden durch den gesamten Lehrgang zog, war die theoretische als auch praxisnahe Auseinandersetzung mit Positive Leadership. Im ersten Modul erfuhren die Teilnehmenden die Hintergründe der Positiven Psychologie und die Logik bzw. Wirkmechanismen des PERMA-Lead-Modells. Im Vordergrund standen dabei das Verständnis für die fünf Faktoren und deren praktische Umsetzung im Führungsalltag.

27.2.1 P (Positive Emotions)

Schon in der Planung wurde darauf geachtet, dass die räumliche Ausgestaltung des Lehrganges bewusst zur Erzeugung positiver Emotionen bei den Teilnehmenden beitrug. Für die Durchführung des Lehrganges wählten wir deshalb ein Seminarhotel im Wienerwald, das auf eine traditionsreiche Geschichte zurückblicken kann und über hundert Jahre lang als Kloster Ordensschwestern und deren hauswirtschaftlichen Schülerinnen ein Zuhause bot. Die Abgeschiedenheit, die Weite der Landschaft und die Stille machten das ausgewählte Refugium zu einem idealen Ort für die Klarheit und Raum fordernde persönliche Entwicklung der Teilnehmenden. Die integrierte Klosterkapelle unterstrich dabei die spirituelle Ausdruckskraft. Die »Hospitalität«, der zentrale Wert der Barmherzigen Brüder, war authentisch als »Gastfreundschaft« tagtäglich in diesem Haus spürbar. Somit erfuhren die Führungskräfte durch die Umgebung positive Emotionen, welche wiederum die Grundvoraussetzung für persönliche Lernprozesse sind. Teilnehmerstimmen, wie etwa »*Keinen Handyempfang zu haben zwingt mich förmlich, abzuschalten*« oder »*An diesem Ort komme ich zur Ruhe und finde endlich Zeit, mich zu beSINNen*«, bestätigten mich in der bewussten Auswahl des Ortes.

27.2.2 E (Engagement)

Das Ziel, sich der eigenen Stärken bewusst zu werden und diese transparent zu machen, verfolgte unter anderem eine Übung mit dem Titel »Ressourcenmarkt«. Dazu notierten die Teilnehmenden in Einzelarbeit ihre größten Erfolge der letzten drei Jahre und beschrieben diese im Rahmen einer Gruppenarbeit jeweils zwei anderen Gruppenmitgliedern. Diese hörten aktiv zu und notierten die wahrgenommenen Stärken auf Moderationskärtchen, die sie der Person nach ihrer Erzählung aushändigten. Von allen Teilnehmenden wurden die Kärtchen mit den rückgemeldeten Kompetenzen in Form eines persönlichen Stärkenportfolios räumlich platziert. Danach wurde im Sinne eines Marktplatzes zum ressourcenorientierten Gustieren eingeladen. Durch die Selbstreflexion und das Feedback der Kolleginnen und Kollegen wurden die eigenen Stärken bewusst und wirkten entsprechend dem Prinzip »Stärken stärken stärkt«. Im Debriefing der Übung ist es immer wieder erstaunlich, zu sehen, wie schwierig es für die Teilnehmenden ist, die eigenen Kompetenzen bewusst wahr- und anzunehmen. Nach der ersten Anspannung im Erzählen der eigenen Erfolge – *»... dies tut man ja im Alltag nicht«*, so eine Teilnehmerin – folgte eine angenehme Entspannung im Zuhören und Austauschen. Das Heraushören der Stärken bei den anderen regte meistens an, bei sich selbst mehr Positives zu finden. Letztendlich endete die Übung immer mit Stolz auf die eigenen Ressourcen und mit Dankbarkeit gegenüber der Wertschätzung durch andere.

27.2.3 R (Relationships)

Um vertrauensvolle und tragfähige Beziehungen innerhalb der Gruppe aufzubauen, brauchte es Zeit, um sich gegenseitig kennen und vertrauen zu lernen. Aus diesem Grund wurden im ersten Modul viele Möglichkeiten geschaffen, um sich auf unterschiedlichen Ebenen zu begegnen. Die Designelemente reichten dabei vom gemeinsamen Aufbau von Faltabstelltischen ohne Anleitung bis zum Austausch zu ungewöhnlichen Fragen, wie »*Was würde eine gute Freundin bzw. ein guter Freund über mich erzählen?*« oder »*Wofür bin ich bekannt und wofür berüchtigt?*«. In der Regel sorgte diese Art von Fragen im ersten Moment für Irritationen, danach hörte man meistens Gelächter, gefolgt von einem längeren Nachdenkprozess. Und dieser führt meiner Erfahrung nach in den meisten Fällen zu gehaltvolleren Antworten, als es die herkömmlichen Fragen nach Beruf, Alter und Hobbys tun. Im Anschluss daran luden wir die Teilnehmenden ein, über die anderen in wertschätzender Art und Weise zu tratschen, was völliges Erstaunen auslöste. »*Das meinen Sie jetzt nicht ernst?*« Wenn uns diese Frage im Seminar gestellt wird, wissen wir, dass wir das System ausreichend irritiert haben und von nun an das Interesse und die Neugier für die anderen ungebrochen hoch ist. Diese eigentümliche Art des Austausches erleichterte den Zugang zu den noch unbekannten Teilnehmenden und trug letztendlich dazu bei, dass Offenheit in der Gruppe auf spielerische Art und Weise entstehen konnte.

27.2.4 M (Meaning)

Um ein gemeinsames Führungsverständnis basierend auf den Werten und Grundsätzen der Barmherzigen Brüder aufzubauen, war es zunächst wichtig, sich mit der Geschichte des Ordens auseinanderzusetzen. Dem bekannten Ausspruch folgend »Wer die Vergangenheit nicht kennt, kann die Gegenwart nicht verstehen und die Zukunft nicht gestalten« (Helmut Kohl, 1995) waren der geschichtliche Rückblick und die Reflexion der damaligen Herausforderungen in Bezug auf die heutigen Anforderungen bzw. Aufgabenstellungen äußerst hilfreich.

Der Gesamtleiter der Österreichischen Provinz, der Provinzial, und eine Gruppe von Ordensbrüdern vermittelten authentisch die Wurzeln und Werte sowie die Sinnhaftigkeit des Ordensauftrages. »Beruf und Berufung« war im Rahmen des Lehrgangs zur Führungskräfteentwicklung der Barmherzigen Brüder ein zentrales Thema. Das gemeinsame Erarbeiten von Unterschieden und Gemeinsamkeiten zwischen Ordensbrüdern und weltlichen Mitarbeitenden sorgte in jeder Gruppe für überraschende Einsichten und Erkenntnisse. »*Wir sind gar nicht so verschieden, der Sinn in der Arbeit treibt uns gemeinsam an und bereichert unser Leben*«, so lautete meistens der O-Ton der Gruppenmitglieder. Dieses Verständnis schaffte die Basis, um die Werte der Barmherzigen Brüder, die Führungsgrundsätze und den Ethik-Codex sowie die Charta der Hospitalität, ein Grundlagendokument des Ordens, besser nachvollziehen zu können und das Verhalten im Arbeitsalltag daran zu orientieren.

27.2.5 A (Accomplishment)

Um das Erreichte sichtbar zu machen, wurde ab dem zweiten Modul jeweils mit einem Rückblick auf das Gelernte der letzten Präsenzeinheit begonnen. Wir luden zu einem Gallery-Walk ein, bei dem die Teilnehmenden im Sinne einer Ausstellung die inhaltlich durchgenommenen Folien als auch die gemeinsam erarbeiteten Flipcharts Revue passieren lassen konnten. Um den roten Faden gut aufzunehmen, wurden praxisrelevante Erlebnisse gemeinsam diskutiert und Fragen bezüglich der Anwendung und Umsetzung im beruflichen Alltag beantwortet. Viele Führungskräfte berichteten uns von konkreten Umsetzungsmaßnahmen und deren positiven Wirkungen in ihrem Bereich. Wie etwa von der bewusst positiven Gestaltung ihrer Meetings, indem sie beispielsweise auf Erfolge zurückblickten, gemeinsam das Gelingen reflektierten und die Beiträge der einzelnen Teammitglieder aufzeigten und somit individuell wertschätzten. Andere brachten wiederum externe Erfolgsmeldungen wie zum Beispiel Zeitungsartikel, Onlinebeiträge oder Dankesschreiben von Patienten/Angehörigen bewusst in Umlauf, um Erfolge sichtbar zu machen und auf gemeinsam Erreichtes stolz zu sein.

27.3 Voneinander Lernen

Um von der Führungserfahrung der anderen Teilnehmenden zu lernen, wurde die praxisorientierte Umsetzung im Rahmen eines World-Café-Settings tiefgehend bearbeitet. Dazu wanderten die Teilnehmenden in Kleingruppen zu Flipcharts, auf welchen die verschiedenen Dimensionen des PERMA-Modells festgehalten waren, tauschten sich über die jeweilige Faktoren anhand von spezifischen Leitfragen aus und notierten Tools, welche sie als Führungskraft bewusst einsetzten. Durch das gemeinsame Erarbeiten erhielten die Führungskräfte einen prallgefüllten Werkzeugkoffer voller Ideen bzw. Anregungen für die eigene Praxis. »*Wie viel Gestaltungsraum und -kraft man als Führungskraft hat, war mir gar nicht bewusst*«, war von einigen Teilnehmenden das Feedback aus dieser Intervention. Das bewusste Wahrnehmen von unterschiedlichen Möglichkeiten ist mir ein großes Anliegen in der Führungskräfteentwicklung, denn es ist oftmals schwierig, aus alten und gewohnten Mustern auszubrechen, den Autopiloten bewusst zu deaktivieren und Neues auszuprobieren. Erfahrungsberichte und Erfolgsmeldungen von Kolleginnen und Kollegen ermutigen dabei in der Regel.

27.4 PERMA-Lead ist eine Haltung

In diesem Buchbeitrag war es mir persönlich wichtig, aufzuzeigen, dass die Faktoren des PERMA-Lead-Modells in unterschiedlicher Art und Weise im Rahmen eines Lehrgangs zur Führungskräfteentwicklung positive Wirkung entfalten und somit zur Persönlichkeits- als auch Führungsentwicklung beitragen können. Wobei die vorgestellten Methoden nur ein kleiner Auszug aus den vielfältigen Interventionsmöglichkeiten sind, die der stärkenorientierte Ansatz im Rahmen der Unternehmensberatung und Organisationsentwicklung bietet. Die Geschichte unseres Kunden, der Barmherzigen Brüder, lehrte mich persönlich, welchen Stellenwert der Faktor Meaning für Personen als auch für Unternehmen hat. Der Ordensgründer, der Heilige Johannes von Gott (1495–1550), ist seinem spirituellen Purpose gefolgt und hat den schwächsten Menschen Gottes Gegenwart vermittelt, indem er sie aufnahm und ihnen praktisch half (Hospitalität). Dieser Daseinszweck hat letztlich nicht nur seine Ordensbrüder inspiriert, diesem sind über die Jahrhunderte auch viele weltliche Mitarbeitende sowie zahlreiche ehrenamtliche Helferinnen und Helfer gefolgt. Heute ist der Orden in mehr als 50 Staaten und auf allen Kontinenten dieser Erde vertreten und agiert weiterhin im Sinne des Lebensmottos seines Gründers »Gutes tun und es gut tun«. Dieser Leitspruch aus dem 15. Jahrhundert kann aktueller nicht sein und gibt ganz im Sinne von PERMA-Lead mehr denn je persönliche, berufliche und gesellschaftliche Orientierung.

PERSÖNLICHE NOTIZEN

28 Lidl Österreich: Positive Leadership – eine nachhaltige Veränderung der Unternehmenskultur

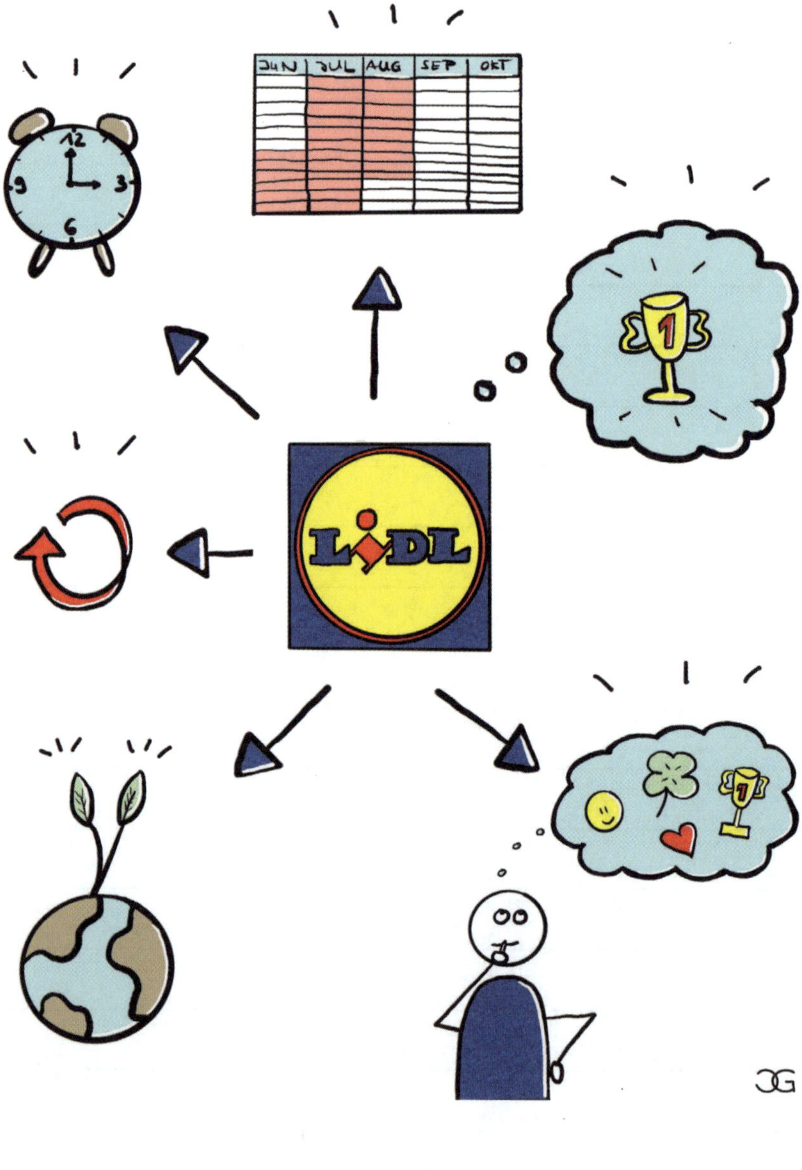

Die Organisation

Lidl ist ein Discountunternehmen und unterhält rund 10 000 Filialen und mehr als 140 Warenverteilzentren in derzeit 27 Ländern Europas. Lidl Österreich wurde 1998 gegründet und beschäftigt in über 230 Filialen knapp 5000 Mitarbeitende. Den Kunden wird ein vielfältiges Sortiment mit rund 1600 verschiedenen Artikeln geboten. Fast die Hälfte der verkauften Produkte kommt aus Österreich. Jährlich werden rund 5000 zusätzliche Artikel zeitlich begrenzt angeboten, inklusive internationaler Spezialitäten aus ganz Europa. Mit den beiden Geschäftsfeldern »Lidl-Reisen« und »Lidl-Strom« gibt es zusätzliche Angebote des Unternehmens. Das Unternehmen wurde von seinen Kunden bereits mehrmals zum »Händler des Jahres« gewählt und die Bewertung der Mitarbeitenden führte in den letzten Jahren zu mehreren Auszeichnungen als »Great Place to Work« und damit als einer der besten Arbeitgeber Österreichs.

Die Gastautoren: Stefan Andexer & Sabine Hartl

Stefan Andexer ist Leiter der Personalentwicklung bei Lidl Österreich. Damit verantwortet er unter anderem die Fachbereiche Aus- und Weiterbildung, Eignungsdiagnostik, Global Mobility sowie die Lehrlingsausbildung für aktuell rund 110 Lehrlinge. Bereits im Jahr 2008 ist er nach seinem Studium der »Internationalen Wirtschaftswissenschaften« als Verkaufsleiter bei Lidl eingestiegen. Später wechselte er in die Vertriebsorganisation. In diesen Funktionen konnte er seine Leidenschaft für die Personalarbeit sowohl in den Lidl-Filialen als auch in der Lidl-Zentrale einsetzen und neue Führungsansätze direkt in der Praxis erproben.

Sabine Hartl ist Senior Consultant Personalentwicklung und als interner systemischer Coach bei Lidl Österreich tätig. Sie ist 2007, nach dem berufsbegleitenden Studium »Betriebswirtschaft und Informationsmanagement«, bei Lidl eingestiegen. Ihr aktueller Fokus liegt auf dem Bereich »Führung und Kultur«. Sie ist an Projekten beteiligt, hält Seminare und individuelle Coachings mit dem Ziel, den internen Führungs- und Kulturwandel aktiv zu begleiten. Ihre Überzeugung: »Gemeinsam erreichen wir mehr als die Summe unserer Einzelleistungen.«

Ein Kulturwandel ist spürbar. Seit März 2016 duzen sich bei Lidl alle Mitarbeitenden – inklusive Vorstand. Noch im selben Jahr wurde ein neues Führungsleitbild implementiert, zu dem sich alle Führungskräfte gemeinsam mit ihren Mitarbeitenden in Workshops bekannten und von dem konkrete Praxisanwendungen abgeleitet wurden. Dieses Führungsleitbild ist auch Bestandteil der mindestens jährlichen Mitarbeitendengespräche, bei denen auch zu diesen Themen reflektiert wird. Was wollen wir damit erreichen? Das Ziel ist ein Miteinander, geprägt von Vertrauen, gegenseitiger Entwicklung und positiver Kommunikation auf Augenhöhe mit

Führungskräften als Vorbilder. Gleichzeitig soll der Fokus auf unseren altbewährten Erfolgsfaktor beibehalten werden: das Leistungsbewusstsein.

Wir wollen der beste Arbeitgeber der Branche sein. Das »Great Place to Work Institute« hat uns bereits fünfmal in Folge als einen der besten Arbeitgeber Österreichs ausgezeichnet. Wie können wir als Personalentwickler unseren Beitrag dazu leisten? Wo die Reise hingeht, wird durch unser Ziel und das Leitbild deutlich. Aber welche Möglichkeiten bieten sich, dorthin zu kommen? Dazu wollen wir durch unseren Gastbeitrag einen Einblick geben.

28.1 Positive Leadership: Ist das etwas für uns?

Seit 2016 beschäftigen wir uns als Team der Personalentwicklung von Lidl Österreich intensiv mit dem Positive-Leadership-Ansatz. Wir sind ein neunköpfiges Team von Pädagogen, Psychologen, systemischen Coaches und Betriebswirten. Am Anfang stellte sich folgende Frage: »Passt dieser Ansatz zu unserem Unternehmen und können wir uns durch ihn weiterentwickeln?«

Es handelt sich dabei um dieselbe Frage, die wir uns auch bei zahlreichen anderen Konzepten, Theorien und Trends gestellt haben. Der Markt bietet eine rasant wachsende Vielfalt von Ansätzen, Methoden und ihren Vertretern, also Trainer, Coaches, Supervisoren, Mentoren etc. Das Angebot ist riesig, um nicht zu sagen unüberschaubar.

Teilweise werden bekannte Theorien ›aufgepeppt‹ oder es wird ein und dasselbe Konzept von unterschiedlichen Anbietern unter verschiedenen Namen angepriesen. Ob via Newsletter, Social Media, Fachmagazin oder Direktmarketing: Als Personaler stehen wir einem stetig wachsenden Angebot gegenüber. Auf den ersten Blick scheinen die Angebote allesamt genau das zu liefern, was ein Unternehmen braucht: Sie treffen den Nagel auf den Kopf und sind sozusagen unabdingbar für den zukünftigen unternehmerischen Erfolg. Es ist wirklich eine Herausforderung, den Überblick zu behalten, zu selektieren und sich für das Richtige zu entscheiden.

Welche Argumente haben uns nun überzeugt, speziell den PERMA-Lead-Ansatz von Positive Leadership in unser Unternehmen zu bringen?

- **einfach:** Der Ansatz ist leicht verständlich. In zwei bis drei Sätzen lässt er sich jedem erklären. Ohne komplexes Modell oder umfangreiches Hintergrundwissen ist es rasch möglich, mit kleinen Quick-Wins direkt damit zu arbeiten. Durch die unkomplizierte Anwendung sind ganz kleine bis umfangreiche Interventionen auf allen Ebenen möglich – eine gute Voraussetzung, um damit einen gesunden Wandel, der von innen heraus gelebt wird, zu unterstützen.
- **evidenzbasiert:** Ein starkes Argument ist der durch zahlreiche Studien bewiesene Zusammenhang zwischen Ursache (Führung nach Positive Leadership) und Wirkung (positiver Entwicklung von persönlichen Faktoren und wirtschaftlichen Kennzahlen), wie auch ausführlich in den Kapiteln 4 bis 9 meines Buches »Positive Leadership. Mit PERMA-Lead erfolgreich führen« beschrieben wird. Das ist ein echter Bonus für die Akzeptanz im Unternehmen.
- **aktuell:** Da dieser Ansatz laufend erforscht wird, ist sichergestellt, dass er lebendig und zeitgemäß bleibt. Überholtes fällt weg und neue Erkenntnisse finden Platz; dadurch wird Entwicklung möglich.
- **kompatibel:** Der Positive-Leadership-Ansatz ist mit unseren Unternehmenswerten sowie internen Führungsleitlinien kompatibel und unterstützt Führungskräfte dabei, diese mit Leben zu füllen. Auch mit anderen für uns relevanten Ansätzen, wie beispielsweise jenen des agilen Führens, des Coachings oder des systemischen Ansatzes, lassen sich viele Synergien nutzen.
- **messbar:** Durch die verschiedenen Messverfahren, die eine Erhebung der PERMA-Faktoren ermöglichen, werden persönliche und zwischenmenschliche Bereiche messbar gemacht. Gemeinsam darauf zu schauen und zu würdigen, was bereits da ist, und mit gezielten Interventionen zu arbeiten, eröffnet neue Perspektiven. Durch die Messbarkeit entsteht die Möglichkeit zum Vergleich über die Zeit – nicht mit anderen, sondern mit sich selbst. Entwicklung wird darstellbar, und das motiviert.

28.2 Los geht's: Vorbereitungen für Positive Leadership und PERMA

Mit der Entscheidung, den Ansatz bei Lidl Österreich zu implementieren, startete die Überlegung, welche wohl die richtigen ersten Schritte dazu sind. Wie soll das Land bestellt sein, damit das Samenkorn auf fruchtbaren Boden fällt? Rückblickend können wir unsere Erfahrung zu drei wesentlichen Erfolgsfaktoren zusammenfassen:

- **Qualifikation:** Fachwissen in den eigenen Reihen ist natürlich notwendig, um diesen Ansatz in einem Unternehmen mit knapp 5000 Mitarbeitenden zu etablieren. Für uns war es wirklich spannend und interessant, ein internes Wissensfundament aus vielen Bausteinen aufzubauen: ein Vortrag von Dr. Martin Seligman, Gespräche und Workshops mit Dr. Markus Ebner und seinem Team, einschlägige Literatur, Onlinekurse, die PERMA-Lead-Zertifizierung von Kollegen etc.
- **Commitment:** Das Bekenntnis der Unternehmensleitung zu einem Ansatz, der nach unserer Erfahrung kulturverändernd wirkt, ist unabdingbar. Hier war es für uns ein besonderer Mehrwert, nicht nur grünes Licht zu bekommen, sondern auch, dass die gesamte Geschäftsleitung selbst aktiv damit zu arbeiten begann. Durch mehrtägige Workshops, an denen die gesamte Geschäftsleitung teilnahm, die Anwendung von Methoden aus dem PERMA-Lead-Pool und unterstützendes Coaching wurde ihre Perspektive um den Blickwinkel von Positive Leadership erweitert. »Vorleben statt vorgeben« lautet die Devise.
- **Interventionen:** Um den Ansatz und die Methoden gezielt einzusetzen, waren die Überlegungen »Wie? Wann? Wo? Was?« zugegebenermaßen nicht so einfach und finden auch immer wieder aufs Neue statt. Kreativität ist dabei gefragt. Immer wichtig ist eine klare Zielformulierung: »Was wollen wir damit erreichen und woran werden wir das erkennen?« Der Mehrwert ist entscheidend und soll natürlich langfristig spürbar sowie gleichzeitig auch rasch zu erkennen sein und bereits kurzfristig Quick-Wins bringen. Diese Herausforderung haben wir gelöst, indem wir als Personalentwicklung viele unterschiedliche, große und kleine Interventionen für verschiedene Unternehmensbereiche vorbereiteten. Wir bieten mittlerweile ein breites Spektrum von Möglichkeiten, bei dem jeder fündig wird.

28.3 Und so haben wir es gemacht: Beispiele aus der Praxis

Für eine erfolgreiche Implementierung war es uns im ersten Schritt wichtig, Interesse zu wecken und Wissen zu vermitteln. Im nächsten Schritt haben wir Führungskräfte und Teams bei der Anwendung unterstützt, als Organisator, Moderator, Coach etc. Parallel dazu haben wir den Ansatz natürlich auch selbst in unsere Arbeit als Personalentwickler bestmöglich integriert.

28.3.1 Interesse wecken

Zugegeben, es hat niemand direkt danach gefragt, keiner hat offensichtlich darauf gewartet, eine neue Theorie kennenzulernen, und auch kein großer Veränderungswunsch war vorhanden. Dennoch war die Kulturveränderung, die darauf folgte, spürbar. Das Ziel war durch unser neues Führungsleitbild klar, offen blieb der Weg. Und so wurde Positive Leadership quasi das Mittel zum Zweck - ein Transportmittel sozusagen. Und damit war auch das Interesse geweckt - für etwas, das einen dabei unterstützt, dort anzukommen, wohin man möchte.

28.3.2 Wissen vermitteln, am Beispiel »Seminar Positive Leadership für Führungskräfte«

Der erste Impuls ging an unsere primäre Zielgruppe: die Führungskräfte. Wir stellten ein umfangreiches Paket zusammen und boten dieses über das interne Weiterbildungsprogramm an.

Aufbauend auf das bereits bestehende Programm wird ein zweitägiges Seminar »Positive Leadership« angeboten. Ein Mix aus relevanter Theorie, internen Praxisbeispielen und einem Workshop erwartet die Teilnehmenden, ebenso wie die Möglichkeit zur Selbsterkenntnis durch den PERMA-Lead-Profiler, den jeder Seminarteilnehmer zur Verfügung gestellt bekommt.

Unter dem Stichwort »Blended Learning« bietet sich dem interessierten Kollegen rund um das Seminar ein breites Spektrum von Tools: Self-Learning via Hörbuch, Literatur, Podcasts oder Selbsttests. Je nach Ziel und bevorzugtem Sinneskanal kann jeder zeitlich und örtlich uneingeschränkt tiefer in das Thema einsteigen. Um die Selbstwirksamkeit noch weiter zu steigern, stehen interne sowie externe Coaches mit Expertise zu diesem Thema zur Verfügung.

28.3.3 Wissen vermitteln, am Beispiel »Seminare für Mitarbeitende«

Der nächste Impuls ging an unsere größte Zielgruppe: die Mitarbeitenden. Wir sind davon überzeugt, dass sowohl Führungskräfte als auch Mitarbeitende mit dem Positive-Leadership-Ansatz arbeiten können. Wenn die Führungskraft einen guten Rahmen und Nährboden für z. B. die PERMA-Faktoren sicherstellt, was durch den PERMA-Lead-Ansatz gewährleistet wird, ist dennoch der Beitrag jedes Einzelnen im Team entscheidend. Damit wird das Rollenverständnis geklärt und das Empowerment beim Mitarbeiter gestärkt. Jeder Mitarbeiter trägt selbstverantwortlich seinen Teil dazu bei, z. B. für eine positive Entwicklung des Arbeitsklimas.

Im Seminar »Selbstcoaching« für Mitarbeitende legen wir den Fokus auf die positive Selbstführung, um eigene Potenziale zu erkennen und auszubauen. Der stärkenorientierte Umgang mit sich selbst wird mit dem PERMA-Profiler unterstützt.

Um diesen Ansatz auf allen Ebenen einfließen zu lassen, beginnen wir bereits bei unseren Auszubildenden: Mit dem Seminar »Meine Stärken im Einsatz« unterstützen wir auch unsere Führungskräfte von morgen, unsere Lehrlinge, bereits kurz nach ihrem Eintritt ins Unternehmen dabei, ihre individuellen Stärken zu erkennen und einzusetzen.

28.3.4 Tools anwenden, am Beispiel »PERMA Workplace+« in Filialen

Eine Filiale ist wie ein eigenes kleines Unternehmen vor Ort und jedes Team hat seine Besonderheiten. Viele Teams arbeiten wunderbar zusammen und liefern sehr gute Ergebnisse, andere sind völlig unauffällig, durchschnittlich und bei anderen wiederum ist der Wurm drin. Was bringt nun alle gleichermaßen auf Erfolgskurs? Oft ist guter Rat teuer –

und oft bringt er auch gar nichts. Jedenfalls gibt es kein allgemeingültiges Erfolgsrezept, das eins zu eins nachgekocht überall und jedem schmeckt. Vielmehr bedarf es individueller Zutaten, regional und saisonal: die Mitarbeitenden vor Ort und den richtigen Zeitpunkt.

Dass oft nicht das Was, sondern vielmehr das Wie im gemeinsamen Miteinander entscheidend ist, kennt jeder aus persönlicher Erfahrung. Die PERMA-Faktoren bieten ein gutes Analysefundament, auf dem anschließend mit gezielten Interventionen sehr effektiv gearbeitet werden kann.

Wir befragen dazu die Mitarbeitenden einer Filiale anonymisiert nach ihrem PERMA-Erleben sowie nach einigen anderen arbeitspsychologisch relevanten Faktoren in der Filiale bzw. in einer Abteilung. Ein Messinstrument dazu wurde eigens für unsere Bedürfnisse entwickelt (intern wird diese Messung als PERMA-Workplace+ bezeichnet). Gemeinsam werden die Ergebnisse anschließend besprochen und Ziele und Maßnahmen daraus abgeleitet – stets in der Reihenfolge *»Was läuft gut?«* und *»Was möchten wir verändern?«* und stets aus der Perspektive *»Was ist bereits vorhanden?«, »Wovon können wir bewusst mehr machen?«, »Was können wir öfter machen?«,* um zu erfahren, worauf wir aufbauen können. Das bringt Rückenwind für die Vorwärtsbewegung, motiviert und macht Spaß. Das sicherlich für manche anfänglich Ungewöhnliche dabei ist, dass wir nicht mit dem beginnen, was am wenigsten gut funktioniert, sondern zuerst das Gelingende analysieren.

Natürlich wird auch analysiert, was nicht gut läuft und wo Handlungsbedarf besteht, um zukünftig Fehler zu vermeiden. Aber auch in dieser Phase vermeiden wir es, vielen negativen oder defizitorientierten Formulierungen Raum zu geben, denn es ist viel effektiver, mit Zielen als mit Problemen zu arbeiten.

Im Rahmen von moderierten Workshops mit dem gesamten Team wird die gemeinsame Ausrichtung mit Zwischenzielen und konkreten Maßnahmen definiert. Für das Workshop-Setting werden Methoden gewählt, die sowohl das Wir-Bewusstsein des Teams stärken, als auch dem persönlichen Beitrag des Einzelnen besondere Bedeutung zukommen lassen.

Durch diesen umfangreichen Zugang, der mit einer fundierten Standortbestimmung beginnt, die Positive-Leadership-Logik als Richtschnur nimmt und gezielte Interventionen darauf aufbaut, haben wir es gemeinsam geschafft, Potenziale zu erkennen und auszubauen. Der Erfolg gibt uns recht: Wir sehen Ergebnisse, die uns bisher noch keine andere Intervention ermöglichte.

28.4 In bestehende Konzepte integrieren, am Beispiel »Talent Management«

Uns war es wichtig, den PERMA-Lead-Ansatz in unser bestehendes Repertoire an Personalentwicklungstools zu integrieren.

28.4.1 Umgang mit Ergebnissen aus internen Development-Centern

Bei Lidl werden zur Unterstützung der Entwicklung von Mitarbeitenden in die jeweils nächste Hierarchieebene interne Development-Center, sogenannte Entwicklungstage, durchgeführt. Diese dienen als Standortbestimmung für den einzelnen Mitarbeiter und bilden somit die Grundlage für die Erstellung von individuellen Entwicklungsplänen. Die Bewertung erfolgt kompetenzbasiert anhand des Lidl-Kompetenzmodells. Im Umgang mit den Ergebnissen gehen wir gemäß der Positive-Leadership-Logik nach einem stärkenorientierten Ansatz vor, indem wir im ersten Schritt besonders auf die Stärken des Mitarbeiters achten und darauf, wie diese noch besser eingesetzt werden können. Zusätzlich wird natürlich weiter an den Handlungsfeldern des Mitarbeiters gearbeitet. Auch in der Beratung zur Erstellung der Pläne achten wir in der Personalentwicklung bewusst darauf, wo Stärken der Mitarbeitenden noch besser genutzt werden können. Zu Beginn zeigte sich auch der eine oder andere Mitarbeiter durchaus überrascht: *»Da bin ich ja schon gut und jetzt bekomme ich ein Seminar zu diesem Thema?«* Die ersten Erfahrungen zeigen allerdings, dass die Motivation zur Durchführung von Entwicklungsmaßnahmen deutlich steigt, wenn diese auch auf die Stärken abzielen. Mittlerweile bringen auch Vorgesetzte immer öfter aktiv Vorschläge für die Entwicklungspläne ein, um die Stärken eines Mitarbeiters zu fördern.

28.4.2 Talent Management

Die jährlichen Leistungs- und Potenzialbewertungen von Mitarbeitenden werden bei Lidl in Gremien, den sogenannten Potenzialkonferenzen, besprochen. Dabei haben unterschiedliche Schnittstellenbereiche die Möglichkeit, Feedback zu den Kompetenzen des Mitarbeiters zu geben. Moderiert werden diese Konferenzen von einem Mitarbeiter der Personalentwicklung. Als Moderatoren der Konferenzen lenken wir hier den Fokus auf die Stärken des Mitarbeiters, indem wir die Führungskräfte bewusst danach fragen. Im ersten Anlauf war es auch für die Führungskräfte noch herausfordernd, die Stärken ihrer Mitarbeitenden zu benennen. Kein Wunder, die wenigsten Menschen sind darin trainiert, Stärken bei anderen bewusst zu erkennen. Bereits beim zweiten Durchlauf zeigte sich, dass Führungskräfte, die zum wiederholten Mal an einer Konferenz teilnehmen, mehr Augenmerk auf die Stärken ihrer Mitarbeitenden legen. Eine Führungskraft beschrieb beispielsweise die Fähigkeiten ihres Mitarbeiters so begeistert, dass sich ein Kollege aus dem Gremium um eine Zusammenarbeit mit diesem Mitarbeiter in einem Projekt bemühte. Der Mitarbeiter bekam damit die Möglichkeit, seine Talente in einem Projekt eines anderen Unternehmensbereichs einzusetzen. Im Zuge der Mitarbeitendendialoge werden auch Interessen der Mitarbeitenden außerhalb des aktuellen Tätigkeitsfeldes besprochen. Damit wollen wir unseren Mitarbeitenden noch besser die Möglichkeit geben, ihre Stärken bei Lidl einzubringen. Ein Mitarbeiter aus dem Bereich »Personal« zeigte beispielsweise Begeisterung für Lagerlogistik und wechselte in den Logistikbereich, um diese Leidenschaft im Berufsalltag einbringen zu können. Ein Filialleiter, der sich besonders für die Ausbildung seiner Mitarbeitenden engagiert und viele Mitarbeitende erfolgreich weiterentwickelte, bringt diese Fähigkeit in seiner neuen Funktion als Ausbildungsleiter für sämtliche Neueröffnungen ein. Diese internen Job-Rotationen motivieren die Mitarbeitenden, lassen sie ihre Talente entfalten und bringen über den Faktor Engagement einen echten Mehrwert für das Unternehmen. Somit entsteht durch diesen Fokus eine Win-win-Situation für alle Beteiligten.

28.4.3 *In bestehende Konzepte integrieren, am Beispiel »Einarbeitung«*

Während der Einarbeitungsphase erhält jede/r neue Mitarbeitende bei Lidl laufend Feedback, das kompetenzbasiert anhand eines vorgegebenen Feedbackbogens erfolgt. Dabei werden immer auch die Stärken des neuen Kollegen besprochen. Dazu erfolgt vorab eine Selbsteinschätzung des/der Mitarbeitenden, die dann im Gespräch durch die Einschätzung des Vorgesetzten ergänzt wird. Besonders in den Filialen hilft das dabei, die Dienstplangestaltung an den Stärken des/der Mitarbeitenden auszurichten. Außerdem werden durch gezieltes Lob und Hervorheben der Stärken des/der Mitarbeitenden positive Emotionen geweckt.

28.5 Neue Wege gehen, am Beispiel »Filialneueröffnungen«

Ein starkes Team bildet das Fundament für eine funktionierende Filiale. Steht erst das Fundament solide, so können wir erfolgreich darauf aufbauen. Um den Prozess des Teambuildings vorzulagern und die Beziehungen im Team bereits vorab zu stärken, wurden gemeinsam mit erfahrenen Filialleitern spezielle Maßnahmen für Neueröffnungsfilialen erarbeitet. Dabei stand besonders der mittlere Faktor des PERMA-Modells, Relationships, im Fokus, also wie man aus einer neu zusammengesetzten Gruppe von Mitarbeitenden schnellstmöglich ein starkes Team formen kann.

Der Filialleiter der neuen Filiale besucht zum Beispiel vorab seine zukünftigen Mitarbeitenden, die zur Einarbeitung auf verschiedene Filialen verteilt sind, in deren Filiale. Dadurch lernt er jeden Mitarbeiter kennen und kann sich außerdem einen Eindruck zum aktuellen Ausbildungsstand machen. Zusätzlich arbeitet das gesamte Filialteam bereits vor der Neueröffnung in einer anderen Filiale für eine Woche zusammen. Dieses Konzept haben wir mit unseren Lehrlingen beim Projekt »Lehrlinge on Tour« bereits erprobt (dabei führen Auszubildende für einen bestimmten Zeitraum eine Filiale). Dieser Zugang führt sichtbar dazu, dass das Team im Laufe dieser Woche sehr stark zusammenwächst.

Auch die sozialen Kontakte im Team sind sehr wichtig, deshalb stellen wir jedem Filialteam vor der Eröffnung ein Budget zur Verfügung, mit dem eine individuelle Teamveranstaltung geplant wird. Einige Filialen gehen zum Beispiel vorab gemeinsam Essen, andere planen einen gemeinsamen Kegelabend. Jedes Filialteam entscheidet selbst, was es macht. Natürlich wird durch diesen persönlichen Kontakt bereits vor der Neueröffnung der Teamzusammenhalt und somit der PERMA-Faktor Relationships gestärkt.

Im Sinne von Accomplishment, dem fünften PERMA-Faktor, gibt es im Monat nach der Eröffnung noch ein gemeinsames Abendessen für das ganze Filialteam, um die erfolgreiche Neueröffnung zu feiern.

Diese kleinen Maßnahmen zeigen große Wirkung und kommen noch dazu beim Filialteam sehr gut an. Drei Monate nach der Neueröffnung findet in der Filiale ein Workshop statt, bei dem der Filialleiter mit seinem Team über die Zusammenarbeit spricht und gemeinsam Maßnahmen zu den Bestandteilen des Lidl-Führungsleitbildes definiert. Nach weiteren drei Monaten wird in der Filiale die bereits beschriebene PERMA-Workplace+-Befragung durchgeführt. Die Ergebnisbesprechung im Filialteam wird durch den Aus- und Weiterbildungsleiter moderiert. Durch Positive Leadership sollen so neue Filialteams zur Bestleistung aufblühen. Die Erfahrungswerte zeigen bereits deutlich: Starke Filialteams erzielen bessere Ergebnisse. In den nächsten Jahren wird es zu den Maßnahmen laufend Feedback durch die Filialleiter von Neueröffnungen geben, damit das Konzept noch weiter verbessert werden kann.

28.6 Stimmen aus dem Unternehmen zu Positive Leadership und den PERMA-Faktoren

Viele Führungskräfte und auch Mitarbeitende geben uns regelmäßig Feedback dazu, wie die umfangreiche Integration des PERMA-Lead-Modells im Unternehmen wahrgenommen wird. Einige Beispiele dazu haben wir ausgewählt:

»Vieles hat mich in meinem Tun als Führungskraft bestärkt. Zusätzlich habe ich auch neue Anregungen mitgenommen. Spannend für mich ist, dass der Ansatz sowohl im beruflichen Kontext als auch für meine Person im privaten Umfeld eine Bereicherung ist.«
»Es macht einfach mehr Spaß, zuerst auf das zu achten, was Gutes da ist. Im Team geht seither einfach mehr weiter.«
»Meine Haltung wurde mir bewusster und durch den Blick auf das Positive wurde mir vieles möglich. Das Erkennen und Fördern von Stärken, Vertrauen, Glaube an mein Gegenüber und gegenseitige Inspiration bis zu Empowerment haben bei mir selbst und in meinem Umfeld eine positive Eigendynamik angenommen.«
»Spannend ist rückbetrachtend, dass so ziemlich jeder, der mit diesem Ansatz in Berührung kam, direkt davon überzeugt war. Fast viral - im Positiven. Achtung, Ansteckungsgefahr! «
»Ein Blick durch die Positive-Leadership-Brille hat uns als Team die Augen geöffnet. Viel zu selten schauen wir bewusst darauf, was wir können und haben. Wir haben ein Danke-Mail an alle Kollegen gesendet - die Resonanz darauf war der Hammer.«
»Die Analyse der Fehler hilft dabei, Fehler zu vermeiden. Indem wir darauf schauen, was wir gut machen, werden wir immer besser. Beides ist wichtig. In der richtigen Reihenfolge.«
»Schwierig ist das Verbalisieren der Emotion - vor allem das der positiven. Ein Konflikt ist schnell geschürt, aber wie intensiv beschäftigen wir uns mit den positiven Emotionen? Wie stark nutzen wir die positive Energie? Da liegt noch viel Potenzial verborgen.«

28.7 Positive Leadership. Klingt gut. Ist gut? Die Herausforderungen

Wo es Licht gibt, gibt es bekanntlich auch Schatten. Natürlich sind wir bei der Arbeit mit diesem Ansatz auch auf Herausforderungen gestoßen, die wir nicht vorenthalten wollen.

- **Mindset:** Der Positive-Leadership-Samen fällt nicht überall auf fruchtbaren Boden. Ein gewisses Mindset bei den Personen ist eine wichtige Voraussetzung. Will eine Führungskraft authentisch damit arbeiten, sind vorab die richtige persönliche Haltung und das Menschenbild entscheidend. Jeder kann sich verändern, wenn er will.

- **Zeit:** So wie es in der Natur Sonne und Wärme benötigt, um Pflanzen zum Wachsen zu bringen, müssen auch im unternehmerischen Kontext entsprechende Bedingungen vorhanden sein. Oft ist der Faktor Zeit entscheidend: Auf den richtigen Zeitpunkt kommt es an. Es stellt eine Herausforderung dar, diesen immer zu finden. Eine offene Kommunikation mit den Beteiligten und ein klares Ziel vor Augen helfen dabei.
- Nicht nur der Zeitpunkt, sondern auch der **Zeitraum** ist wichtig. Was soll bis wann erreicht werden? Was benötigt wie viel Zeit? Gärtner wissen: Ist der Boden ausgezehrt, wächst nichts. Wird er überdüngt, so verbrennt die Pflanze. Auch das lässt sich umlegen auf das Unternehmen: Mit zu viel Erwartung in zu kurzer Zeit wird auch dieser Ansatz schnell verheizt. Hilfreich ist es, sich der Chancen und Grenzen von Positive Leadership bewusst zu sein. Was möchte man damit erreichen? Woran werden wir bis wann erkennen, dass wir mit der Einführung von Positive Leadership erfolgreich waren?
- **Nachhaltigkeit:** Welche Maßnahmen verschaffen uns eine reiche Ernte? Positive Aufmerksamkeit, gemeinsame Ziele, gut genährte PERMA-Faktoren – so weit, so gut. Aber welche Maßnahmen stehen für die Hege und Pflege und ermöglichen uns immer wiederkehrende Ernten? Ist das Bäumchen erst ausgetrocknet, bringt der größte Regenguss keine Rettung mehr. Regelmäßige kleine Impulse wie eine interessierte Frage, ein vertrauter Blick, ein Lob, eine Geste im richtigen Augenblick oder vielleicht auch nur das Zwinkern im richtigen Moment unterstützen eine nachhaltige Umsetzung. Unserer Erfahrung nach sind es die kleinen Dinge im zwischenmenschlichen Bereich, die den großen Unterschied machen. Auch in unserer internen Kommunikation verwenden wir die PERMA-Lead-Faktoren als strategische Basis.
- **Gewohnheit:** Wir sind (waren) es gewohnt, darauf zu schauen, was nicht funktioniert. In der Schule wird jeder einzeln bewertet, der Fokus liegt auf den sieben Fehlern und nicht den 386 richtigen Wörtern in der Schularbeit. Die besondere »Förderung« erfahren wir genau dort, wo wir unter dem Durchschnitt liegen. Aktuell erfreuen wir uns am Umdenken und uns eröffnen sich viele Selbstgestaltungsmöglichkeiten durch: Stärken stärken, Potenziale entfalten, Reihenfolge und Perspektive der Positiven Psychologie nützen. Was kommt danach? Ist es nicht so, dass wir ständig von allem mehr wollen und

wir uns bei zu viel Gewohnheit auf die Suche nach dem besonderen Kick machen? Ob denn die PERMA-Faktoren doch irgendwann habituieren, also durch einen Gewöhnungseffekt an Wirkung verlieren? Wir werden es herausfinden!

28.8 Ist Positive Leadership etwas für uns?

Die Antwort ist ein klares »Ja!«. Dieser Ansatz unterstützt unser Unternehmen und den einzelnen Mitarbeiter bei einem gesunden Kulturwandel: Es gelingt uns, gut darauf zu schauen, was schon da ist, und das Erreichte anzuerkennen. Wir können damit noch bewusster auf das Positive aufbauen, die Stärken von Personen und Teams zur Orientierung nutzen und unsere Kultur mit stets kleinen, nachhaltigen Schritten erfolgreich wachsen lassen. Das unterstützt die Organisationsentwicklung in die richtige Richtung. Woran wir das erkennen? Sowohl qualitativ in Form von Feedback von Kollegen aus allen Hierarchieebenen als auch quantitativ mittels wirtschaftlicher Kennzahlen. Auch wenn wir natürlich an dieser Stelle keine Details zu den Auswirkungen von PERMA-Lead auf unsere Unternehmenskennzahlen nennen können, sei zumindest so viel verraten: Das, was wir bisher mit Positive Leadership und PERMA gemacht haben, war erst der Anfang!

PERSÖNLICHE NOTIZEN

29 Magistrat der Stadt Wien, Magistratsabteilung 11 – Wiener Kinder- und Jugendhilfe: Potenziale zu nützen braucht manchmal Mut, Strukturen zu verändern

Stadt Wien

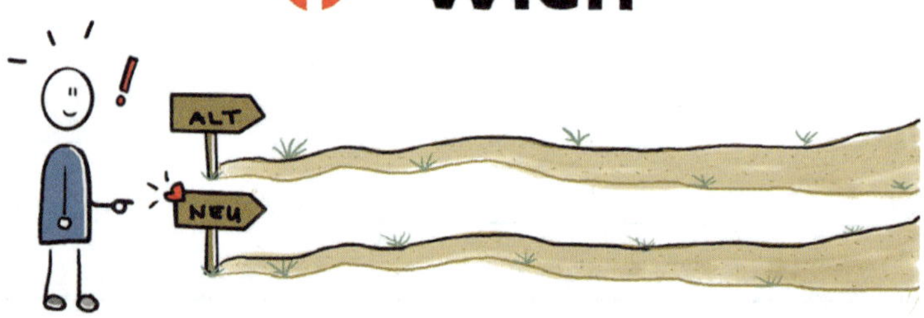

Die Organisation

Mit rund 1600 Mitarbeitenden unterschiedlicher Berufsgruppen und einer rund hundertjährigen Geschichte ist die Magistratsabteilung 11 der Wiener Stadtverwaltung einer der größten internationalen Kinder- und Jugendhilfeträger. Ihre Aufgabe ist die Hilfe und Unterstützung für Minderjährige und deren Familien in schwierigen Lebenslagen und der Schutz von Kindern und Jugendlichen. Wenn der Schutz in der Familie – trotz eines breiten Angebots ambulanter Unterstützungsmaßnahmen – nicht ausreichend gewährleistet werden kann, werden Kinder und Jugendliche in »Volle Erziehung« übernommen und in Wohngemeinschaften oder durch Pflegefamilien betreut.

Die Gastautorin: Kirstin Bajramovic

Als eine von sechs RegionsleiterInnen der Wiener Kinder- und Jugendhilfe ist Kirstin Bajramovic für rund 220 Mitarbeitende, die mehrere tausend Kinder und Familien betreuen, verantwortlich. Der Bereich ist sehr breit gestreut und umfasst Aufgaben der Sozialarbeit, der Rechtsvertretung und der Sozialpädagogik. Zusätzlich ist sie Leiterin einer Weiterbildung zur sozialpädagogischen Krisenarbeit und Vorstandsmitglied im Verein Wiener Jugenderholung. Weiters ist sie als Vortragende unter anderem mit dem Schwerpunkt »Gesprächsführung« tätig. Im Rahmen ihrer langjährigen Führungserfahrung im Sozialbereich hatte sie auch die Funktion der pädagogischen Leiterin von mehreren Wohngemeinschaften und die Leitung eines Krisenzentrums inne.

Meinem Beitrag zu diesem Buch geht der Entschluss voraus, diesen aus meiner besonderen Position in der mittleren Führungsebene einer großen Organisation zu schreiben. In dieser Sandwichfunktion konnte ich einerseits die Auswirkungen von positivem Führungsverhalten selbst erleben. Andererseits sehe ich es als meine Aufgabe, diesen Ansatz in meiner Leitungsfunktion in der mittleren Führungsebene einer großen öffentlichen Sozialeinrichtung selbst zu leben. Die Wirkung des erlebten Führungsstils auf das eigene Führungsverhalten, wie in Kapitel 4 meines Buches »Positive Leadership. Mit PERMA-Lead erfolgreich führen« beschrieben, kann ich aus dieser Perspektive grundlegend bestätigen: Bei der Reflexion meiner bisherigen 19-jährigen Berufslaufbahn bei der Wiener Kinder- und Jugendhilfe wurde mir bewusst, dass ich von Beginn an das Glück hatte, Vorgesetzte zu haben, die im Umgang mit mir – im Sinne des Positive Leadership – vieles richtig gemacht haben. So hat beispielsweise mein langjähriger Vorgesetzter Herr Josef Haiduck wesentlichen Anteil an der im Beitrag beschriebenen positiven Entwicklung.

29.1 Eine spezielle Teamsituation

Als ich vor einigen Jahren die Aufgabe als pädagogische Leiterin von Wohngemeinschaften antrat, übernahm ich die Verantwortung für fünf Teams – bestehend aus vier bis fünf SozialpädagogInnen und einer Wirtschaftshelferin –, die unterschiedlicher nicht sein konnten. Jede Wohngemeinschaft (WG) betreute acht Kinder und Jugendliche unterschiedlichen Alters und jede WG arbeitete mit speziellen Schwerpunktsetzungen.

Eines meiner Teams forderte besonders viel Aufmerksamkeit. Es bestand aus vier SozialpädagogInnen, die allesamt hoch engagiert für die Betreuung der ihnen anvertrauten Kinder eintraten. Jede/r für sich hatte außergewöhnlich hohe Ansprüche an sich selbst und an die vom Team zu erreichenden Ziele. Eine spezifische Herausforderung, die sich wahrscheinlich besonders häufig in Teams findet, in denen mit Menschen gearbeitet wird, ist meiner Erfahrung nach, dass unterschiedliche Wertesysteme oder auch Denkmodelle Teamarbeit bereichern, aber auch massiv erschweren können. Was in der PERMA-Logik ganz sicher im mittleren Faktor, im Meaning, zu verankern ist, also der erlebten Sinnhaftigkeit unterschiedlicher Herangehensweisen. In diesem Team war die Uneinigkeit über die Art, wie Ziele zu erreichen seien, und über dafür geeignete und ungeeignete Mittel besonders groß. Das zerstörte gegenseitiges Vertrauen, Kränkungen und die Konflikte, die sich daraus entwickelten, eskalierten immer wieder. Die Situation war für alle – einschließlich der zu betreuenden Kinder – sehr belastend geworden.

Ich setzte auf Kommunikation: Meine Bemühungen, mit Motivationsgesprächen, klaren Regeln für eine wertschätzende Gesprächskultur und vielem mehr Entspannung zu schaffen, zeigten kaum Wirkung. Ich führte mit allen Teammitgliedern wiederholt Mitarbeitendengespräche und erhielt so immer mehr Einblick in die Teamdynamik und die Geschichte des Teams, aber auch klare Vorstellungen, wo die Stärken, die Motivation und die Entwicklungsthemen der einzelnen Personen lagen.

Letztendlich war ich der Überzeugung, dass das Team seine Schwierigkeiten mit ein wenig professioneller Unterstützung lösen könnte. Eine zweieinhalbtägige, moderierte Teamfindung sollte letztlich den entscheidenden Durchbruch zu einer guten Zusammenarbeit bringen. Doch es kam anders. Im abschließenden Gespräch, bei dem mir die erarbeiteten Ergebnisse und konkreten nächsten Schritte präsentiert werden sollten, teilten mir die Mitarbeitenden mit, dass sie entschieden hatten, sich als Team zu trennen. Als Führungskraft sehe ich es als eine meiner zentralen Aufgaben, im Sinne des PERMA-Lead-Modells meinen Beitrag zu einem positiven, wertschätzenden und unterstützenden Miteinander in meinen Teams zu leisten. Ein Irrglaube und möglicherweise eine Denkfalle für Führungskräfte ist allerdings, dass man alle Menschen zu einer guten Zusammenarbeit bringen kann, wenn nur die Führung kompetent genug ist. Denn aus meiner Sicht ist es als Führungskraft auch wichtig, zu erkennen und zu akzeptieren, wenn einzelne Puzzleteile selbst mit viel Mühe oder sogar Verdrängung nie richtig zusammenpassen.

29.2 Mutig das Bestehende reflektieren

Nach einem Jahr als pädagogische Leiterin der Wiener Kinder- und Jugendhilfe stand ich also vor der Aufgabe, möglichst rasch ein neues Team zusammenzustellen. Öffentliche Organisationen haben meist sehr klare Richtlinien, die von ihren Mitarbeitenden eingehalten werden müssen. Zu diesen Richtlinien gehört in der Wiener Kinder- und Jugendhilfe auch die Vorgabe, dass in eigenen Standard-Wohngemeinschaften grundsätzlich nur Vollzeitbeschäftigte angestellt werden können. Ich fand mich nun in der Situation wieder, dass Personen mit außergewöhnlicher Kompetenz und Erfahrung zur Verfügung standen, deren Lebenssituation bzw. deren Wünsche jedoch nicht mit den Bedingungen der Organisation kompatibel waren. Das Potenzial war also da, der Rahmen allerdings fehlte.

Da gab es beispielsweise einen langjährigen, erfahrenen, sehr kompetenten und empathischen Kollegen, der zu diesem Zeitpunkt nicht im aktiven Dienst stand. Er hatte schon lange versucht, Alternativen zu einer Vollzeitbeschäftigung zu finden, was ihm – unter anderem mangels gesetzlichen Anspruchs auf Teilzeitbeschäftigung – nicht gelungen war. Eine weitere engagierte und sehr erfahrene Mitarbeiterin, die sich in einer beruflichen Auszeit befand, stand nur mehr wenige Jahre vor der Pensionierung und konnte sich eine Rückkehr in eine Vollzeitanstellung im Turnusdienst ebenfalls nicht mehr vorstellen.

Es benötigte also einerseits eine Lösung für die fehlenden Teilzeitbeschäftigungsangebote und andererseits ein Konzept, wie das aufgelöste Wohngemeinschaftsteam neu und möglichst nachhaltig zusammenzusetzen sei. Eines Morgens hatte ich die mögliche Lösung vor Augen, wusste aber auch, dass die formalen Hürden in unserer Organisation nahezu unüberwindbar sein würden. Aus meiner Perspektive bezieht sich Führung nicht nur darauf, Mitarbeitende zu führen, sondern es ist auch unsere Aufgabe, die Organisation weiterzuentwickeln. Gerade in der Logik von Positive Leadership wäre es geradezu ein Frevel, wenn vorhandene Stärken, Ressourcen, Kompetenzen usw. von Mitarbeitenden aufgrund einer starren Ausrichtung an bisher bestehende Rahmenbedingungen nicht genützt werden könnten. Daher muss es die Aufgabe aller Führungskräfte sein, die Rahmenbedingungen immer wieder aufs Neue darauf zu überprüfen, ob sie dazu beitragen, dass die Mitglieder dieser Organisation ihr Potenzial entfalten können. Dazu braucht es einerseits Kreativität, andererseits aber manchmal auch Mut.

Aus der Erfahrung heraus, bei meinem Vorgesetzten stets ein offenes Ohr auch für meine manchmal sehr kreativen Ideen zu finden, teilte ich meine Überlegungen mit ihm und erhielt zwar wenig Hoffnung, aber immerhin seine volle Unterstützung. Überraschenderweise gab es bereits nach wenigen Stunden aus der Zentrale grünes Licht für die Erarbeitung eines Konzepts und erste Planungsschritte.

Die Idee bestand darin, aus den vier Vollzeitstellen in der neu zu besetzenden Wohngemeinschaft zwei Vollzeit- und drei Teilzeitstellen zu machen. Damit könnte man jene beiden KollegInnen ins Team und zurück in den Arbeitsprozess holen, die eine Alternative zur Vollzeitbeschäftigung suchten, und sie so mit ihrer Erfahrung und ihren Potenzialen für die Organisation reaktivieren.

Letztendlich geht es aber auch darum, Veränderungen von Strukturen auf eine möglichst breite Basis zu stellen. Da es auch ein Thema der Organisation war, wie mehr Teilzeitstellen zu schaffen seien, konnte somit auch die Personalvertretung für die Idee gewonnen werden. In zahlreichen Gesprächen arbeiteten wir die Vorteile und Risiken des geplanten Modells heraus und entwickelten es mit allen Teammitgliedern bis zuletzt weiter.

Einwände und Gedanken aus dem Team forderten mich einerseits stetig heraus. Andererseits ist die Summe der Teile im besten Fall mehr als das

Ganze. PERMA als Führungsansatz bedeutet ja per Definition auch, dass es nicht darum geht, dass man in der Leitungsfunktion selbst alles am besten macht. Es geht vielmehr darum, besondere Stärken und Talente einzelner Teammitglieder einzubeziehen und auch ernst zu nehmen. Beispielsweise hatte bei diesem Projekt vor allem eine Kollegin Aspekte im Blick, die wichtig waren, um das Gesamtbild wesentlich zu vervollständigen. Somit war sie an der gelungenen Umsetzung maßgeblich beteiligt. Mit ihrer Genauigkeit, ihrem Planungsgeschick, ihrem konstruktiv-kritischen Blick und ihrem rechtlichen Wissen machte sie mich auch auf mögliche Fehler aufmerksam, bevor sie weitreichende Folgen hatten. So konnte sie ihre Fähigkeiten konstruktiv einbringen (Faktor Engagement) und sah die direkten Auswirkungen ihres Einsatzes (Faktor Accomplishment) und den sinnvollen Nutzen (Faktor Meaning).

29.3 Neue Wege gehen

Es ist in der PERMA-Lead-Logik als Führungsaufgabe zu sehen, ein Umfeld zu schaffen, in dem Entfaltung möglich ist. Dieses Vorgehen schafft viele Gewinner: Jener Kollege, welcher die erhoffte Möglichkeit erhielt, eine der Teilzeitstellen zu übernehmen, konnte es kaum abwarten, mit der Arbeit zu beginnen. Er tat dies vom Start weg mit so viel Elan und Begeisterung, dass er in der verminderten Gesamtarbeitszeit mehr Energie einbrachte als bereits zuvor. Er engagierte sich von Beginn an bei allen anstehenden Projekten, übernahm Sonderaufgaben und brachte sich kreativ ein, wo immer es möglich war. Das strukturierte Arbeiten und die Sichtweisen seiner – bereits beschriebenen – neuen Kollegin empfand er als unterstützend und sinnvoll. Aufgrund seiner Erfahrung, Professionalität und positiven Charaktereigenschaften war er auch ein gutes Regulativ, wenn es im Team nötig war.

Auch jene Kollegin, die sich bereits dem Ende ihrer Berufslaufbahn näherte, stieg als Teilzeitkraft in das neue Team ein. Ihre langjährige Erfahrung und klare Haltung zu manchen Themen eigneten sich gut als Reibe- und Reflexionsfläche für alle Teammitglieder. In der fachlich-inhaltlichen Auseinandersetzung zu unterschiedlichsten Themen setzte sie wesentliche Akzente und trug so auch zur Weiterentwicklung des Modells bei. Ihre Motivation – bis zur Pensionierung im Rahmen ihrer Möglichkeiten sinnvolle Arbeit leisten zu wollen – konnte sie in diesem Modell leben. Sie dankte es mit viel Engagement und Loyalität bis zuletzt.

Neben einer weiteren Teilzeitkraft, die dem Team zugeteilt wurde, vervollständigte ein junger Berufseinsteiger als zweite Vollzeitkraft das Team. Er war der einzige Kollege, der von den anderen Teammitgliedern mit ausgewählt werden konnte. Er überzeugte alle mit seinen frischen Ideen, seiner unvoreingenommenen Herangehensweise, seiner wertschätzenden Offenheit und seinem Wissensdurst. Er wurde von seinen KollegInnen sehr engagiert aufgenommen und eingearbeitet. Besonders konnte er von den doch sehr unterschiedlichen Arbeitsweisen und Erfahrungen im Team profitieren, bekam von den KollegInnen aber auch ausreichend Raum, um eigene Ideen zu entwickeln und sich selbst auszuprobieren.

Was hier ganz klar sichtbar wurde: Unterschiedliche Menschen mit unterschiedlichen Herangehensweisen können eine tolle Ergänzung sein. Und zwar dann, wenn sie sich in ihrer jeweiligen Ausprägung als bereichernd für ein Team erleben und wenn die Organisation unterstützende Rahmenbedingungen für Individualität schafft.

Mit allen Mitarbeitenden des Teams führte ich begleitend Mitarbeitendengespräche. Die Einladung, sich mitzuteilen und gemeinsam Lösungen zu finden, wurde von allen angenommen und geschätzt. Auch Bedenken und Kritikpunkte wurden von mir gerne entgegengenommen. Es machte mir große Freude, zu sehen, wie in diesem – von Diversität geprägten – Team jeder seine Besonderheiten leben durfte und dafür Wertschätzung von den KollegInnen erhielt. Ein Umstand, den die Mitarbeitenden selbst, nach etwa einem Jahr der Zusammenarbeit, sehr positiv in einem Teamorientierungsgespräch formulierten. Auch zwei moderierte Teamfindungssequenzen wurden von den KollegInnen, nach Absprache mit mir, selbst organisiert und umgesetzt.

Die Minderjährigen in der Wohngemeinschaft profitierten von der positiven Energie in besonderem Maß. Sie kamen in den Genuss zahlreicher Aktivitäten. Das Team zeigte sich kreativ bei der Herangehensweise an konfliktreiche Situationen, die in der Kinder- und Jugendhilfe nie ausbleiben. Sie brachten sich mit vielen Ideen ein und beteiligten die Kinder in hohem Maß aktiv, im Gestalterischen und bei Entscheidungsprozessen. Wenn sie an ihre Grenzen stießen, erfolgte immer der Austausch mit mir als Leitung.

Zu beobachten war auch, dass das Team ein besonders hohes Maß an Selbstbewusstsein für ihre Fachlichkeit entwickelte. Die Mitarbeitenden zeigten sich kämpferisch für die Interessen der ihnen anvertrauten Minderjährigen und vertraten deren Rechte nachdrücklich und konsequent. Darüber hinaus entwickelten sie Werkzeuge für die praktische Arbeit, verfeinerten Abläufe und setzten wertvolle Impulse für Entwicklungsthemen in der Gesamtorganisation.

Natürlich gab es auch immer wieder Konflikte im Team, die jedoch konstruktiv bearbeitet wurden. Auch das Modell selbst lief nicht reibungslos. Verschiedene Umstände führten dazu, dass das Stundencontrolling im ersten Jahr nicht den Vorgaben entsprach. In dieser Situation wurde einmal mehr deutlich, wie sich Führung über mehrere Hierarchieebenen auswirkt: Ich vertraute dem Team und mein Vorgesetzter vertraute mir, die Situation in den Griff zu bekommen, und stellte mir dafür die nötige Zeit zur Verfügung.

Tatsächlich kamen entscheidende Impulse zur Lösung des Problems wieder aus dem Team der Wohngemeinschaft. Sie hatten die Vorteile des Modells bereits selbst erlebt und wollten den Fortbestand jedenfalls mittragen. In mehreren Teamgesprächen entwickelte sich ein Ansatz, welcher in Absprache mit meinem Chef und meinen Kolleginnen im Leitungsteam umgesetzt werden konnte und die Fortführung des Modells in modifizierter Art gewährleistete. Es war also ein gemeinsam erfolgreich entwickeltes Projekt, in das alle Beteiligten ihre Möglichkeiten und auch Stärken einbrachten.

29.4 PERMA-Lead als fruchtbarer Boden

Blicke ich auf meine persönliche berufliche Laufbahn und auf die Entwicklung dieses bestimmten Projekts im Besonderen zurück, so kann ich festhalten, dass die Vorteile des Positive Leadership auf der Hand liegen. Ich habe sehr davon profitiert, von meinem Vorgesetzten – Herrn Haiduck – immer wieder ermutigt worden zu sein, Fragen zu stellen, Ideen auszusprechen und umzusetzen. Gehör zu finden und ernst genommen zu werden hat mich ermuntert, stets neue Lösungsansätze in die Organisation einzubringen. Mein Engagement wurde positiv wahrgenommen und wertgeschätzt. Durch die Übertragung von Verantwortung in verschiedenen Bereichen und die damit einhergehende Anerkennung meiner Leistung stieg meine Motivation, mich einzusetzen, stetig. Immer wieder durfte ich an richtungsweisenden Prozessen teilnehmen und einzelne Projekte – wie die Organisation und Leitung einer Weiterbildungsreihe – selbst umsetzen. Je mehr PERMA in einer Organisation auf allen Ebenen vorhanden ist, desto eher fallen Samen auf fruchtbaren Boden und werden zu großartigen – vielleicht auch komplett neuen – Pflanzen.

Jeder einzelne der fünf PERMA-Faktoren gibt auch mir meine Kraft für diese Führungsrolle: Viel Energie schöpfe ich daraus, zu sehen, dass meine Arbeit und meine Entscheidungen Menschen unterstützen, motivieren und fördern. Der Sinn meiner Tätigkeit und die damit verbundenen positiven Arbeitsbeziehungen zu KollegInnen, Mitarbeitenden, Vorgesetzten, aber auch zu KlientInnen und KooperationspartnerInnen treiben mich täglich an, weiter nach Innovationen zu streben.

Die einzelnen Mitarbeitenden des beschriebenen Wohngemeinschaftsteams haben ähnliche Erfahrungen gemacht. Sie wurden von mir mit ihren Ideen, Fragen und Sorgen ernst genommen und waren dadurch mutig genug, sie mit mir zu teilen. Zwei KollegInnen konnten in diesem neuen Arbeitsmodell neue Energie schöpfen, erfuhren Wertschätzung – im Team und von ihrer Leitung – und konnten so ihre Erfahrung zum Nutzen aller einbringen. Durch mein Vertrauen, den Prozess zu einem guten Teil in die Verantwortung des Teams zu übergeben, kam es zu passgenauen, auf die Möglichkeiten und Bedürfnisse des Teams und der KlientInnen abgestimmten Lösungen. Jene Kollegin, die mich stetig mit ihren Beiträgen gleichermaßen gefordert und unterstützt hatte, setzte sich mit all ihrer Energie für ein Projekt ein, von dem sie zu Beginn nicht wirklich überzeugt war. Ihre Fähigkeiten wurden gewürdigt und letztlich von zahlreichen Personen positiv wahrgenommen. Auch das jüngste Mitglied im Team nahm, nach seinen positiven – wenn auch fordernden – Erfahrungen im Zuge des Berufseinstiegs, die erste sich bietende Gelegenheit wahr, an einer Arbeitsgruppe der Organisation teilzunehmen und seine Erfahrungen so auch anderen zur Verfügung zu stellen.

Offenes, positives und auch konstruktiv-kritisches Feedback hat den gesamten Prozess kontinuierlich begleitet. Als Führungskraft sprach ich es aus und erhielt es in vielfältiger Weise. Ich bin dankbar für das Erlebte und freue mich auf kommende Aufgaben. Als ich vor kurzem die Leitung des

Teams abgab, um eine neue Funktion zu übernehmen, gab es bereits weitere Ideen für die Zukunft des Modells und eine positive Energie, die ich jedem Team von ganzem Herzen wünsche.

Auch in meiner neuen Funktion als Regionsleiterin der Wiener Kinder- und Jugendhilfe - mit Verantwortung für rund 220 Mitarbeitende unterschiedlicher Berufsgruppen - werde ich weiter die Haltung des Positive Leadership leben. Die bereichernden Erfahrungen der letzten Jahre sprechen für sich. Es wurden Energien freigesetzt und Entwicklungen in Gang gebracht, die für viele Menschen Positives bewirkten. Und genau das ist es, was Organisationen, ihren Mitarbeitenden, Kundinnen und Kunden zugutekommt!

30 IKEA: »Your Idea Counts«. Ein Pilotprojekt für Engagement

Die Organisation

IKEA ist ein multinationaler Einrichtungskonzern, der 1943 vom damals 17-jährigen Ingvar Kamprad im südschwedischen Småland gegründet wurde und heute das größte Einrichtungsunternehmen der Welt ist. Im Geschäftsjahr 2017 kamen 936 Millionen Besucher in die mehr als 400 Einrichtungshäuser in 49 Ländern rund um den Globus. Mit seinen fast 200 000 Mitarbeitenden setzte das Unternehmen im Jahr 2017 über 38 Milliarden Euro im Einzelhandel um.

Die Gastautorin: Ornella Wagner

Ornella Wagner ist seit 2011 bei IKEA in unterschiedlichen Funktionen tätig – seit 2016 ist sie verantwortlich für die Personaleinsatzplanung bei IKEA Linz/Haid. Ihre Leidenschaft ist es, den Blickwinkel zu wechseln. Der Wille und die Neugier, sich ständig weiterzuentwickeln, sowie ein hohes Maß an Empathie bewog sie dazu, nebenbei eine Ausbildung zum akademischen Coach, zur Organisations- und Personalentwicklerin zu absolvieren. 2017 implementierte sie das Projekt »Your Idea Counts« und betreut es nach wie vor als Projektleiterin.

Eines sei vorausgeschickt: Teamarbeit wird bei IKEA großgeschrieben – in jedem Bereich, auf allen Ebenen, jederzeit. Kein Wunder, ein Einrichtungshaus ist wie eine riesige Maschine. Sie funktioniert nur dann reibungslos, wenn die einzelnen Bereiche wie Zahnräder ineinandergreifen. Und das wiederum klappt nur mit exzellenter Teamarbeit, mit Engagement und mit dem Zutun jedes Einzelnen. Stetige Verbesserung und das Übertragen von Verantwortung, um Mitarbeitende zu entwickeln und individuelles Engagement zur fördern, sind daher Grundprinzipien bei IKEA. Ob diese Strategie aufgeht, wird nicht nur in den Development Talks, sondern auch in einer jährlich stattfindenden, anonymen Mitarbeitendenbefragung erhoben. Ein Punkt der Analyse gilt dem individuellen Engagement der Mitarbeitenden. Es geht also um den zweiten Faktor des PERMA-Lead-Modells. Darum, dass Voraussetzungen geschaffen werden, damit Mitarbeitende ihre Kompetenzen und Fähigkeiten einbringen können und auch wollen. Und hier setzt das Projekt »Your Idea Counts« an. Ein Projekt, dass genau auf das abzielt, was von einem Positive Leader erwartet wird: nämlich die organisatorischen Voraussetzungen dafür zu entwickeln, dass Mitarbeitende ihre Stärken, ihr Wissen und ihre Kompetenzen einbringen können.

Ausgangspunkt für das Projekt war die Analyse des individuellen Engagements der Mitarbeitenden. Dessen Ergebnis hatte sich 2017 im Vergleich zu den Vorjahren als klar rückläufig erwiesen. Dem wollte man entgegenwirken. Aus dem Businessplanprozess heraus wurde im landesweiten Action Plan für IKEA Österreich 2017/2018 festgelegt, dass die Möglichkeit zum individuellen Engagement der Mitarbeitenden im Fokus stehen soll. Der österreichische IKEA-Standort »Einrichtungshaus Linz/Haid« sollte »Pilotstore« in Sachen Innovationsmanagement werden.

Daraus entwickelte sich die Idee für das Projekt »Your Idea Counts«. Allen Mitarbeitenden eines Standortes sollte es auf einfache und unkomplizierte Weise möglich sein, Ideen zu betrieblichen Prozessen und Abläufen einzubringen und auch zum Teil selbst zu implementieren. Das sollte auch das »interne Unternehmertum« der Belegschaft stärken.

IKEA hatte bis zu diesem Zeitpunkt in Österreich noch kein zufriedenstellendes Format für Innovationsmanagement gefunden. Hatten Mitarbeitende eine Idee oder einen Verbesserungsvorschlag, so wandten sie sich damit an den direkten Vorgesetzten oder die Idee blieb – im schlimmsten Fall – unausgesprochen. Zwar hatten manche Standorte zumindest via »Ideenbriefkästen« den Versuch unternommen, gute Ideen der Mitarbeitenden zu finden und umzusetzen – allerdings mit mäßigem Erfolg, denn die Möglichkeit wurde kaum genutzt. Am Standort Linz/Haid gab es auch diese einfache Form der Einbindung bisher nicht.

Dabei sind Mitarbeitende in ihrer täglichen Arbeit mit betrieblichen Abläufen konfrontiert und häufig die Ersten, die Möglichkeiten zur Vereinfachung oder Verbesserung erkennen und anstoßen können. Das Projekt »Your Idea Counts« könnte, so hoffen die Initiatoren, verbesserte Prozesse, aber auch eine Verhaltensänderung bei den Mitarbeitenden zu noch mehr Engagement bringen, weil dieses Engagement nun entsprechend gewürdigt wird.

30.1 Bottom-up statt von oben verordnet

Während zuvor Ideen häufig in der Geschäftsführung eines Einrichtungshauses entstanden und dann umgesetzt wurden (also klassisch top-down), könnte die Implementierung von »Your Idea Counts« die Möglichkeit bieten, Veränderungen verstärkt bottom-up anzustoßen und so die Mitarbeitenden aktiv in Veränderungen zu involvieren.

Die sogenannte »Steering Group« des Einrichtungshauses Linz/Haid – sie repräsentiert die oberste Führungsebene des rund 350 Mitarbeitende umfassenden Unternehmens – rief dazu ein Projekt ins Leben und bestellte eine Projektleiterin, die in der Organisation gut verankert ist. Der Auftrag an die Projektgruppe lautete, eine Maßnahme für betriebliches Ideenmanagement zu erarbeiten und auszurollen – und dazu schon während der Konzeptionsphase möglichst viele Mitarbeitende zu involvieren. Als Steuerungsorgan für das Projekt agiert die Geschäftsleitung des Standortes.

In einem ersten Schritt definierten Projektleiterin, Steuerungsgruppe und drei aufgrund ihrer fachlichen Expertise ausgewählte Mitarbeitende Rahmenbedingungen und Erfolgsfaktoren für das Projekt. Drei Faktoren sollten zum Erfolg des Projekts führen: Offenheit, Thinking out of the Box sowie Mut, Neues zu probieren. Wie das Ideenmanagement aussehen sollte (Methode, Medium, Zeitplan), blieb zu Beginn bewusst offen. Die gesamte Erarbeitung sollte Teil des Projektes sein und die Involvierung der Mitarbeitenden ermöglichen.

Klar definiert wurde auch, dass eine möglichst große Anzahl von Mitarbeitenden aktiv ins Projekt eingebunden werden sollte. Sie sollten die Entscheidungen treffen, wie das Ideenmanagement letztlich aussehen sollte. Sie sollten eine Lösung selbstständig erarbeiten, ohne einem festgelegten Anforderungskatalog zu folgen. Im Zuge der Vorbereitungen für das Projekt wurde daher ein Prozessmodell entwickelt, sodass sich Abläufe auch nach der Implementierung der Ideenplattform »Your Idea Counts« weitgehend selbst am Leben erhalten und die Qualität der Arbeitsabläufe sichergestellt bleibt. Bereits der nächste Schritt band die ersten Mitarbeitenden ein. Für jeden großen Arbeitsbereich im Einrichtungshaus (Logistik, Kundenservice, Verkauf, Interior Design, Human Resources, Verwaltung und IKEA Food) sollte je ein Mitarbeiter definiert werden, der die Rolle eines »Ideenbuddys« übernehmen sollte. Die künftigen Ideenbuddys sollten sich mittels Motivationsschreiben und Lebenslauf für diese zusätzliche Aufgabe in der Personalabteilung melden. Dabei gab es klar definierte Anforderungen an diese Bewerber:

- Motivation, sich für IKEA und im Dienste der Kunden einzubringen
- Bereitschaft, eine zusätzliche Funktion parallel zu den aktuellen Aufgaben zu übernehmen
- Schnittstellenfunktionen zwischen Kollegen und Führungskräften übernehmen
- Begeisterungsfähigkeit und der Wille nach stetiger Verbesserung und Veränderung
- Gute Kommunikationsfähigkeiten und Einschätzungsvermögen, welche Prozesse qualitative Verbesserungen bedeuten

Als Aufgaben dieser Ideenbuddys wurden beispielsweise die aktive Mitgestaltung bei der Erarbeitung des Projekts, die Teilnahme an den Konzeptionsworkshops, das Sammeln von Ideen innerhalb der Belegschaft, die Kommunikation und Promotion von »Your Idea Counts« auf allen Ebenen und die anschließende Betreuung der zu schaffenden »Your Idea Counts«-Plattform definiert. Nachdem die sieben Ideenbuddys gefunden waren, ging es in die konzeptionelle Phase.

30.2 Los geht's: Von der Konzeption in die Praxis

Um nahezu alle Mitarbeitenden ins Boot zu holen, fungierten die Ideenbuddys als Botschafter. Sie übernahmen die Aufgabe, auf möglichst viele Mitarbeitende zuzugehen und mit ihnen über Ideen im Allgemeinen zu sprechen. Dabei sollten sie auch herausfinden, wie ein Mitarbeiter aktuell seine Ideen an die richtige Stelle bringt. Wer sind die formellen oder informellen Ansprechpersonen für Ideen, welche Herausforderungen gibt es für die Ideenbringer und was wünschen sie sich für die Zukunft, um ihre Ideen einbringen zu können? Allesamt wichtige Faktoren, die unbedingt in die Konzeption von »Your Idea Counts« miteinfließen sollten. Stärken von Mitarbeitenden erkennen und daraus eine Win-win-Situation zu schaffen ist eine der Grundlogiken im PERMA-Lead-Modell. Genau darauf zielte diese Herangehensweise ab.

Im nächsten Schritt brachten die Ideenbuddys ihre Erkenntnisse aus den Gesprächen mit zum ersten Workshop. Die Inhalte dabei waren breit gestreut:

- **Einstieg ins Thema:** Welche Erfahrungen und Gedanken bringen die Teilnehmenden zum Thema »Ideenmanagement« bereits mit und welche persönlichen Erfahrungen haben sie bisher rund um das Thema »Ideen und Verbesserung von betrieblichen Abläufen« gemacht?
- **Zusammenarbeit und weitere Schritte:** Außerdem sollten gemeinsam der weitere Projekt-Zeitplan und die folgende Zusammenarbeit definiert werden. Welche Rahmenbedingungen sind wichtig, damit die Ideenbuddys ihre Aufgaben wahrnehmen können? Welche Aufgabe kommt der Geschäftsleitung/Steuerungsgruppe und den direkten Führungskräften der Ideenbuddys zu?
- **Erste Konzeption der Plattform bzw. des Mediums für Ideenmanagement:** Welche Möglichkeiten gibt es, um mit Kollegen des eigenen Bereiches zum Thema »Ideen« in Kontakt zu treten? Wie kann man - einfach und effizient - mit den Mitarbeitenden kommunizieren, Ideen sammeln und über die Umsetzung von Ideen informieren?

Durch das frühzeitige Involvieren der Ideenbuddys erwartete das Projektteam, dass die entstehende Plattform zunächst an die Bedürfnisse der künftigen Anwender angepasst wird und daraus folgend die Akzeptanz und Begeisterung für dieses Projekt steigt. Für die Ideenbuddys war es eine völlig neue Herangehensweise, nicht mit einem klar definierten Auftrag in die Umsetzung zu gehen, sondern sich den Auftrag selbst zu erarbeiten. Dieser Ansatz stieß wiederum auf Managementebene auf Verunsicherung, da man es gewohnt war, ein klares Bild in Bezug auf das fertige Produkt, in diesem Fall die fertige Ideenplattform, vorab festzulegen.

Im Konzeptions-Workshop erarbeiteten die Ideenbuddys, wie betriebliches Ideenmanagement aussehen könnte. Von der Projektleitung wurde darauf geachtet, nicht schon ein fertiges Bild in den Köpfen der Teilnehmenden zu zeichnen oder die Inputs zu sehr in eine Richtung zu lenken. Es erwies sich als überaus herausfordernd, den Prozess nicht in Richtung altbewährter Lösungen zu beeinflussen, sondern die »Out of the Box«-Einstellung mit Leben zu erfüllen. Das hieß auch, nicht die einfachste und somit schnellste Lösung zu wählen, dabei aber auch nicht auszuufern.

30.3 Aus Alt mach Neu: Vom Postkasten zur Ideenbox

Die Überraschung aller Beteiligten war groß, als der anfänglich verschmähte Postkasten in Bezug auf Effizienz, Wirtschaftlichkeit und Praktikabilität zur bevorzugten Lösung wurde. Wie konnte das sein? Hatte sich nicht die Lebensdauer von Postkästen als Ideenplattform bei vorangegangenen Projekten als eher kurz erwiesen? Schnell war klar, nicht der Postkasten an sich ist das Problem, sondern die nicht klar definierten Verantwortlichkeiten und Aufgaben im Rahmen eines Ideenmanagements. Nachdem also feststand, welches Medium für das Sammeln der Ideen genutzt werden soll, startete ein weiterer Prozess im laufenden Projekt. Die erste Frage, die sich stellte, erging an die Ideenbuddys. Was würde für Mitarbeitende den Postkasten interessant machen? In Brainstorming-Runden wurden wichtige Erfolgsfaktoren gesammelt. Nun ging es darum, festzulegen, wie mit dem Postkasten gearbeitet werden soll, sowie konkrete Aufgaben für die Ideenbuddys und auch die Geschäftsleitung/Steuerungsgruppe zu definieren.

Folgende Punkte haben sich als essentiell herausgestellt, damit aus dem einsamen Postkasten eine stark genutzte Ideenbox wird (siehe Abb. 30.1):

1) Prominenter Platz im Mitarbeitendenbereich
2) Gestaltung der Wand rund um den Postkasten mit Platz für Neuigkeiten, »Beste Idee des Monats« etc.
3) Gestaltung von standardisierten Ideenkärtchen, um den Ideen der Mitarbeitenden Struktur zu verleihen und die Bewertung der Idee zu erleichtern
4) Jeder Mitarbeiter, der eine Idee einreicht, bekommt eine kleine Anerkennung als Dankeschön in Form eines Produktes aus dem aktuellen Sortiment oder eines Gutscheines.

Abbildung 30.1: »Your Idea Counts«-Ideenwand

Die Ideenbuddys entleeren die Box einmal im Monat. Sie bereiten die Ideen dahingehend auf, dass sie zeitnah in der Geschäftsleitung präsentiert werden können. Die Ideenbuddys fungieren somit als ›Verbindungsstück‹ bzw. ›Sprachrohr‹ zwischen Ideenbringer und Geschäftsleitung, ohne die Idee bereits im Vorfeld zu bewerten oder zu filtern. Jede eingebrachte Idee erhält einen sogenannten Sponsor (also jemanden, der das Projekt fördert und unterstützt). Als solcher Sponsor fungiert jeweils ein Mitglied der Geschäftsleitung. Der Sponsor tritt mit dem Ideenbringer in Kontakt, klärt Details ab und bespricht die weitere Vorgehensweise. Die Entscheidung darüber, welche Ideen umgesetzt werden sollen, wird im Plenum der Geschäftsleitung getroffen. Die Entscheidungskriterien sind Wirtschaftlichkeit bzw. Umsetzbarkeit und werden für jede Idee geprüft. Einmal pro Monat wird die beste Idee von der Geschäftsleitung ausgewählt und prämiert und besonders an der Wand hervorgehoben.

Kann eine Idee aus diversen Gründen nicht umgesetzt werden, so erhalten die Ideenbringer Feedback dazu. Dabei wird vor allem darauf geachtet, die Initiative des/der Mitarbeitenden zu bestärken, jedoch auch klar die Entscheidungskriterien dazustellen. Gründe für die Ablehnung von Ideen sind z. B. sicherheitstechnische bzw. rechtliche Vorgaben, die einzuhalten sind, oder aber zu geringe Wirtschaftlichkeit.

Die Projektverantwortliche konzipierte gemeinsam mit der Projektgruppe den Ablauf der Implementierung von »Your Idea Counts«, moderierte die Workshops und zeichnet für die Umsetzung von »Your Idea Counts« in die Praxis verantwortlich. Sie betreut das Projekt am Standort in Linz/Haid bis heute. Während der Erarbeitung von »Your Idea Counts« gaben die Mitglieder der Steuerungsgruppe Feedback zum Projektfortschritt. Nach der Implementierung des Projekts fungieren sie als Ideensponsor bzw. Entscheidungsträger für die Umsetzung von Ideen.

30.4 Herausforderungen, Quick-Wins und jede Menge PERMA-Lead

Eine der größten Herausforderungen war es, klare Verantwortlichkeiten und Arbeitsweisen mit allen Beteiligten zu definieren. Damit sollte sichergestellt werden, dass »Your Idea Counts« von Beginn an von allen mitgetragen wird und die Aufgaben und selbstgesteckten Ziele im vereinbarten Zeitrahmen erledigt werden können. Alle Verantwortungsträger im Haus für die Ideenplattform zu begeistern und sie so ›abzuholen‹, dass sie aus eigenem Überlegen die Sinnhaftigkeit des Projektes und den individuellen Nutzen erkennen, wurde als Herausforderung erkannt, die man aktiv steuern und mitbedenken muss.

Die größten Zweifel bestanden gegenüber der Langlebigkeit von »Your Idea Counts« – vor allem aufgrund der mäßigen Erfolge der Ideen-Postkästen in der Vergangenheit. Den Ablauf des Projektes rückblickend betrachtet zeigt sich, dass mit der Durchführung dieses Projektes alle fünf PERMA-Lead-Faktoren in unterschiedlicher Ausprägung mit Leben erfüllt wurden!

P – Positive Emotions

Während des gesamten Implementierungsprozesses sowie auch im laufenden Prozess lag und liegt ein Schwerpunkt darauf, positive Emotionen zu schaffen und aufrechtzuerhalten. Angefangen bei der Art der Zusammenarbeit zwischen den Ideenbuddys und der Projektleitung bis hin zur Rückmeldung der Ansprechpartner aus der Geschäftsleitung an die Ideenbringer. Hier haben sich ›Kleinigkeiten‹ als besonders wirkungsvoll erwiesen - etwa, nach jedem Meeting den anwesenden Ideenbuddys für ihren zusätzlichen Einsatz zu danken.

E - Engagement

Ziel des Projektes war es, genau dieses Engagement, das sich von innen heraus in den Mitarbeitenden entwickelt, zu stärken. Somit ist dieser Faktor der Zweck und das Herzstück des gesamten Projekts. Als positive Verstärker für das Projekt sind auch die Zeit und die Aufmerksamkeit zu sehen, die den Ideenbringern entgegengebracht werden. Die Mitarbeitenden fühlen sich »gehört« - sowohl von Vorgesetzten als auch von Kollegen. Spannend ist hierbei auch, dass durch »Your Idea Counts« Stärken, Interessen und Fähigkeiten einzelner Mitarbeitenden zum Vorschein kommen, die ansonsten vielleicht unentdeckt geblieben wären. Auch der konstante Zustrom von Ideen zeigt, dass bei vielen Mitarbeitenden dieses innere Engagement, sich einzubringen und an Veränderungen mitzuwirken, geweckt und gefördert wurde.

R - Relationships

Die Managementgruppe rückt noch näher an die Mitarbeitenden - auch wenn die Distanz aufgrund der IKEA-Kultur und -Werte ohnehin gering ist und flache Hierarchien und das allgemeine »Du« das Ihrige beitragen. Dennoch waren die Mitglieder des Managements für viele Mitarbeitende - gefühlt - schwer greifbar. Durch das Projekt erleben Mitarbeitende, etwa durch die persönliche Rückmeldung zu ihren Ideen, direkte Anerkennung und Wertschätzung von »ganz oben«, was sich wiederum positiv auf die Beziehung zwischen Mitarbeitenden und Führungskräften auswirkt.

M - Meaning

Von Beginn an war im Projekt ungemein wichtig, allen beteiligten Personen das »Warum« zu verdeutlichen. Dazu gehörten kurze Seminare mit den Ideenbuddys zum Thema »Ideenmanagement« genauso wie die Rolle aller Führungskräfte in Bezug auf das Projekt. Immer wurde daran gearbeitet, den daraus entstandenen Nutzen deutlich zu machen.

A – Accomplishment

Das Ziel, Mitarbeitende zu involvieren und dank ihrer Ideen Abläufe zu verbessern und Projekte anzustoßen, wurde erreicht. Dies zeigen das Verhältnis der eingereichten zu den bereits umgesetzten Ideen sowie die gleichbleibend hohe Anzahl von Ideen, die jeden Monat abgegeben werden. Dies sind die wichtigsten Indikatoren für die Erfolgsmessung von »Your Idea Counts«. Seit der Implementierung von »Your Idea Counts« wurden innerhalb der ersten acht Monate annähernd 100 Ideen eingereicht. Das sind im Schnitt circa 15 Ideen pro Monat. Davon wurden 27 Ideen bereits umgesetzt oder sind in Umsetzung.

30.5 Reflexionen der Projektleiterin und Next Steps

Betrachte ich das Projekt von meiner Warte aus, so hat sich meine eigene Sichtweise in manchen Bereichen geändert, in anderen wurde sie bestärkt. Besonders fasziniert hat mich, wie leistungsfähig und motiviert diese diverse Gruppe von Menschen (Ideenbuddys), die aus so unterschiedlichen Menschen besteht, zusammenarbeitet. Das gemeinsame Ziel und das Verständnis für den Sinn dieser Reise schweißten sie extrem zusammen. Mit höchstem Engagement und Eifer haben die sieben Ideenbuddys an diesem Projekt gearbeitet. Man muss bedenken, dass keiner von ihnen vor dem Projekt in irgendeiner Form Berührungspunkte oder Erfahrungen mit Projekt- oder Ideenmanagement hatte. Auch für die gegenseitige Unterstützung und das nahezu selbstständige Verteilen von Aufgaben nach den Kompetenzen innerhalb der Gruppe haben diese sieben Mitarbeitenden meinen Respekt verdient.

»Your Idea Counts« wurde implementiert, um das individuelle Engagement der Mitarbeitenden zu stärken. Ob sich dieser Wert dank der Ideenplattform positiv verändert hat, wird die nächste Mitarbeitendenbefragung zeigen. Als Pilotprojekt für ganz Österreich ist – nach einer circa dreimonatigen Vorbereitungszeit – »Your Idea Counts« im Dezember 2017 am Standort Linz/Haid gestartet. Am häufigsten werden Ideen zu den Themen »Mitarbeiterzufriedenheit« sowie »Prozessverbesserung« eingereicht, diese beiden Kategorien teilen sich in etwa die Hälfte aller Einreichungen. Die restlichen 50 Prozent verteilen sich auf Themen wie Umsatzsteigerung, Umwelt/Nachhaltigkeit und Kostenreduktion. Die Geschäftsleitung nutzt »Your Idea Counts« auch aktiv, um Mitarbeitende nach Lösungsvorschlägen zu bestimmten Themen zu fragen und sie so zu involvieren. Dieser Prozess läuft parallel zur offenen Ideensammlung über die »Your Idea Counts«-Plattform und wird durch eigene Aushänge und Ideenkärtchen mit dem Titel »Thema des Monats« unterschieden. Auch beim Thema des Monats wird die beste Idee prämiert und im Mitarbeitendenbereich ausgehängt. All dies führt dazu, dass das Projekt jetzt auch in ganz Österreich ausgerollt werden könnte. Die Pläne dafür gibt es bereits, es fehlt nur noch das offizielle »Go«.

IKEA-Firmengründer Ingvar Kamprad hat einmal gesagt: »Das meiste ist noch nicht getan. Wunderbare Zukunft.« Dieses Zitat spornt an, Gutes noch besser zu machen, es weiterzuentwickeln und zu ergänzen. Nach diesem Grundsatz soll sich auch das Projekt »Your Idea Counts« stetig weiterentwickeln. Ziel ist, dass es mit den Bedürfnissen und Ideen der Mitarbeitenden mitwächst und jedem die Möglichkeit eröffnet, sich einzubringen – ganz im Sinne von Positive Leadership!

Appendix

Literaturverzeichnis

1 Zirkuläre Fragen: Kleine Legobausteine für jede Führungssituation

1. Kolbe, M., Marty, A., Seelandt, J. & Grande, B. (2016). How to debrief teamwork interactions: using circular questions to explore and change team interaction patterns. *Advances in Simulation, 1*(29), 1–8.
2. Camargo-Borges, C. & Rasera, E. F. (2013). Social constructionism in the context of organization development: Dialogue, imagination, and co-creation as resources of change. *Sage Open, 3*(2), 3–7.
3. Lüscher, L. S. & Lewis, M. W. (2008). Organizational change and managerial sensemaking: Working through paradox. *Academy of management Journal, 51*(2), 221–240.
4. Matheny, A. C. & Zimmerman, T. S. (2010). The application of family systems theory to organizational consultation: A content analysis. *American Journal of Family Therapy, 29*(5), 421–433.
5. Larsen, M. V. & Willert, S. (2018). Using Management Inquiry to Co-Construct Other Memories About the Future. *Journal of Management Inquiry, 27*(2), 246–259.

3 Zielorientiertes Fragen advanced: Die Lösung selbst entwickeln

1. Watzlawick, P. (1976). *Wie wirklich ist die Wirklichkeit? Wahn, Täuschung, Verstehen.* München: Piper.
2. deShazer, S. (1996). »... *Worte waren ursprünglich Zauber«.* Lösungsorientierte Kurztherapie in Theorie und Praxis. Dortmund: Verlag Modernes Lernen.

4 4-Evening-Questions: Eigene Stärken erkennen und nützen

1. Seligman, M. E. P., Steen, T. A., Park, N. & Peterson, C. (2005). Positive psychology progress: empirical validation of interventions. *American Psychologist, 60*(5), 410–421.
2. Gander, F., Proyer, R. T., Ruch, W. & Wyss, T. (2013). Strength-based positive interventions: Further evidence for their potential in enhancing well-being and alleviating depression. *Journal of Happiness Studies, 14*(4), 1241–1259.
3. Emmons, R. A. & McCullough, M. E. (2003). Counting blessings versus burdens: an experimental investigation of gratitude and subjective well-being in daily life. *Journal of personality and social psychology, 84*(2), 377–389.
4. McCullough, R. A. & Emmons, M. E. (2004). *The psychology of gratitude.* New York: Oxford University Press.
5. Yoshimura, S. M. & Berzins, K. (2017). Grateful experiences and expressions: the role of gratitude expressions in the link between gratitude experiences and well-being. *Review of Communication, 17*(2), 106–118.
6. Ebner, M. (2017). 4-Evening-Questions: A simple tool with a profound effect. *Organisationsberatung, Supervision, Coaching, 24*(3), 269–282.

5 GROW-Modell: Coachingstrategien für Führungskräfte

1. Grant, A. M., Curtayne, L. & Burton, G. (2009). Executive coaching enhances goal attainment, resilience and workplace well-being: A randomised controlled study. *The journal of positive psychology, 4*(5), 396–407.
2. Grant, A. M., Green, L. S. & Rynsaardt, J. (2010). Developmental coaching for high school teachers: Executive coaching goes to school. *Consulting Psychology Journal: Practice and Research, 62*(3), 151–168.
3. Spence, G. B. & Grant, A. M. (2007). Professional and peer life coaching and the enhancement of goal striving and well-being: An exploratory study. *The Journal of Positive Psychology, 2*(3), 185–194.

6 Aktiv-konstruktives Reagieren: Sich mit anderen freuen

1. Gable, S. L., Gonzaga, G. C. & Strachman, A. (2006). Will you be there for me when things go right? Supportive responses to positive event disclosures. *Journal of Personality and Social Psychology, 91*(5), 904–917.
2. Gable, S. L., Reis, H. T., Impett, E. A. & Asher, E. R. (2004). What do you do when things go right? The intrapersonal and interpersonal benefits of sharing positive events. *Journal of Personality and Social Psychology, 87*(2), 228–245.
3. Dubroja, K., O'Connor, M. & Mckenzie, V. (2016). Engaging parents in positive education: Results from a pilot program. *International Journal of Wellbeing, 6*(3), 150–168.
4. Reivich, K. J., Seligman, M. E. & McBride, S. (2011). Master resilience training in the US Army. *American Psychologist, 66*(1), 25–34.
5. Lee, J. & Jensen, J. M. (2014). The effects of active constructive and passive corrective leadership on workplace incivility and the mediating role of fairness perceptions. *Group & Organization Management, 39*(4), 416–443.

8 Appreciative Inquiry: Das Gelingen analysieren

1. Cooperrider, D. (2013). *Rare Admiration: Appreciative Inquiry's Contribution and Impact on Obama and Romney* [Blog]. Blogeintrag vom 18. 06. 2013, verfügbar unter: http://www.davidcooperrider.com/tag/suresh-srivastva/ [19. 07. 2018].
2. Cooperrider, D. L. & Srivastva, S. (1987). Appreciative inquiry in organizational life. *Research in organizational change and development, 1*(1), 129–169.
3. Bushe, G. R. (2011). Appreciative Inquiry. Theory and critique. In D. M. Boje, B. Burnes & J. Hassard (Hrsg.), *The Routledge Companion To Organizational Change* (S. 87–103). Oxford, UK: Routledge.
4. Pflugeisen, B. M., Drummond, D., Ebersole, D., Mundell, K. & Chen, D. (2016). Brief video-module administered mindfulness program for physicians: a pilot study. *Explore: The Journal of Science and Healing, 12*(1), 50–54.
5. Royer, D. W. & Latz, A. O. (2016). Community college leadership transition through the framework of appreciative inquiry. *Community College Journal of Research and Practice, 40*(8), 695–705.
6. Verleysen, B., Lambrechts, F. & Van Acker, F. (2015). Building psychological capital with appreciative inquiry: Investigating the mediating role of basic psychological need satisfaction. *The Journal of Applied Behavioral Science, 51*(1), 10–35.
7. Budworth, M. H., Latham, G. P. & Manroop, L. (2015). Looking forward to performance improvement: A field test of the feedforward interview for performance management. *Human Resource Management, 54*(1), 45–54.

9 Worst Case: Den Teufel an die Wand malen

1. Stollreiter, M., Ebner, M. & Völgyfy, J. (2007). *Gut aufgelegt.* Wien: Facultas Verlag.
2. Meyer, D. K. & Turner, J. C. (2002). Discovering emotion in classroom motivation research. *Educational psychologist, 37*(2), 107–114.
3. Stoeber, J. (2011). The dual nature of perfectionism in sports: Relationships with emotion, motivation, and performance. *International Review of Sport and Exercise Psychology, 4*(2), 128–145.
4. Wong, C.-S. & Law, K. S. (2002). The effects of leader and follower emotional intelligence on performance and attitude: An exploratory study. *The leadership quarterly, 13*(3), 243–274.
5. Kashdan, T. & Biswas-Diener, R. (2014). *The upside of your dark side.* Brilliance Audio.

6. Tenney, E. R., Logg, J. M. & Moore, D. A. (2015). (Too) optimistic about optimism: The belief that optimism improves performance. *Journal of Personality and Social Psychology, 108*(3), 377–399.

10 Motivierendes ±-Feedback: Kurz und wirkungsvoll mit magischem Wort

1. Stollreiter, M., Ebner, M. & Völgyfy, J. (2007). *Gut aufgelegt.* Wien: Facultas Verlag.

11 Energiespender oder Energievampir? Anderen Kraft geben

1. Cameron, K. (2013). *Practicing Positive Leadership: Tools and Techniques That Create Extraordinary Results.* San Francisco: Berrett-Koehler.
2. Baker, W., Cross, R. & Wooten, M. (2003). Positive organizational network analysis and energizing relationships. In K. S. Cameron, J. E. Dutton & R. E. Quinn (Hrsg.), *Positive organizational scholarship: Foundations of a new discipline* (S. 328–342). San Francisco: Berrett-Koehler.
3. Cross, R., Baker, W. & Parker, A. (2003). What creates energy in organizations? *MIT Sloan Management Review, 44*(4), 51–56.
4. Owens, B. P., Baker, W. E., Sumpter, D. M. & Cameron, K. S. (2016). Relational energy at work: Implications for job engagement and job performance. *Journal of Applied Psychology, 101*(1), 35–49.

18 Der Einzug der Positiven Psychologie in das Jobcenter Osnabrück

1 Schmidt, Corinna & Flatten, Tessa (2021). Crossover of resources within formal ties: How job seekers acquire psychological capital from employment counselors. Journal of Organizational Behavior, 43(4), 604–619. https://doi.org/10.1002/job.2578

20 Medical Airport Service GmbH: Verhaltens- und Verhältnisprävention – und mit Positive Leadership auch noch die passende Haltung

1 Lindeman, M. & Verkasalo, M. (2005). Measuring values with the short Schwartz's value survey. Journal of personality assessment, 85(2), 170–178.

Stichwortverzeichnis

L

M

N

O

P

Q

R

S

T

U

V

W

Z

PERSÖNLICHE NOTIZEN

PERSÖNLICHE NOTIZEN

PERSÖNLICHE NOTIZEN

PERSÖNLICHE NOTIZEN

PERSÖNLICHE NOTIZEN